深空探测译丛

火星首城
——红色星球定居指南

The First City on Mars
An Urban Planner's Guide to Settling the Red Planet

［美］贾斯汀·B. 霍兰德（Justin B. Hollander）著

王明明　刘传凯　翁莹　牛佳乐　译

国防工业出版社

·北京·

著作权合同登记号:图字 01-2024-2249

内 容 简 介

本书是世界著名城市规划师贾斯汀·B.霍兰德教授的一部跨学科著作,深入探讨了在火星上建立人类城市的可行性和设计理念。本书基于前沿科学和工程知识,结合建筑学、城市规划和航天技术,从火星地理环境的独特性出发,构建了一套工程可行、传承文明、布局合理、以人为本的火星首城规划。全书逻辑严谨、视野广阔,是一次科学与想象力的完美结合。

本书适合建筑、城市规划、环境科学及航天技术等领域的专业人士和学生阅读。此外,本书对火星城市规划的探索也满足科幻爱好者及关注人类未来命运的读者要求。无论是对想象力的激发,还是理论与实践的结合,本书都将为读者提供新颖的视角与独特的启发。

图书在版编目(CIP)数据

火星首城:红色星球定居指南 /(美)贾斯汀·B.霍兰德(Justin B. Hollander)著;王明明等译.
北京:国防工业出版社,2025.6. -- ISBN 978-7-118-13758-3
Ⅰ. P185.3-49
中国国家版本馆 CIP 数据核字第 2025L83P40 号

First published in English under the title
The First City on Mars: An Urban Planner's Guide to Settling the Red Planet
by Justin Hollander, edition: 1
Copyright © The Editor(s)(if applicable) and The Author(s), under exclusive license to Springer Nature Switzerland AG, 2022
This edition has been translated and published under licence from Springer Nature Switzerland AG.
Springer Nature Switzerlang AG takes no responsibility and shall not be made liable for the accuracy of the translation.
本书简体中文版由 Springer 授权国防工业出版社独家出版。
版权所有,侵权必究。

※

国防工业出版社 出版发行
(北京市海淀区紫竹院南路 23 号 邮政编码 100048)
雅迪云印(天津)科技有限公司印刷
新华书店经售
*
开本 710×1000 1/16 插页 16 印张 15½ 字数 264 千字
2025 年 6 月第 1 版第 1 次印刷 印数 1—1800 册 定价 99.00 元

(本书如有印装错误,我社负责调换)

国防书店:(010)88540777　　书店传真:(010)88540776
发行业务:(010)88540717　　发行传真:(010)88540762

译者序

在人类探索宇宙的浩瀚征程中，火星始终是人类梦想的第二家园。随着对火星探索的逐步深入和对该星球认识的日益提升，人类越来越觉得这颗太阳系内的红色星球蕴藏着地球般的生命发展潜力，甚至在未来可作为地球家园的空间延伸。数以百计的小说、电影和电视节目都有描绘人类在火星上建造城市的情景，这是几代人耳熟能详的科幻故事题材。航天技术的快速发展，使该梦想逐渐不再如同天方夜谭，世界各国争相选择火星作为探测目标。在对火星环境和演化规律充分了解后，载人登陆火星，建立"火星家园"，必将成为人类航天史上不朽的丰碑。美国自 1975 年以来先后开展了环境勘察、火星采样等任务，其 SpaceX 公司计划于 2040 年开始进行火星移民；2021 年中国国家航天局公布《2021 中国的航天》，中国将在 2030 年前后实施火星取样返回任务；俄罗斯与印度联合谋划开展火星探测；欧洲航天局也提出了未来载人登陆火星目标，预示着新一轮火星探索进入高潮。然而，如何在一个缺乏大气、水资源稀缺，且地表环境极端复杂的星球上建立起可持续发展的城市已成为载人登陆火星后所要面临的巨大问题。与地球不同，火星的极端环境对城市规划提出了前所未有的要求，要将火星城市建设变为现实，就急需发展相关理论与技术，尤其是丰富的城市规划和设计知识。

《火星首城》(the first city on mars) 一书，由世界级城市规划师贾斯汀·B.霍兰德教授精心撰写，提供了对该问题的深入思考。这是一本描述地外天体城市规划的开创性著作，霍兰德教授结合了他在城市规划和人类定居研究方面的丰富经验,为我们提供了火星未来城市的宏伟蓝图。本书为火星城市规划制定了严谨的学术框架,结合前沿科学和工程知识,最终形成了传承文明、布局合理、以人为本的火星首座城市规划。霍兰德教授从介绍火星上气候、地形和环境条件的独特性出发,依次回顾了地球殖民开拓史并探讨了人类空间探索对于火星移民的经验教训,为火星定居提供了参考视角,为火星城市规划奠定了基础。本书后续章节分别从移民心理、交通、建筑和其他基础设施建设等维度介绍火星城市的设计理念,对比了地球城市规划的先例,展示了人类如何创造性地克服了具有挑战性的自然环境,以及其如何为火星建立永久定居点提供启示与借鉴。在制定完整的火星城市规划前,霍兰德教授回顾了一些有思想、有创造力的作家、科学家和探险家笔下描绘的火星城市,以及其他地外天体的城市规划先例,从中汲取了大量经验。在第 11 章,霍兰德教授描述了激动人心的虚构城市 Aleph(火星上第一座城市)的未来生活,将所有的设计原则和经验具象化,系统提出了火星首城的精彩规划方案。

本书包含了大量翔实、前沿的专业插图和火星定居点的设计蓝图,既有助于激发读者的深入思考与探索,又能为火星城市规划提供严谨实用的科学基础。霍兰德教授的这部著作是对当前进行中的火星移民规划的新颖补充,为我国从事空间探索、城市规划、空间科学等领域的研究人员提供了宝贵的参考与指引。《火星首城》作为一部具有前瞻性和创造性的著作,无疑将推动人类在火星上建立永久定居点的进程,具有深远的社会、文化和科学影响。

在本书的翻译过程中,译者团队进行了紧密的分工与合作。通过共同努力,尽力确保每一个术语的准确性,每一段话的流畅性,严格遵循原著的科学性和严谨性,力求在译文中准确传达作者的思想和观点。我们的目标是让中文读者能够像阅读原著一样,感受到作者对火星城市规划的热情和远见。在此,我要特别感谢所有参与翻译工作的团队成员,是你们的辛勤付出和不懈努力使这本书得以顺利完成。同时,我也要感谢出版社的编辑,你们的专业意见和建议对提高译文质量起到了关键作用。此外,我还要感谢所有期待本书的读者,是你们的支持和鼓励让我们备受激励。

尽管我们在翻译过程中尽了最大的努力,但限于水平,译文中难免存在疏漏和不足之处。恳请读者批评指正,我们将虚心接受,并在今后的工作中不断改进。希望本书能够激发读者对火星探索的兴趣,并为未来的星际旅行作出贡献,推动相关领域的研究和发展,共同为航天事业的进步贡献力量。

译者

2024 年 10 月于西安

前言

在不久的将来,月球和火星上将出现小镇,然后是城市,建造速度将比你想象的更快。就像在美国东海岸出现的第一批移民注定要横跨整个美洲大陆,这种趋势无法阻挡。探索和开拓是人类天性中的一部分,这也促进了交通系统的形成。其一般发展历程为,首先建立要塞和贸易站点,然后是城镇,最后形成城市。

各行业的专业人士越早把注意力集中在对地外天体城市的深入思考、研究、规划和设计上,就越有利于地外天体城市实现可持续发展、以人为本、美丽宜居,并让人们感到自豪且喜欢居住在那里。然后,人类将从这些地方发起新的冒险,进一步探索我们的太阳系,并继续向深空前进。

本书的出版恰逢其时,亦不可或缺。由一位世界级的专业城市规划师提供深度思考和严谨推理的定居火星指南,将推动火星移民的概念加速前进。

为什么梦想定居火星?为何现在开始构思?

世界上最富有的两个人 Jeff Bezos 和 Elon Musk 都创办了火箭公司,并计划在未来几十年建立人类移居太阳系其他星球所需的手段和基础设施。他们并非独行侠,还有其他几位亿万富翁、大型跨国公司,以及越来越多的国家启动了自己的航天计划,鼓励发展私人航天企业。有金融分析师预测,到 2040 年,全球太空产业的总规模将超过 1.1 万亿美元。这距今仅仅只有 17 年了!

Elon Musk 创建 SpaceX 是为了一个明确的目标:在火星上建立一个百万人口的城市。

> Elon Musk 声称,他有信心到 2050 年时,火星上将有一座百万人口的城市,计划每天最多进行三次火箭发射,并由他的 SpaceX 公司开

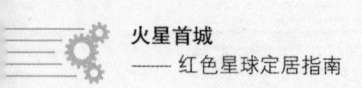

发的1000艘"星舰"运送到那里。

来源：Mirage News，2021年3月19日。

押注Elon Musk失败的人不会成功。那些无法承受失败风险并因此选择押注行业先驱失败的人，将遭受惨重的损失。

最受欢迎的太空投资公司之一是总部位于美国得克萨斯州的太空基金公司。他们对航天企业及行业的发展情况进行了大量跟踪。其"太空基金现实"(space fund reality，SFR)正成为重要的行业标准。SFR评级旨在为投资人、客户、监管机构、媒体和行业本身提供在航天各细分领域中新老企业的快速指导和评估，细分领域包括交通、通信、人为因素、供应链和能源。上述领域均是在火星城市规划和设计中不可或缺的。Elon Musk和大多数其他开拓太空前沿的人并非城市规划师，因此本书有不可替代的地位。

本书预览

《火星首城》做了其他书都没有做过的事情：它为火星的城市规划制定了严谨的学术框架，结合前沿科学和工程知识，最终形成了传承文明、布局合理、以人为本的火星上第一座城市规划方案。

本书从介绍人类探索太空的历史开始，强调了70年内人类在航天事业上取得的显著进展。该段历史侧重描述太空建筑和太空城市学的发展，主要取自20余年来在地球低轨上的国际空间站(international space station，ISS)生活经验。接着探讨了殖民的概念，并如实描绘其中的优缺点，并从亚洲、北美洲和大洋洲殖民者在16世纪至20世纪的经验中进行挖掘，为火星城市规划者提供富有洞察力的指引。

我的太空建筑师生涯

Justin请我为本书写序，这合情合理。我学习建筑学并成为建筑设计师，在过去的30多年职业生涯中，一直致力于设计和建造外太空建筑。我先后与NASA和航天企业公司合作设计了国际空间站以及几个其他待落地的载人航天项目，包括月球基地和火星探索任务规划及火星定居点设计。

载人是指人类在宇宙飞船或其他太空设施中生活和工作，因此在设计、工程和安全系统方面必须比无人驾驶飞行器更可靠，这也导致其更加昂贵和复杂。

  火星设计工作是我与著名宇航员 Buzz Aldrin 一起完成的。他是人类历史上首次登月——阿波罗 11 号任务的著名宇航员,同时也是一位非常出色的设计师。他对火星的探索和定居充满了想法和激情。Buzz Aldrin 和我曾为著名电影导演和制片人 James Camero 提供建议,他因《终结者》(Teminator)《泰坦尼克号》(Titannic)和《阿凡达》(ANATAR)电影而闻名。有趣的是,Camero 也正在制作一部关于火星的电影。

  我一直在从事载人航天项目。迄今为止,先后有四个相关项目已实现一次或多次在轨飞行,包括国际空间站、SpaceHab(一个添加到航天飞机货舱的模块,可将生活和工作区域面积扩大 1 倍),以及"奋进"号航天飞机的中层甲板。

  我也参与了 Bob Bigelow 空间轨道酒店和月球酒店充气模块的前期设计工作。其中一个小模块已经连接在国际空间站上,宇航员将其用作存储区。目前我正在设计一艘名为"命运"的真正的超级轨道游艇,该游艇将在轨道上组装,为 10 名乘客和 6 名机组人员提供非凡的体验。此外,我正在为首个轨道游艇俱乐部做早期规划和设计,该俱乐部将提供与海洋游艇俱乐部相同的服务。

  近年来,我一直与 Buzz Aldrin 合作,致力于他的火星环行器概念和设计。该环行器利用地球和火星的引力在行星间往返,组成运输系统,正如帆船利用信风和洋流进行移动。环行器作为小型太空飞船的空间摆渡车,在其经过地球或火星时可对小型飞船进行装载和释放。

  规划和设计真正的火星城市将面临一系列激动人心的挑战,你必须深入研究相关科学理论和其他远超出地球城市设计的问题。移民火星的第一步,是面对单程至少 5000 万英里的飞行。其次,火星的重力只有地球的 38%,到达火星的阳光只有地球的 44%。火星基本上没有大气层,所以需要制造空气、净化空气并循环利用。虽然火星地表储存有大量的冰,但首先需要开采冰获得饮用水才能种植食物。火星上仅有的建筑材料是沙子和岩石。此外,在前往火星和定居火星过程中,辐射防护是必不可少的。最重要的问题在于如何开发能源,目前太空中最可靠的能量来源是小型核反应堆。

  在开展外太空建筑项目的同时,我一直在世界各地参与设计建造太空和未来主题的娱乐项目，并为许多太空主题的电影和电视节目提供咨询业务。从事真正的载人航天任务为太空主题的娱乐项目增添了真实性，反过来也促进了真正的空间探索和移民。对"火星世界"项目而言，真实性对高度沉浸式的虚拟场景至关重要，所以我首先花费了数年时间规划和设计了一个逼真的火星城市，然后将其作为火星体验公园的模型。

我还担任科学与娱乐交流中心的高级空间科学和未来学家，该中心位于洛杉矶，是美国国家科学院的附属部门。该中心将电影、电视和幕后的游戏制作人、导演、编剧、制作设计师与科学家和其他各种领域的专家联系起来，从而使媒体项目中的科学内容更加真实和准确。

不仅如此，我还于1996年创办了太空旅游协会，设计出轨道飞船、在轨超级游艇和月球度假村项目。要实现这些目标，需要针对地球轨道和月球开展像本书中提及的城市规划。当外太空活动逐渐扩展出太空体育业和媒体产业时，你就会意识到，我们距离需要开始规划地球之外的小镇，进而到城市的时代已经不远了。

结语

如果你正在阅读这本书，那么你已经对空间探索和移民产生了兴趣，你很可能正在从事与实现上述目标相关的职业。如果不是的话，这本书可以成为激励指南，帮助你进入这样的职业领域，发挥真正的作用。

你可以成为健全、可持续、令人惊叹的地外未来文明创造者之一，同时加入一个不断壮大的、志同道合的群体，此刻他们正在实现这一目标。我想起了一句对我的生活和职业生涯产生了深远影响的名言：

"预测未来的最好方式就是创造未来。"

——Alan Kay，个人计算机的窗口界面的发明者，

Popular Science 杂志，2001年夏季。

如果你刚刚接触太空领域，以下是一些你可以加入并直接参与的组织：

- 美国国家空间协会（NSS），他们每年都会举办太空移民设计竞赛，新人也可以报名。

- 就读国际空间大学(ISU)。
- 美国航空航天学会(AIAA)。
- 探索火星公司以及一年一度的"人类登陆火星"(H2M)大会。
- 太空旅游协会(STS)。
- 一年一度的太空旅游大会。
- 科罗拉多斯普林斯的太空基金会以及每年举办的太空研讨会。
- 找一份在SpaceX、蓝色起源或其他全球众多现有和新兴的太空企业的工作。

这是一本很有价值的读物,也将是你未来多年可以使用的参考资料。祝您阅读愉快!

太空建筑师,太空旅游协会创始人

John Spencer

美国,加利福尼亚州洛杉矶

致　谢

我要对 Berk Diker 深表感谢，他在过去一年多内担任我的研究助理，同时他也是土耳其安卡拉的比尔肯大学室内建筑与环境设计系的博士研究生。他在火星城市规划研究的早期与我合作，进行了广泛的文献检索，并协助设计和制定了 Aleph 计划的最终方案，包括绘制众多的图表和渲染图。图夫茨大学的学生在整个研究和写作过程中提供了大量帮助，包括 Lorenzo Siemen、Grant Wood、Mrugank Bhusari、Nadia Sbuttoni、Rachel Herman、Austin Pruitt、Vicky Yang、Ryn Piasecki、Julia Jenulis 和 Sosina Assefa，还有 Rebecca Skantar 为手稿提供了建议。特别感谢 Alyssa Eakman，她为词汇表、空间探索历史表和火星地图作出了突出贡献，以及 Elli Sol Strich，她在准备出版手稿的过程中提供了巨大的帮助。感谢 Hannah Kaufman 和 Springer 出版社的整个团队为出版本书所做的一切努力。

我还要感谢瓦根宁根大学和研究院的 Janek Kozicki、John Spencer、Georgi Petrov、Adil A. Al‐Mumin、Brent Sherwood、Line Camilla Schug 和 ir. G. W. W. Wamelink、Austin Raimond、Zopherus（Trey Lane、Corey Guidry、Tyler McKee、Mark Hendel 和 Austin Williams）、Foster+Partners、BIG、ICON、ZA Architects 建筑事务所（Dmitry Zhuikov 和 Arina Ageieva）以及 Skidmore, Ownings, Merrill(SOM)公司与我分享了他们的作品，并允许我复制他们的图像，来自 SOM 公司的 Clarissa Sorenson 也为本书提供了帮助。在本书编写过程中，Marc Hartzman、Sarah Humphreville、Pascal Lee、Frank 和 Joanna Popper 与我进行了深入交流并给出有用的建议。感谢我在塔夫茨大学的所有同事，特别是 Hugh Gallagher、Anna Sajina 和 Peter Love，特别感谢他们对各章节的反馈，以及感谢访

问学者 Kai Zhou 分享与中国有关的城市规划资料。我还要感谢 Peter C. Lowitt，他是我 20 多年研究生涯的好朋友、导师和支持者。最重要的是，我要感谢我的家人在本书写作过程中给予我的支持和爱。

目 录

第 1 章 欢迎来到火星 ························· 1

　1.1　火星到底是什么样的 ························· 5

　1.2　来自地球的启示 ··························· 10

　1.3　本书的组织结构 ··························· 11

　参考文献 ································ 13

第 2 章 地球的开拓史 ························· 16

　2.1　古希腊和罗马对地中海的殖民 ····················· 18

　　2.1.1　选址 ····························· 18

　　2.1.2　城市形态 ··························· 19

　　2.1.3　住宅用途 ··························· 21

　2.2　英国对大洋洲和美国东部的殖民 ···················· 22

　2.3　西班牙对拉丁美洲的殖民 ······················· 26

　2.4　中国古代城市规划 ·························· 28

　2.5　行星保护 ······························ 30

　2.6　历史的教训 ····························· 30

　参考文献 ································ 32

XV

第3章 70年空间探索的经验教训 ·········· 36

- 3.1 空间探索简史 ·········· 37
- 3.2 国际空间站的建筑与城市规划 ·········· 44
- 3.3 月球的建筑与城市规划 ·········· 47
- 3.4 地外生活所需技术 ·········· 48
- 3.5 定居火星粗略时间表 ·········· 51
- 3.6 继续探索太空 ·········· 52
- 参考文献 ·········· 52

第4章 建立火星城市的首要原则 ·········· 56

- 4.1 建筑边界至关重要 ·········· 57
- 4.2 模式的重要性 ·········· 60
  - 4.2.1 黄金矩形的影响 ·········· 61
  - 4.2.2 人类面孔的影响 ·········· 62
- 4.3 形状举足轻重 ·········· 62
- 4.4 叙事的关键作用 ·········· 64
- 4.5 亲生命性的影响 ·········· 64
- 4.6 本章小结 ·········· 65
- 参考文献 ·········· 66

第5章 交通运输 ·········· 70

- 5.1 地下交通和公共交通 ·········· 72
- 5.2 空中缆车 ·········· 74
- 5.3 步行和骑行交通系统设计 ·········· 75
- 5.4 星表道路运输 ·········· 79
- 5.5 交通规划原则 ·········· 81
- 参考文献 ·········· 81

第6章　住宅和工商业要素 ········· 85

6.1　混合用途 ········· 86
6.2　火星工商业 ········· 88
6.2.1　采矿 ········· 88
6.2.2　旅游 ········· 88
6.2.3　科学研究 ········· 89
6.3　选址和设计考量 ········· 89
6.3.1　冬季城市的经验 ········· 90
6.3.2　地下建筑的经验 ········· 91
6.4　辐射的危害与防护措施 ········· 94
6.5　住宅和工商业规划原则 ········· 97
参考文献 ········· 97

第7章　地外的建筑科学、设计和工程 ········· 101

7.1　地球上极端气候下的建筑 ········· 101
7.2　建筑材料、形态和方法 ········· 105
7.3　材料 ········· 105
7.4　建筑形态 ········· 107
7.4.1　充气建筑 ········· 108
7.4.2　缆索建筑 ········· 109
7.4.3　陨石坑/悬崖建筑 ········· 109
7.4.4　刚性建筑 ········· 109
7.5　施工方法 ········· 111
7.6　火星建筑：设计与创意 ········· 113
7.6.1　ZA 建筑事务所 ········· 114
7.6.2　Foster+Partners 建筑事务所 ········· 116
7.6.3　BIG 设计公司 ········· 120

XVII

7.6.4　Zopherus 团队 …………………………………………… 123

　　7.7　本章小结 ……………………………………………………… 126

　　参考文献 …………………………………………………………… 127

第 8 章　基础设施 ……………………………………………… 131

　　8.1　饮用水及其循环利用 ………………………………………… 134

　　8.2　我们吃的食物 ………………………………………………… 137

　　8.3　我们所需的能源和热量 ……………………………………… 140

　　8.4　垃圾 …………………………………………………………… 143

　　　8.4.1　人类排泄物 …………………………………………… 143

　　　8.4.2　日常生活垃圾 ………………………………………… 144

　　8.5　基础设施规划原则 …………………………………………… 145

　　参考文献 …………………………………………………………… 146

第 9 章　火星城市设计先例 ……………………………………… 150

　　9.1　Bradbury 眼中的火星城市 …………………………………… 151

　　9.2　普雷里维尤农工大学 ………………………………………… 152

　　9.3　Zubrin 的火星直达计划 ……………………………………… 155

　　9.4　火星基金会的火星家园计划 ………………………………… 156

　　9.5　红色火星 ……………………………………………………… 160

　　9.6　Joanna Kozicka 及其论文 …………………………………… 163

　　9.7　Austin Raymond 及其论文 …………………………………… 167

　　9.8　火星世界计划 ………………………………………………… 172

　　9.9　本章小结 ……………………………………………………… 174

　　参考文献 …………………………………………………………… 174

第 10 章　外星居住规划先例 …………………………………… 177

　　10.1　Dalton 和 Hohmann 的月球殖民地计划 …………………… 178

10.2	在月球上点石成金	181
10.3	塞莱尼亚——第三代月球基地	182
10.4	太空定居点	183
	10.4.1 伯纳尔球体	183
	10.4.2 奥尼尔圆柱	185
	10.4.3 斯坦福圆环	187
10.5	SOM 的月球村	189
10.6	本章小结	193
参考文献		193

第 11 章　火星殖民地构想　195

11.1	指导原则	196
11.2	选址	198
11.3	设计概念介绍	204
	11.3.1 总体方案	204
	11.3.2 土地使用	206
	11.3.3 交通运输	209
	11.3.4 娱乐和开放空间	210
	11.3.5 基础设施	211
	11.3.6 可扩展性和区域规划	212
11.4	虚构的 Aleph 生活	215
参考文献		216

第 12 章　总结　218

12.1	局限性和对未来研究建议	218
12.2	主要发现	220
12.3	对设计实践的启示	221
12.4	结语	222

参考文献 ………………………………………………… 222

术语表 …………………………………………………… 224

第1章
欢迎来到火星

美国国家航空航天局(NASA)、Elon Musk、亚马逊和中国国家航天局之间正在上演一场登陆火星的太空竞赛。登陆火星是几代人耳熟能详的科幻小说题材,但如今存在的广泛共识为航天器和人类在未来几十年内降落在这颗星球上[1-2]。在人类的遐想中,访问火星的梦想将会被一个更令人振奋的想法——定居在这颗星球所超越。Andy Weir ①的畅销小说改编的电影《火星救援》(*The Martian*)让观众觉得该想法并非遥不可及。小说中的主人公 Mark Watney 将在临时室内农场种植马铃薯的成功经验视为殖民活动的精准诠释。然而,Weir 并不是幻想在火星上永久定居的第一人。数百部小说、电影和电视节目都设想了人类在火星上建立城市[3]。虽然第一批火星街道可能还需要数十年才能铺设完成,但各国政府、全球非营利组织和营利机构都在进行早期规划。这群太空迷不仅研究科幻小说,还在为人类在火星上真正的长期居住做准备。

但大多数人对城市规划和设计一无所知,这就是作者的切入点。在本书中,我将带领读者了解几个世纪以来积累的知识,分析城市设计与规划相关的

---

① Andy Weir,15 岁时就被美国国家实验室聘为软件工程师。他是一位执着的太空宅男,沉迷于相对论、轨道力学和载人飞船。他的处女作是《火星救援》。

最佳、最有效及最恰当的方法,然后将这些经验应用于人类有史以来可能面临的最大挑战——移民另一颗星球。想象一下宇宙飞船冲出地球大气层并飞行5000万英里(1英里=1.609千米)到达另一颗星球的过程,以及第一批先驱探险者或早期科学家(如同《火星救援》中的 Mark Watney 那样研究火星土壤和寻找水源)的活动,这些真的非常有趣。正如 Thomas Wilson[4] 所写的那样,在地球上,城市是"文明的核心",火星上生命的延续也需要这样的定居点。

这里所说的"城市规划"是什么意思?是一个简单的问题吗?著名城市规划理论家 John Friedmann 曾写道:"规划师因难以向他人,包括父母、朋友、大学管理人员解释他们的所作所为而饱受非议。"[5] 为了更好地解答该问题,最好先定义一个更大的概念——公共政策。虽然这同样是一个有争议的术语,但最适合本文的是 Thomas Dye 采用的解释——公共政策是政府一切事务的总和[6],主要表现为围绕着人们日常生活的大量规则、法规、法律和谈判等。与公共政策相关的专业人士包括顾问、分析师、倡导者或组织者,他们是政策制定(和取消)过程中的专家,有时也是某个特定政策领域的专家,如水质或动物权利。

"规划"作为一种公共政策,侧重地方和区域层面,主要关注物理、空间和环境问题。此外,"规划"也被定义为建筑师在面向大规模建筑任务时设计多栋建筑或街道系统的过程。

当我还是马萨诸塞大学阿默斯特分校的一名研究生时,是 John Mullin 博士的邀请,使我进入了社区、城市和区域规划领域。他简洁优雅地用一个精辟的定义概括了这门学科,在这里我只对该定义做了微调:规划是一种基于地点、面向未来的活动,旨在指导社区变革,包括通过一定程度的公众参与来设定目标和实现这些目标的手段。如果现在你对规划的定义仍然感到困惑,或许你会误以为 Friedmann[5] 当初决定涉足规划领域时只是一时兴起。幸运的是,你可以通过本书了解有关城市规划的更多信息——这是一本专业规划师从古至今工作的系列故事汇编。

规划师密切关注构成人类居住地的物理空间,以及城市、郊区、城镇和农村地区的设计,却很少涉及室内体验,所以书中未描述人们是如何受到所处房间、墙壁颜色、家具等因素影响的。虽然目前学界对室内的社会、环境和心理等因素有大量研究,但我将把这些细节留给蓬勃发展的空间建筑领域去探讨[7-8]。本书的重点是城市规划和设计,这意味着我们主要关注公共领域——建筑物的外观、布局及所创建的室外空间或公园和广场,人们从一个地方到另一个地方所穿过的街道、小巷和人行道,这些均是城市规划的工作范畴。

第 2 章将回顾人类历史,考虑火星移民工作能够从人类在地球各地的开拓中学到什么。欧洲殖民非洲、美洲和亚洲的恐怖行径已经有了完整的记录。此外,本书还探讨了美国、英国那令人沮丧的殖民过程和中国古代的城市建设历史。我们从这些历史中汲取了深刻的教训,并与今时人们对城市规划和设计的了解进行比较。那么,在地球上建立成功的人类定居点到底意味着什么?我们又该如何衡量定居成功?

这段历史中蕴含着更大的主题——具有挑战性的气候。南极、西伯利亚和北极圈的城市规划最新进展如何?与火星上的最佳定居点相比,地球上不宜居住的荒凉、极寒之地似乎已是温暖的乐园。

在对城市规划的历史和最佳实践进行回顾的同时,简要介绍了火星的气候、地形和环境条件,并详述了一系列火星居住点的设计原则。从住宅、商业、工业和基础设施等方面来看,本书补充并指导了目前正在进行的火星殖民计划。接下来最令人兴奋的部分是,这些原则在火星上第一座城市(暂定名为 Aleph,音译为阿莱夫)的概念和渲染计划中都得到了充分体现。通过详细的图纸和图表,使人类在火星上居住和生活的布局、设计和条件成为现实。

你可能想知道这样的现实是否可取。许多评论家对整个火星殖民事业持保留态度[9-10]。Rayna Elizabeth Slobodian 表达了一个常见的看法,她写道"……急于定居火星是危险和粗心的"[11],并对开拓火星的实际风险深表担忧。其他人则认为,占领另一个星球只会将人类的注意力从地球保护及其相关问题上移开[9]。

航空航天科学家兼作家 Erik Seedhouse[2] 提出了不同的观点:

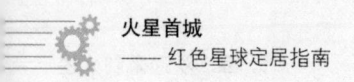

人们认为，在我们将资金投入太空领域之前，必须先解决地球上的问题。这些人需要认清现实，因为五百年或者一千年后，我们仍将讨论此类需要解决的问题，而认为人类可以达到某种乌托邦状态，然后所有问题都会得到解决，这简直是妄想。

虽然这看起来有些刻薄，但我还是同意 Seedhouse 的观点。人类天生就是探险家，自文明诞生以来，我们的足迹已经遍布地球上的每一块大陆，且一直在穿越海洋。人类应该去火星吗？也许不应该。但是我们会去吗？当然会。鉴于此，我作为一名城市规划师，任务是帮助那些前往火星的人，在定居点建设方面我可以帮助他们取得成功，不断发展，并创造可持续的生存环境。愤世嫉俗的人可能会反驳，告诉我不应该帮助他们，而应该让他们惨遭失败。我不同意该观点，对于探索城市规划将怎样辅助这一非凡的任务，我充满热情。虽然该任务将非常危险，在某些方面甚至不计后果，但良好的规划和优秀的设计意味着，当火星殖民者到达时将有最大的机会生存和发展。如果本书有助于实现这样的结果，我深感荣幸。

著名太空建筑师 Brent Sherwood[①] 就这些问题撰写了大量文章，尤其是围绕月球城市化概念。他通过三个主要论点和逻辑推理，为自己的工作和本书给出理由。Sherwood[12] 首先断言，在阿波罗计划(1969—1972 年)使探索其他行星成为可能之后，人类将一直寻求殖民太空，我们最好做好准备。接下来他指出，如今主要参与制订未来定居计划的专业人士要么是对建筑或规划知之甚少的工程师，要么是对工程知之甚少的建筑师。

由于未来的地外规划师"必须精通这两个学科"才能取得成功，Sherwood 认为应该利用现在的时间来构建空间建筑和城市化的新领域(本书正试图为此作出贡献)。他坚持认为，尽早设定目标对于"引领当前思维与未来历史的连接"

---

① Brent Sherwood，AIAA 空间结构技术委员会名誉主席(2018—2020 年)，于美国国家航空航天局建立的同年出生，在民用和商业航天领域拥有 32 年的专业经验。他从小就立志在月球上建造城市。

至关重要,并坚信"充分认识到地外城市的最终可能形态,将有助于在城市化过程中避免徒劳无功"。出于以上原因,火星城市这一遥不可及、异想天开的想法成为学术界严肃关注的对象。虽然殖民火星不会很快发生,但 Sherwood 的想法很有说服力:我们总会有一天在火星上建造城市,所以应该利用之前的时间在航天工程和建筑/规划的交叉领域建立一门新学科。现在对这些城市的建设目标考虑得越周全,就越有可能成功,也许一切发生在遥远的未来,但最终将会实现。

1.1 火星到底是什么样的

第 1 章的主要目标之一是引导读者了解火星的基本大气、地质、地形和气候特征。随着我们进入第 4~8 章时,这些基础知识将变得至关重要,这几章着重探讨了城市设计和建筑的诸多维度。

首先,火星的大小只有地球的一半左右,其表面积大致相当于地球的陆地面积(不包括海洋)(图 1.1 和图 1.2)。火星地形相当多样化,拥有太阳系最高的山峰奥林波斯山(Olympus Mons),海拔 21.9 千米;还有深达 8 千米的凹陷,

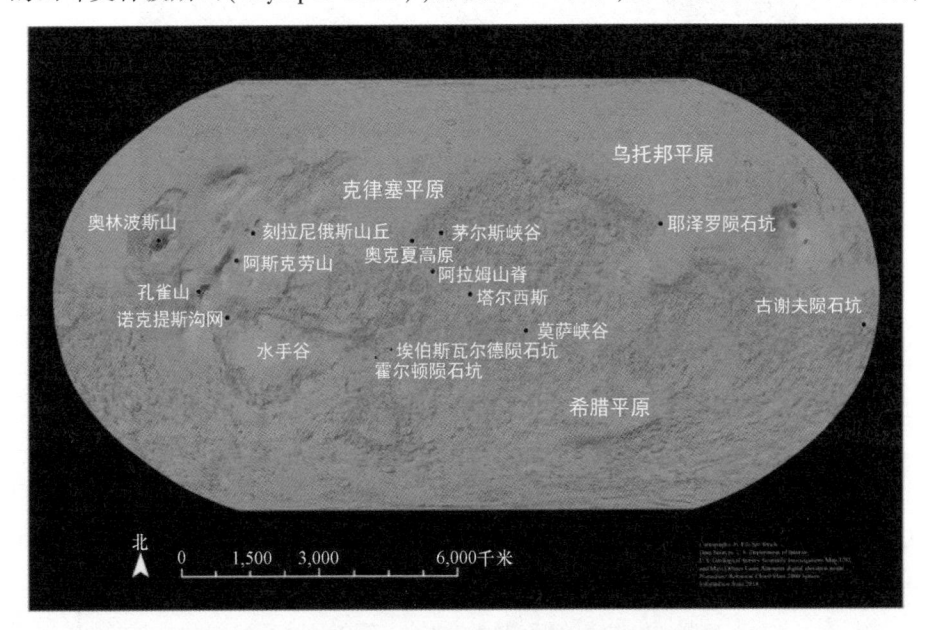

图 1.1 带有地理特征和命名区域的火星地图

火星首城
———红色星球定居指南

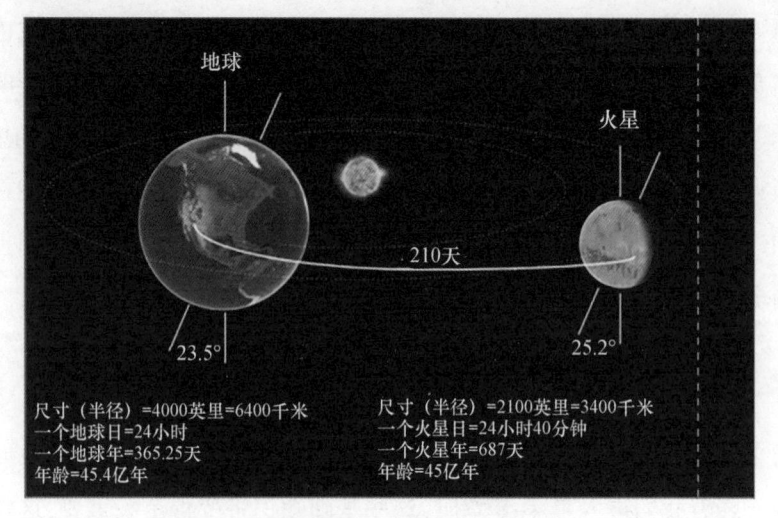

图1.2 （见彩图）地球和火星比较

如希腊平原(Hellas Planitia)陨石坑(见图1.3~图1.5)。

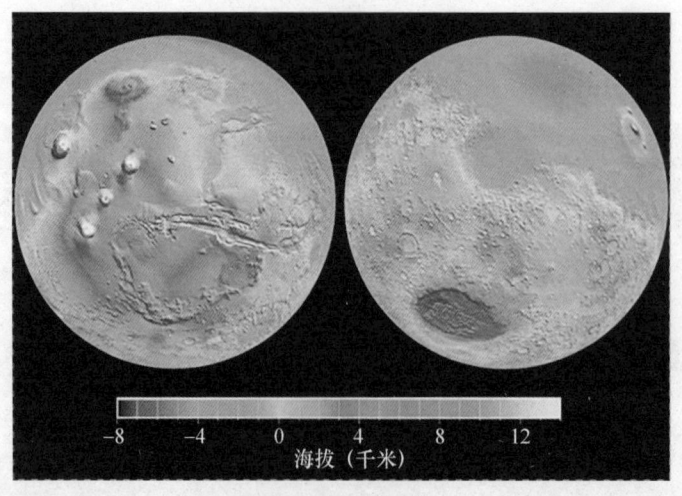

图1.3 （见彩图）火星地形

火星的体积较小，它的重力只有地球的38%，因此任何习惯了地球重力的人在火星上都可以像奥运短跑运动员一样跳得更高、跑得更快。Jerry Segal[①]

---

① Jerry Segal,美国现代作家、编剧,与Joe Shuste联合创造了20世纪最知名的漫画系列之一《超人》(*Superman*),其中主要人物"超人"是漫画巨作中第一位超级英雄。

6

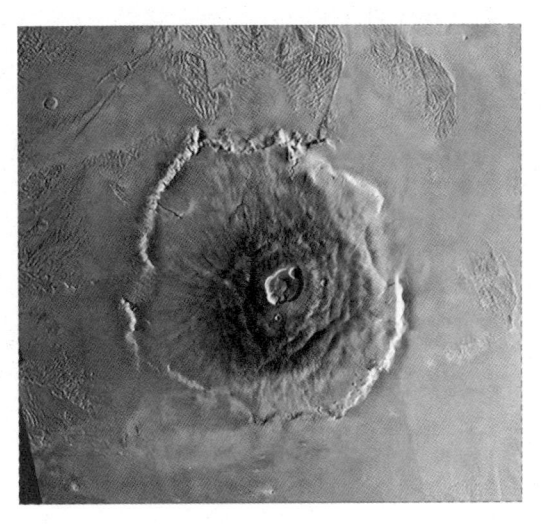

图1.4 （见彩图）奥林波斯山，火星和整个太阳系中最高的山/火山

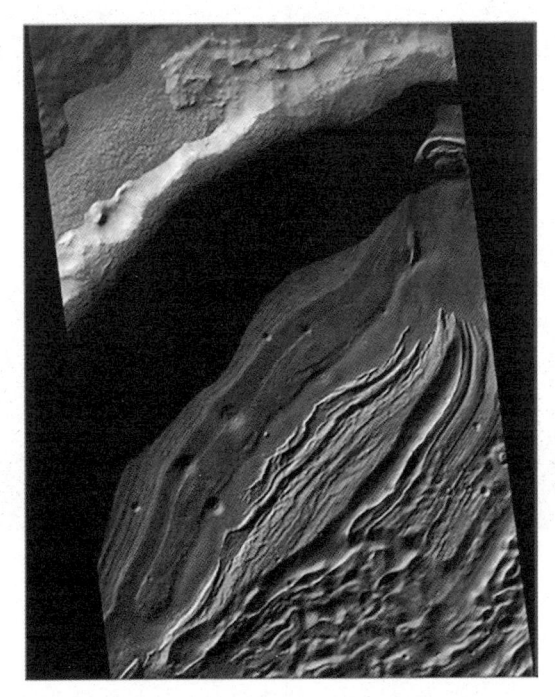

图1.5 希腊平原(Hellas Planitia)，火星上最大的陨石坑，直径2250千米。这张照片显示了该陨石坑西北部的一部分

受该重力差异的启发，提出了外星超人的概念。该外星超人在一个重力比地球大得多的星球上长大，当他来到地球后就可以展现出自己的"超能力"。

与地球一样，火星的自转轴存在倾斜（25°，而地球为23.5°），这意味着火星一年分为四个季节。然而，考虑到一个火星年相当于687个地球日，这些季节时长大约是我们的两倍，这并不奇怪，因为火星距离太阳的距离为1.41亿英里，而地球距离太阳只有9300万英里[13]。

如此远的距离意味着火星的平均温度要比地球低得多。有趣的是，火星地表温度差异很大，冬季夜晚两极温度低至-190℉（-123℃）①，但夏季赤道温度高达86℉（30℃）[13-15]（图1.6和图1.7）。火星上的大气成分主要是二氧化碳，氧气含量极低，氩气和氮气含量已超出人类承受极限——火星空气对人类而言是有毒的[14,16]。此外，火星的大气压力只有地球的1%[17]。

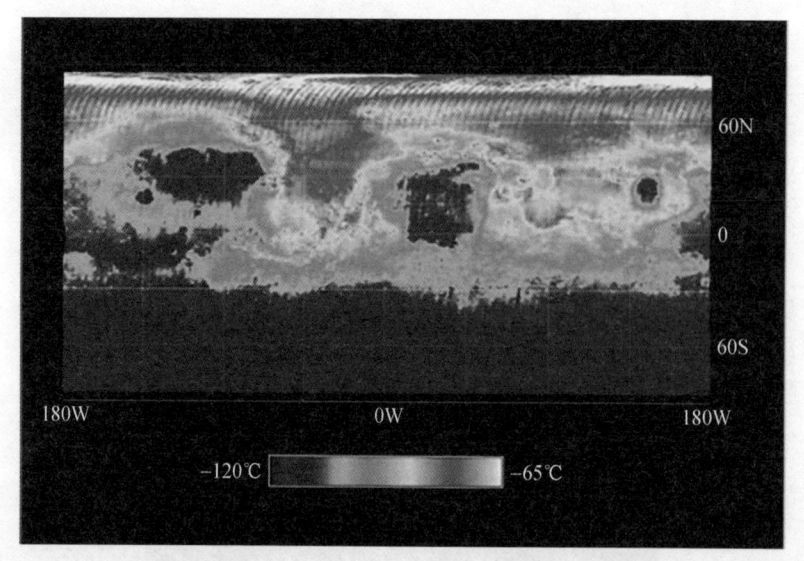

图1.6 （见彩图）火星夜间表面温度

即使有与地球一样稳定的空气供应，人类在火星上也难以生存。火星尘埃和辐射问题是人类在其地表定居又一重大挑战（图1.8和图1.9）。火星大气层

---

① 1℉（华氏度）= -17.2摄氏度（℃）

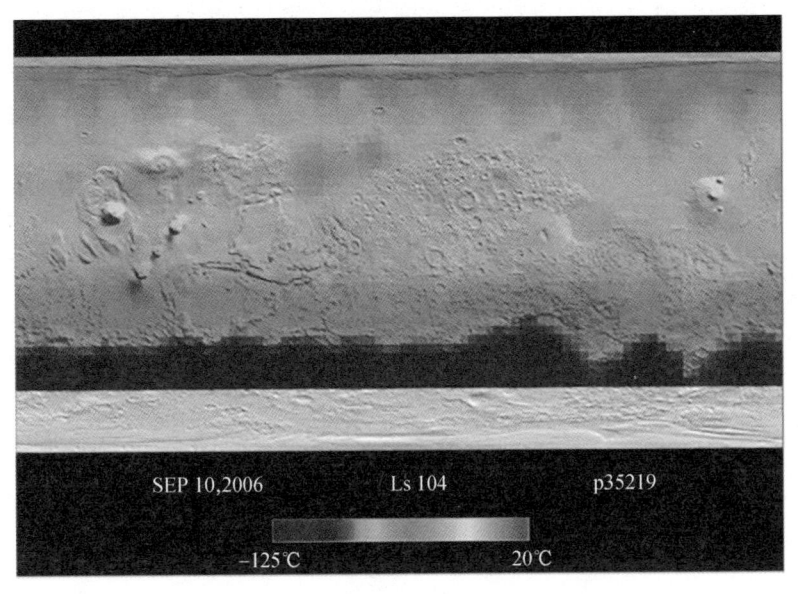

图 1.7　（见彩图）火星日间表面温度

图 1.8　（见彩图）从格林豪格山麓（Greenheugh Pediment）观察到的火星景观

稀薄，如果没有防护措施，暴露在火星表面受到的辐射剂量导致人面临致命风险[14,18-19]。在地球上，人们已经找到了多种方法保护自己免受高剂量辐射的侵害，如使用铅、水或混凝土屏蔽辐射[20]。虽然火星辐射相当危险，但可以开发防护措施，然而这种防护所需的某些设备可能会受无处不在的红尘影响，这些红尘会在沙尘暴周期性降临时扬起[17]。但是，与辐射一样，尘埃也可以得到

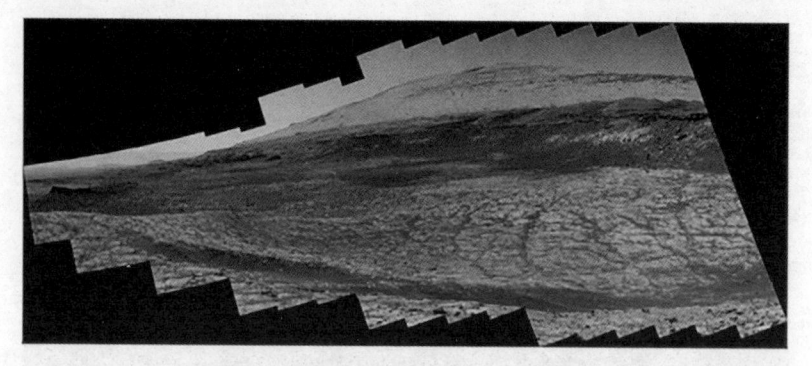

图 1.9　（见彩图）夏普山的火星景观

控制，进而减轻风险。

1.2　来自地球的启示

人类在地球上建造城市已经有 6000~7000 年的历史。一路上，前人为我们留下了许多值得学习的经验[4]。本书便是建立在一个基本假设之上：我们如今在地球上应用的策略和最佳实践都有助于在解决火星问题时发挥作用。当然，我们在地球上规划城市时所做的一切并非都适用于火星，例如：户外游泳池、公园或游乐场在火星上可能永远不会存在，流域规划在一个没有地表水的星球上意义不大，火星上的空气污染政策需要根据有毒大气重新考虑。

但是，我们可以从过去和现在学到更多东西。美国规划协会是城市和区域规划界的专业会员组织，该协会于 2007 年开始在美国各地确定"最佳规划之地"(great places)。通过公开竞争，他们征集提名并对每个提名进行审查，形成一份独具特色的社区、公共空间和街道年度最佳规划名单，该名单展示了如何通过规划有效改善社区。这一举措已确定并编录了美国各州的 290 个地点，并通过地图、图表、照片和报道向世界展示了这些地点的重要性，以及规划在建设这些地点中所发挥的作用。

这些"最佳规划之地"涉及户外游泳池或流动的河流，虽然不可能在火星上出现，但我们可以超越这些细节，从更广的规划模式中进行学习，这是第 4~第 8 章的主要内容。利用我们对城市设计和规划的过往认识,详细考虑如何将这些知识转移应用在与地球环境不同的火星上。贯穿本书各章节的主题是指导火星定居的双重原则:可推广和普遍应用的规划历史和实践,以及在恶劣环境中的特殊规划实践。

虽然波多黎各的圣胡安或菲律宾的马尼拉热带环境可能与火星并不相同,但南极洲的麦克默多考察站①周围布满岩石的冰冻荒漠确实与火星寒冷地区相似。加拿大、格陵兰岛、伊朗、土耳其和中国的其他偏远寒冷沙漠环境也是如此,更不用说北极圈的大部分地区了。虽然与世界其他地区相比人口稀少,但在那里已经有人定居,生活和工作。本书中,我们将借鉴上述地区的实践,平衡从这些地方获取的见解与更广泛的城市规划经验。

关于南极洲的类似之处,一个引人注目的特点是南极及其周围的人类定居点实际上并没有受到长期城市规划的影响。著名小说家 Kim Stanley Robinson[②]将这些地方描述为"临时建筑"——"一种没有城市规划设计的摇摇欲坠、偶然的建筑组合"[21]。在麦克默多站建设的最初阶段,甚至没有征求任何建筑师的意见,该定居点的设计方案没有任何的连贯性、长远性规划[22]。南极洲的例子有很多值得学习的地方,但或许未来在南极洲的生活也可以从这本有关火星的书中学到一些东西。

1.3 本书的组织结构

第 2 章介绍了与人类殖民相关的历史背景。仅仅几百年前,美洲对于欧洲人而言还是一个全新的未知世界,他们花数月的时间穿越海洋(而不是外太空),到达加勒比海和格陵兰岛这些基本不宜居住的海岸边。当然,那里有空气

---

① 麦克默多考察站(McMurdo Station),由美国建成,位于南极半岛北端附近的罗斯岛上。拥有 200 多栋建筑,是南极洲最大的科学研究中心。

② Kim Stanley Robinson,1952 年出生于美国伊利诺伊州,是无可争议的当代科幻小说大师,代表作有《火星三部曲》(*Red Mars*, *Green Mars*, *Blue Mars*)《海岸三部曲》(*The Wild Shore*, *The Gold Coast*, *Pacific Edge*)等,其作品曾多次赢得星云奖、雨果奖、轨迹奖等二十余项世界级科幻大奖。

可以呼吸,有水可以喝,也不必担心火星开拓者可能遇到的辐射和沙尘暴,但他们也有自己的麻烦,正如北美各地一长串失败的定居点名单所示[23]。此外,着眼于美洲以外的地区,探讨了人类殖民与开拓的历史,以期为火星开拓者提供重要的经验。

第3章简要回顾了过去70年空间探索的里程碑事件,特别关注了地外建筑和规划领域的经验,为探索和定居其他星球提供了急需的背景知识。

第4章~第8章给出了规划火星城市的任务,借鉴最新研究和学术成果,形成一系列可以指导未来规划的原则。基于多年来对城市规划的广泛研究,本书首先从宏观角度出发,结合心理学和神经科学提出火星城市规划的第一原则。该原则阐明了人类对环境的物理形态、形状和图式的基本需求,甚至是原始需求。第一原则并非火星特有,但需要在深入探讨城市建设和基础设施之前尽早明确。

此后的4章将探讨城市规划中的交通、住宅、商业、工业、建筑和非交通基础设施等方面,以明晰未来火星城市应遵循的其他关键原则。这些原则围绕有助于克服火星恶劣条件的城市规划解决方案,基于科学、工程和社会科学共识而形成。其中诸多例子都来自地球,并大量借鉴了人类在不宜居住或具有挑战性环境中的实践。Heefner①认为,军队一直在为极端或未知的突发事件做准备,长期对寒冷气候地区进行研究。如格陵兰岛的图勒空军基地等地成为新技术和新方法的试验场,新的技术和方法经过此地的测试可推广应用到更广泛的社会中。这些极端环境"被视为外太空已知和未知之间的连接点",可用来测试应用于月球或其他地方的生存和建造技术。

第5章~第8章中提出的原则源自极端环境研究、外太空实验、机器人火星探索的经验教训,以及建造地球城市所需的一般知识。有关原则的提出过程公开透明,并直接得到与火星地貌、大气、地质和气候相关的强有力的经验证据支持。第9章回顾了已发表的火星城市设计,其中包括专业学者的认真尝试,以

---

① Gretchen Heefner,哈佛大学历史系讲席兼副教授,国际事务和世界文化中心副主任。

及业余爱好者的涂鸦和前宇航员的思考。第 10 章对其他非火星的地外规划先例同样进行了梳理,包括定居近地轨道、月球和其他地区的方案。第 11 章融合了已有的规划先例与前面章节提及的原则,最终形成了一个名为"Aleph"的火星原型城市的详细总体规划。本书最后对更广泛地设计外星城市及其对地球生命的影响进行了一些思考。

参考文献

[1] Panagiotopoulos, Vas. 2017. "If Architects Designed Our Life on Mars, It Would Look like This." Wired UK, May 11, 2017.

[2] Seedhouse, Erik. 2009. Martian Outpost: The Challenges of Establishing a Human Settlement on Mars. New York, NY: Praxis.

[3] Abbott, Carl. 2016. Imagining urban futures: cities in science fiction and what we might learn from them. Middletown, CT: Wesleyan University Press.

[4] Wilson, Thomas D. 2016. "Prologue: America: A Blank Slate for English Utopianism." In The Ashley Cooper Plan: The Founding of Carolina and the Origins of Southern Political Culture, edited by Thomas D. Wilson, 0. University of North Carolina Press.

[5] Friedmann, J. 1996. The core curriculum in planning revisited. Journal of Planning Education and Research 15:89–104.

[6] Dye, Thomas R. Understanding Public Policy. Upper Saddle River, NJ: Pearson/ Prentice Hall, 2008.

[7] Howe, Scott A. and Brent Sherwood. 2000. Out of This World: The New Field of Space Architecture. Reston, VA: American Institute of Aeronautics and Astronautics.

[8] Donoghue, Matthew. 2016. "Urban Design Guidelines for Human Wellbeing in Martian Settlements." Master's, United States DOUBLEHYPHEN Washington: University of Washington.

[9] Billings, Linda. 2017. "Should Humans Colonize Other Planets? No." Theology and Science 15 (3): 321-32.

[10] Szocik, Konrad. 2019. "Should and Could Humans Go to Mars? Yes, but Not Now and Not

in the near Future." Futures 105 (January): 54-66.

[11] Slobodian, Rayna Elizabeth. 2015. "Selling Space Colonization and Immortality: A Psychosocial, Anthropological Critique of the Rush to Colonize Mars." Acta Astronautica 113 (August): 89-104.

[12] Sherwood, Brent. 2009. Introduction to Space Architecture. In, Howe, Scott A. and Brent Sherwood. Out of This World: The New Field of Space Architecture. Reston, VA: American Institute of Aeronautics and Astronautics.

[13] NASA. 2017. "Mars Facts | Mars Exploration Program." Accessed June 23, 2017.

[14] Kozicka, J. 2008. Architectural problems of a Martian base design as a habitat in extreme conditions: Practical architectural guidelines to design a Martian base. PhD diss. Gdańsk University of Technology, Faculty of Architecture, Department of Technical Aspects of Architectural Design.

[15] Lewis, Stephen R., Matthew Collins, Peter L. Read, François Forget, Frédéric Hourdin, Richard Fournier, Christophe Hourdin, Olivier Talagrand, and Jean Paul Huot. 1999. "A Climate Database for Mars." Journal of Geophysical Research: Planets 104 (E10): 2417794.

[16] Mahaffy, P. R., M. Cabane, and C. R. Webster. 2008. "Exploration of the Habitability of Mars with the SAM Suite Investigation on the 2009 Mars Science Laboratory." San Jose, CA.

[17] Piantadosi, Claude A. 2012. Mankind Beyond Earth: The History, Science, and Future of Human Space Exploration. Columbia University Press.

[18] NASA. 2002. "In Depth | Mars Odyssey." NASA Solar System Exploration. 2002.

[19] Simonsen, Lisa C.; Nealy, John E.; Townsend, Lawrence W.; and Wilson, John W. 1990. Radiation Exposure for Manned Mars Surface Missions. NASA TP-2979.

[20] Häuplik-Meusburger, Sandra, and Olga Bannova. 2016. "Habitation and Design Concepts." In Space Architecture Education for Engineers and Architects: Designing and Planning Beyond Earth. 165-260. Space and Society. Cham: Springer International Publishing.

[21] Daou, Daniel, and Mariano Gomez-Luque. 2020. "'On Wilderness and Utopia' DOUBLEHYPHEN Interview with Kim Stanley Robinson on Science Fiction, Critical Urban Theory

and Design." New Geographies 11: Extraterrestrial by Actar Publishers - Issuu. February 25, 2020.

[22] Lawler, Andrew. 1985. Lessons from the past: Towards a long-term space policy. In, Mendell, W. W. (Ed.). Lunar Bases and Space Activities of the 21st Century. Houston: Lunar and Planetary Institute.

[23] Reps, John W. 1992. The Making of Urban America: A History of City Planning in the United States. Princeton, NJ: Princeton University Press.

[24] Heefner, Gretchen. 2020. A vast frontier. In, Nesbit, Jeffrey S. and Guy Trangos (Ed). NEW GEOGRAPHIES 11 Extraterrestrial. Estonia: Actar Publishers and President and Fellows of Harvard College / Graduate School of Design, Harvard University.

第 2 章
地球的开拓史

尽管殖民主义在当代学术界广受人们的诟病和担忧[1-2],但作为一本关于未来火星开拓的书籍,至少要与殖民化概念本身密切相关。本章简要介绍了一个国家如何漂洋过海、穿越陆地,并在远离家乡的地方征服另一个民族而定居。在这一过程中,往往会留下悲惨、残酷乃至灾难性的历史。

根据 20 世纪 Albert Galloway 的开创性著作《殖民化》(*Colonization*),殖民化涉及从一个地方(殖民者)到另一个地方(殖民地)的"人口的迁移和政治权力的扩张",而"当相互关系的总和……包括前者对后者的政治依赖时",可认为已经完成殖民。Christopher Lloyd 和 Jacob Metzer[3]合著的《世界殖民经济史》(*Settler Economies in World History*)提出了对这一概念的最新看法,解释了殖民化现象是如何成为"人类历史上广泛存在的现象,不局限于任何特定的时代、地区或大陆",并在实施过程中充满忧虑。社会对殖民主义的批评声势浩大,甚至一些机构成立了专业的学术研究部门。实际上,成千上万的书籍和期刊文章都谴责了 Galloway 所描述的殖民现象,特别是殖民主义对土著人民及其文化造成的破坏,以及殖民化如何促进和强化了奴隶制和契约劳工制。这些批评主要针对那些入侵已有原住民土地的殖民活动,这段黑暗历史中的教训不能被轻易忽视。火星定居应当从了解殖民化的运作方式及其造成的危害中获取经验教训。

为了推动本书的叙事发展,本章的其余部分将从物理规划、城市设计和建筑的角度探讨殖民化这一主题。鉴于此,"殖民化"可能不是最合适的术语。"新城规划"可能在政治上更为正确,尽管它没有充分体现火星探险者所需的长途跋涉及其目的地的遥远程度。"定居"在某种程度上可能合适,因为它暗示了新土地的艰苦环境,但它并未表明新的火星城市将如何由地球发起并保持与地球的重要联系。因此,"殖民化"确实在某种程度上有效地描述了火星探险家的雄心——在火星上建设延续地球语言、文化和道德的殖民地。

坚持使用"殖民化"这个术语及其所蕴含的负面含义可能会引发读者对本书核心使命的质疑。然而,鉴于火星上缺乏可被殖民的原住民,地球上殖民化的道德缺陷在火星上并不适用[4]。

火星殖民化的一个恰当类比是人类对南极洲的开发,这个相似的概念将在本书中被多次提及。1821年,欧洲人首次登陆南极大陆时,那里没有土著居民[5]。南极洲内陆的年均气温为零下60℃,这使那里的居住环境非常恶劣[6]。20世纪的科学研究和定居点建设带来了大批外来人口,还有建筑、机场、公路,甚至零售店和水培花园[7]。虽然一些评论家控诉这片真正的新大陆正在遭到掠夺[8-9],但很少有人将其与更广泛的殖民历史相提并论。南极洲的规划者在很大程度上摆脱了后殖民主义学者的指责,但他们同时也受益于我们在新土地定居的集体经验。南极洲居住点的布局、基础设施的设计以及土地用途的组织都借鉴了其他地方的经验,这些经验将是第4至8章的主题。人类定居南极的经验体现了对法治、民主原则和人权保护的集体拥护,从而为人类在外星球定居提供了可供参考的样本[10]。

历史学家对殖民化进行了深入研究,撰写了无数关于人们征服、压迫和奴役他人的恐怖行径的书籍,但设计和建造新定居点的机制并没有得到充分的研究。在本章的其余部分,我将带领读者进行一次有限的世界之旅和简要的历史回顾,介绍地球开拓的四个主要时期及地理区域。对于每个时代和区域,都会为开拓过程提供一些基本的背景,并回顾殖民者/开拓者在建设新城镇时思考城市规划的主要方式。基于对地球开拓史的全面回顾和对全球历史的充分了解选择如下四个案例:

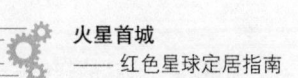

（1）古希腊和罗马对地中海的殖民（公元前900年—公元前400年）

（2）英国对大洋洲和美国东部的殖民（公元1662年—公元1914年）

（3）西班牙对拉丁美洲的殖民（公元1492年—公元1832年）

（4）中国古代城市规划（近现代没有殖民）（公元前1000年—公元800年）

这些绝非最重要的案例，它们之所以被选中，是因为每个案例都有丰富的文献记载，并且具备地理和时间上的多样性。虽然从其他案例中也能得到一些有益的经验，但这些案例至少能为本书后续内容提供一定的历史视角，有助于把后续章节中将要阐述的火星殖民原则串联起来。

2.1 古希腊和罗马对地中海的殖民

2.1.1 选址

古希腊人和古罗马人以其城市建设和殖民活动而闻名。这两个文明的扩张在古代世界中是无与伦比的，它们的实践在今天仍具有现实意义。虽然存在诸多因素影响，但这些殖民地的选址似乎主要是由运输和获取水资源的便利性所驱动的。公元前4世纪，罗马的第一个殖民地沿着第勒尼安海岸建立，之后更多的殖民地则沿着河流建立[11-12]。

除水资源外，古希腊人还寻求其他理想的地理特征。Odysseus① 曾讲述了他对殖民地选址的看法："荒芜平坦、大量足以耕种的土地，有茂密的森林、野山羊、可用作天然港口的海湾等。"[13]因此，似乎就连公元前8世纪的古希腊人也知道，无人居住的地方比有人居住的地方更好。可供耕种的土地将是本章反复讨论的主题；古希腊人和古罗马人均认为，平坦的耕地是任何殖民地农业成功的核心[12]。Odysseus 所指的"茂密的森林"提供了树木、岩石、树叶和肥沃土壤等定居者所需的原材料。"野山羊"可作为食物和畜力的来源，海湾和港口则提供了至关重要的水源。

---

① Odysseus，传说中希腊西部伊萨卡岛国王，古希腊神话中的英雄。

Odysseus忽略了当时对采矿的需求。正如Tsetskhladze[①]所说,殖民地的建立往往有着明确的采矿需求[14]。从表面上看,希腊最北端的殖民地Pithekoussai和Cumae是因为拥有丰富的矿产和其他自然资源而建立的[15-16]。同样,考古证据(如当地铸造的金币)表明希腊殖民地Cyzicus拥有一座金矿[17]。即便在确定了新殖民地的大致位置后,古希腊人在选择具体的地点时也高度关注矿藏的可达性和接近程度[18]。采矿业将满足本地殖民者的需求,更重要的是满足雅典对金属日益增长的需求。因此,对于希腊城市规划者来说,殖民地靠近矿产与拥有野山羊同样具有吸引力。

2.1.2　城市形态

选址确定之后,这些古代城市会是什么样的?它们的城市形态如何?首先,这些城市会与其母国城市相似。公元177年,Aulus Gellius写道[②],这些殖民地"外表是罗马的缩影,是罗马本身的复制品"[12]。罗马在建立新殖民地时,首先占据125英亩(1英亩=4046.86米^2)的土地,然后随着人口的增长逐渐扩大规模,并始终成对地建立新殖民地,以便相互支持并提高生存的总体可能性[19]。同样,古希腊人也以网络形式建造殖民地,利用海洋作为中心枢纽,为殖民地之间提供交通联系[20]。在罗马共和国早期(公元前338—公元前146年),大多数殖民地的预期人口规模在4000~6000人,但随着人口的增长,殖民地规模也随之扩大[12]。

著名历史学家Edward Togo Salmon[12](1970年)将科萨城(公元前273年建立)描述为一个典型的罗马殖民地,并详细描述了其城市形态。科萨城位于罗马西北85英里处的一座小山顶部的平坦地带,拥有一个通过运河与大海相连的港口。该城市被顶部6英尺宽、底部8英尺厚的城墙环绕。城墙内有一个300英尺×120英尺(1英尺=0.3048米)的广场(论坛),沿着南北方向的主干道延伸,这与大多数希腊殖民地的布局类似[21]。广场的一侧是政府大楼,另一侧

---

① Gocha R. Tsetskhladze,出生于格鲁吉亚的英国古典考古学家,曾在乌克兰、俄罗斯和英国牛津大学学习。

② Aulus Gellius,罗马帝国时期(公元2世纪左右)的拉丁文作家。

是宗教寺庙、露天公共集会场所、地方参议院和露天剧场(图 2.1)。另一条大道将城市入口与一座坚固的要塞相连,要塞内有一座供奉罗马神 Jupiter 的庙宇。

图 2.1　罗马城市广场和公共集会场所

其他罗马城市在规划中引入了第二条横贯道路[22-23]。较大的城市还引入了南北向和东西向道路,形成网格状的道路布局,这在古希腊殖民地中也很常见(图 2.2)。按照东、西、南、北四个主要方向进行规划简化了城市设计和建设

(图例:1—十字大街;2—南北向主干道;3—凯撒奥古斯塔广场;4—河港;
5—公共浴室;6—剧院;7—城墙)
图 2.2　古罗马城市凯撒奥古斯塔(Caesaraugusta)的网格布局

中的测量工作,但也忽视了殖民地所拥有的自然特征,而这些特征本可以从更灵活的规划模式中得到更好的利用。此外,主干道和横向道路通常还会与其他罗马殖民地相连[12]。

从诸多层面来看,这些城市人口兴旺,每个城区都很拥挤。典型的希腊住宅围绕着一个开放的庭院建造,是一个边长 15 英尺的正方形建筑[24]。罗马人的住宅则被分隔成多个空间,用于商业和家庭活动。入户是一个开放区域,然后进入一个柱廊式庭院,最后进入生活区的正方形房间[24](图 2.3)。这种奢侈的住宅仅为上层阶级所享有;与此同时,农民委身于用柳条和泥灰建造的、地面为泥土的简陋小屋[24]。这些古代住宅空间狭小,烹饪非常危险,因此通常不设厨房。下层阶级需要在古罗马城市公共街道上的小餐馆就餐[25]。

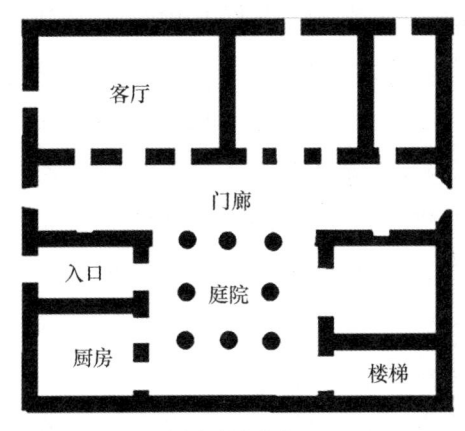

提洛岛科林住宅

图 2.3　公元前 2 世纪科林住宅的内部平面图

2.1.3　住宅用途

这些古希腊和古罗马的住宅兼具多种用途,依赖公共和集体用餐方式选择,其空间虽小,但室内外空间流动性强,在世界各地被广泛效仿。如今,在欧洲前神圣罗马帝国国家,混合型住宅依然广受欢迎,但在北美和大洋洲较为罕见[26]。除餐馆外,其他形式的公共和集体用餐在全球范围内相对少见,除了学生食堂及偶尔可见的公社或集体农场。这种在室内和室外空间之间取得平衡的做法,仍然是现代城市规划和建筑的特征之一。Frank Lloyd Wright 对这一品质的把握,是他作为建筑师广受赞誉和成功的关键因素,受到各学者的高度认同[27-28]。他的标志性建筑作品"流水别墅"(Falling Water)于1939年在宾夕法尼亚州建成,这座独栋住宅以瀑布为中心建造,在室内和室外之间营造出一种惊人的流畅感。Frank Lloyd Wright还因位于纽约州布法罗的"理查森之家"(Richardson House)而闻名,在其中人们很难察觉户外露台和室内客厅之间的界限。

公共建筑和宗教建筑在古希腊和古罗马殖民地都至关重要[20]。建造令人印象深刻的纪念碑体现了定居点的永久性,而在寺庙等建筑中经常使用进口材料,加强了殖民地与其母城的联系[25]。根据Malkin①等所述,这些寺庙和公共建筑有助于使殖民行为合法化[20]。在某种程度上,这种投资可以通过创造更大的市场需求和增加经济活动,进一步促进殖民地的成功。

在《奥德赛》(Odyssey)出版及众多罗马城市兴起之后,著名的罗马建筑师Vitruvius于公元前30年撰写了《建筑十书》(Ten Books of Architecture),在该书中提出了一系列建筑和城市设计的原则,这些原则较少关注殖民扩张,更多地聚焦于场所设计的抽象哲学理念。其中的关键观点:①广场(论坛)是矩形的,长宽比为3∶2。②沿海城市,广场应靠近水域;内陆城市,广场应位于城市中心。③公共建筑应环绕广场布局。与许多前辈一样,Vitruvius主张建立一个严格的街道网格,使其沿着盛行风的方向排列[29]。

《建筑十书》(Ten Book of Arcbitecture)流传甚久,并在文艺复兴时期再度受到追捧,恰逢欧洲列强开始对美洲、非洲和大洋洲进行大规模的全球殖民。

2.2　英国对大洋洲和美国东部的殖民

几十年来,"日不落帝国"这一表述一直是现实。英国的殖民地遍布欧洲、非洲、亚洲、大洋洲和北美洲,是名副其实的殖民强国。1662年,随着《城镇建设法案》的通过[30],英国政府制定了第一部关于建立新殖民地的成文法,这一立法为后来在卡罗来纳殖民地所采用的"宏模式"(grand modell)奠定了基础。查

---

① Irad Malkin,以色列特拉维夫大学希腊历史荣誉教授。

理二世和随后的政府利用这一模式,坚持要求在殖民地开发之前进行规划,采用平方英里网格化的形式对街道的宽度和连通性进行标准化,同时保留用于市政和商业活动的场地。"宏模式"由 Ashley Cooper(后来成为沙夫茨伯里勋爵)提出,其独特之处在于作为一部法律,"同等重视社会结构、政治制度和物理设计",这一方法分别被 William Penn ①和 James Ogelthorpe ②在宾夕法尼亚州(1776年)和佐治亚州(1733年)效仿[31]。

英国殖民者利用"宏模式"来指导整个大英帝国新殖民地的建设。Wilson③的书籍记录了英国人对新建城镇的要求:选址要位于高地上,且道路的布局要考虑盛行风向[32]。具体而言,这些街道通常具有双重层次:主干道宽约100英尺,次要街道平均宽度50~60英尺。土地地块被标准化为矩形,以便于测量、运输和开发[30]。在该模式中,规划服务于多种目的,包括"基础设施、美学、健康、经济发展、社会组织和防御"[32]。

美国费城的设计同样源于"宏模式",William Penn 在其中发挥了关键作用,其试图打造一个"绿色乡村小镇",而非庞大密集的城市。Penn 力求构建一个乌托邦式的小镇,那里的住宅坐落于宽敞的地块上,四周环绕着花园和果园。市场、州议会大厦和其他市政建筑将位于费城的市中心。Penn 的原始计划在1682年进行了修订,增加了建筑密度,并形成了费城现在标志性的中央开放广场和四个外围广场[31](图2.4)。

虽然在北美城市规划中并不明显,但"宏模式"规划在大洋洲的实施过程中不断发展。那里每个城市都被预留的绿化带环绕,并与乡村地区隔离开来。在澳大利亚阿德莱德市的规划中,一条1~2英里宽的绿化带环绕着城市,并要求所有进入城市的入口都是公园(图2.5)。一位19世纪的评论家后来思考这一绿地规划带来的影响,并得出结论:"这将极大地促进居民的健康和愉悦;它会

---

① William Penn(1644—1718),英国贵格会领袖和宗教自由倡导者。他监督建立了美国宾夕法尼亚州联邦,作为贵格会和欧洲其他宗教少数群体的避难所。

② James Ogelthorpe(1696—1785),英国将军,政治家。1733年到1743年(乔治二世统治期间)在北美建立了13个英国殖民地中的最后一个殖民地——佐治亚(Georgia)殖民地并指导其经济和政治发展。

③ Thomas D. Wilson,当代美国规划师、作家和独立学者。

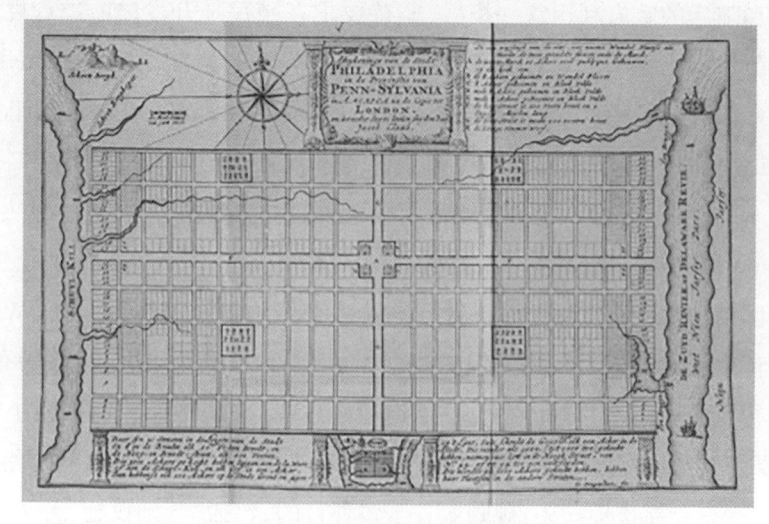

图 2.4　William Penn 1682 年为美国宾夕法尼亚州费城制定的平面图

使周围的景色变得美丽,并使城市无论从哪个角度看都显得宏伟壮观。"[30]

图 2.5　(见彩图) 阿德莱德和北阿德莱德的街道地图

"宏模式"规划的关键在于寻找拥有水源、交通便利、土地平坦的地点,以便建立新的殖民地。在1904年的《大洋洲皇家地理学会会刊》中,William Light报告了他为阿德莱德新城选址的过程:

> 这次旅行更加证实了我对这个地方的最初印象;我穿过了一片将近六英里的美丽平原之后,抵达了河边,从这里望去,只见平原一直延伸至少有六英里,直到洛夫蒂山脚下,……这里地势平坦,地理位置优越,非常适合人类居住,形成了一片广袤的平原[33]。

Light还需要考虑地形和地质特征,上级指示他:

> ……要使街道更宽阔,并按照居民的便利、城镇的美观和卫生来规划街道布局;同时需要为广场、公共步道和码头预留必要的空间(1837年南澳大利亚殖民委员会委员第二次报告)[34]。

对街道宽度的重视是澳大利亚悉尼城市规划中的关键因素。悉尼最初是作为一座流放犯人的殖民地而规划的,但在1802年的规划中,这座城市试图转变为面向普通民众的城市。街道的拉直和拓宽明确是为了遏制"公民抗命"[35]。这种利用街道设计来影响公共秩序的做法在城市规划中有着悠久的传统,在Haussmann①19世纪著名的巴黎改造中则表现得最为明显[36]。Haussmann将该市曲折蜿蜒的中世纪街道网络改造成了放射状格局,旨在防止暴徒聚集力量;宽阔的街道在环岛处交会,也许可以防止1848年"二月革命"期间巴黎发生的那种骚乱。

后来,澳大利亚惠灵顿市的城市规划复刻了许多与"宏模式"类似的理念:靠近水域的平坦地点、网格状街道网络、集中诸多公共设施的城市中心,以及占地261英亩(约105公顷)的宽敞公园和公共空间[37]。在19世纪的英国殖民规划中,为公众提供大量绿地是一种越来越常见的做法,但1837年澳大利亚墨尔本的规划是个例外,因为当时并没有规划正式的公共空间(尽管后来在城市

---

① Georges-Eugene Haussmann(1809—1891),法国城市规划师,拿破仑三世时期先后任巴黎警察局长、塞纳区行政长官。在1853年至1870年指导了对巴黎市中心的改造。

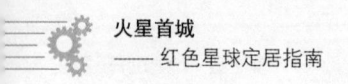

边缘开发了正式的开放空间)[38]。

"宏模式"规划中提出的、并纳入英国全球殖民规划的要求非常之多,其中对建造升华精神之地的关注最为坚定不移,远超其他任何要求。例如,在奥克兰(新西兰)新城的规划中,图上唯一标注的建筑是一座教堂[35]。早在1638年,美国康涅狄格州纽黑文的城市规划中,就将宗教场所作为物理布局的核心,这与本章后文所述的中国实例颇为相似。Wilson[32]解释说,该规划"将物质城市与精神城市联系起来……结合了人性化比例和市民空间",并"经受住了几个世纪的考验"。奥克兰和纽黑文围绕精神信仰的城市规划并非个例。英国殖民者试图通过这种做法,将人们与这些新土地联系起来,使其不只是建筑、田野和码头的物质体验。对于像 Penn 这样的一些人而言,这种精神性是多教派的,甚至为原住民留有空间。对于另一些人来说,殖民化是强化他们单一宗教世界观的机会。无论哪种方式,其结果都是利用物质形态来增强和展现人性中极为需要关注的一个维度——精神性。

2.3 西班牙对拉丁美洲的殖民

新的罗马殖民地计划被编纂成书面文件,并在《建筑十书》中得到了很好的阐述。中国的城市规划理念被记录在《尚书》中,其中详细列出了新拓地的规则和条例。英国人采用了"宏模式"规划来传达王室对全球新定居点实体规划的意愿。但可以说,历史上西班牙比其他国家更精确地积累了关于新城镇设计的集体智慧,并将其公之于众。西班牙1573年出台的《印第安法》是其成功的巅峰。《印第安法》"为城镇及其周边土地的规划制定了统一的标准和程序……",并被西班牙殖民者与后来的美国及墨西哥规划者广泛采用[39]。Reps① 阐述了这种非凡的影响:"实际上,西半球有数百个社区是根据这些法律规划的,这是现代史上独一无二的现象。"

与上述地中海、亚洲和大洋洲的例子一样,《印第安法》也为新殖民地的选址制定了明确的指导方针:选址地势较高,周围有适合耕种的土地,有水源供

---

① John William Reps(1922—2020),美国城市规划历史学家、城市肖像学权威。

应,靠近燃料和森林资源。

  因为将广场作为新城镇的中心区域,西班牙人所展现的城市形态与之前描述的其他规划方案有所不同。沿海城市的广场将建在海岸边,内陆城市的广场则位于市中心。规定每个广场的长度为宽度的 1.5 倍,至少宽为 200 英尺,长 300 英尺;但长不超过 800 英尺,宽不超过 300 英尺。与希腊、罗马和中国的城市规划一样,西班牙也要求广场以四个基本方向为基准进行布局。与其他规划方案不同的是,广场是四条主要街道的起点,这些街道分别沿着四个基本方向延伸,而每个角落都有两条次要街道,每条主要街道上方都建有拱廊遮蔽(图 2.6 和图 2.7)。这种对行人体验的强调及免受阳光、雨水(通过拱廊体现)和风(通过街道方向体现)的影响,在《印第安法》中关于建筑、种植和养殖的要求中得到了进一步具体化,从而创造出有序、一致的景观。"定居者应尽可能努力使所有的建筑物统一,以保持城镇的美丽。"Reps 在他的分析中得出结论:"这些

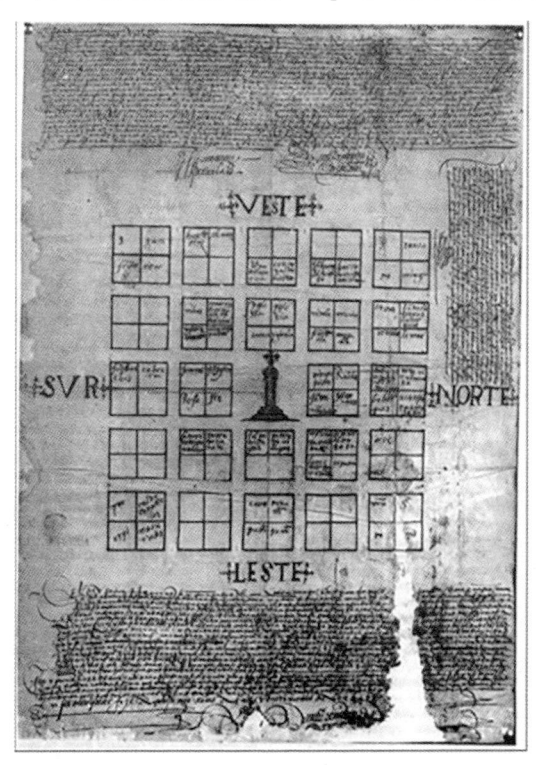

图 2.6 复活之城(阿根廷门多萨)的创立平面图

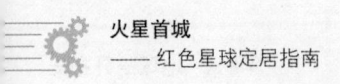

法规是城市发展史上最重要的文件之一。"[39]

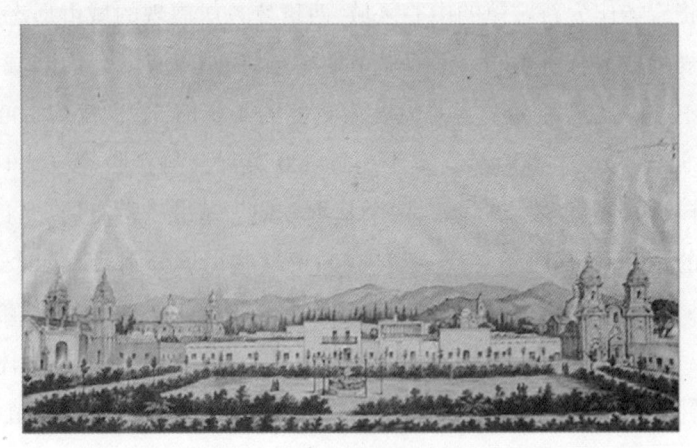

图 2.7　1860 年的门多萨广场

2.4　中国古代城市规划

　　中国城市规划的历史可追溯至数千年前,当时人们还居住在简陋的土坯房中。直到第一座帝都的形成,这些规划实践才真正系统化和规范化。Steinhardt[40]指出,中国人致力于建造防护严密的新城市,这些城市拥有高大厚重的城墙,周围往往还环绕着护城河,同时,城市的布局讲究直线(通常为方形)规则[41]。在选址时,除考虑减轻洪水风险和避免潜在敌人袭击这些因素,还要确保获得良好的供水和避免强风的影响[42]。重要建筑靠近城市的几何中心,而都城的重要建筑往往会建在台基之上[43]。

　　《考工记》是中国最早的城市规划文献,是包含在《周礼》中的文献,成书于公元前 500 年左右[43]。在规划都城时,《考工记》主张采用方形布局,每面设三个城门,九条大道纵横交错[43](图 2.8)。这种布局形式可追溯到中国古代的宇宙观,体现在幻方的概念中,也称为佛教的曼陀罗。

　　幻方概念的重要意义在于,它和谐地融合了自然界的基本力量阳和阴(天和地)。阴阳力量通过神圣数字的几何形式表示,其中奇数代表天阳力,偶数代表地阴力[44]。

　　宇宙的神奇力量具有重要作用,因此风水原则被广泛采用,人们往往移除

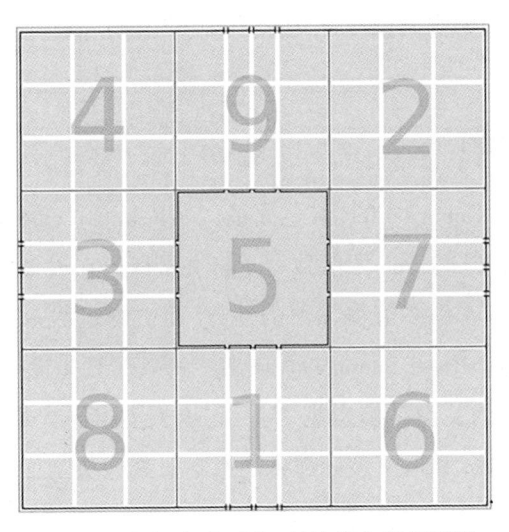

图 2.8　洛书(幻方)图上的洛阳街道规划图

巨石或种植灌木,以增强气的流动[43]。韩国首尔国立科技大学建筑学教授 Alfred B. Hwangbo[45]在 1999 年向西方读者描述了这些概念:

> 风水可以被定义为艺术和科学的结合体,它管理着建筑设计和规划中的各种问题,涵盖了人类感兴趣的众多学科领域……气,这一驱动宇宙运转的生命能量流,同时也意味着"呼吸",在遇到风时会散开,在遇到水时会受阻。

就像古希腊的原子一样,"气"被认为是构成宇宙万物的最基本单元,城市规划者设计时对此极为重视[45]。因此,都城里装饰了大量的公园和花园,并与南北和东西走向的道路交叉。这一切都是为了"气"设计而做出的努力。都城中的关键建筑包括寺庙、祭坛、朝会大殿和市场。朝会大殿可能位于南北向的主干道上,而次要建筑可能沿东西向的次要道路分布。中央的礼仪建筑群被设计成圆中方、方中圆、圆中再方的格局,其中圆形代表天空,方形代表人[40]。

其他一般性的指导原则还涉及道路宽度、塔楼高度和陵墓的位置等问题。公元前 500 年左右的《考工记》和公元元年左右的《尚书》,编纂并汇聚了中国人在城市规划和设计方面的智慧,在文献中强调城市布局应遵循基本方位、采用

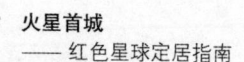

幻方布局,并突出宗教建筑的向心象征意义,为后世中国乃至更广泛地区的城市建设提供了范本[43]。

2.5 行星保护

在 Kim Stanley Robinson 的《红色火星》(*Red Mars*)三部曲中(见第 11 页脚注),地质学家 Ann Clayborne 团队致力于将火星保留在人类接触之前的原始状态。她认为,火星上有许多值得学习的地方,而试图定居该星球可能会抹去一些关键的地质数据。Roger Summons① 等曾撰写关于行星保护的论文,指出了开拓火星可能会破坏的关键环境数据[46]。无论人类定居火星的形式如何,微生物污染、二氧化碳排放和地下破坏都可能影响研究人员全面记录和理解这颗红色星球的历史及现有环境系统的能力。

Robinson 在他的长篇小说中巧妙地描绘了这场辩论,让 Ann 和她的盟友与那些试图改造火星以使其更像地球、更适合人类生活的殖民者对立起来。鉴于本章回顾的殖民历史,行星保护的论点无疑十分突出。Cockell ②和 Horneck③ 在关于火星公园建设和荒野的提案中提出了一个折中方案,可以允许殖民,但保护火星的大部分地区不受开发的影响[47-48]。

除了保护和保持火星的原状,火星上是否存在本土生命这一问题仍充满谜团。虽然 20 世纪 50 年代科幻小说中的"小绿人"似乎不可能出现,但研究人员仍继续研究在火星上发现更小、更微观生命的可能性[49]。如果火星上确实存在生命,地球上的开拓历史对于未来的火星定居点来说就至关重要,因为我们必须尽量减少对任何本土生命形式的影响。

2.6 历史的教训

在人类历史的长河中,纵观整个地球,人们一直在寻找新的土地去征服和定居。在本章中仅回顾了几个案例,以期为未来人类的伟大事业定居火星吸取

---

① Roger Summons,美国当代地球生物学家。
② Charles Seaton Cockell,英国当代天体生物学家。
③ Gerda Horneck,德国当代天体生物学家。

教训。古老的道路、衰败的宏伟建筑和化石文物都是规划城镇实体记录的一部分。从罗马的羊皮纸到英国的印刷机,再到如今互联网上传输的比特和字节,都表明文字的传播效率更高。正是通过文字,John Reps 发现《印第安法》对城市发展的塑造作用无与伦比。因此,当你正在阅读本书时,尚未定居的火星城市形态已初见雏形。

第 1 章对火星的一些重要地质、大气和气候条件进行了介绍和非技术性调查,这无疑是任何严肃的火星开拓计划的前提。本章同样至关重要,提供了不可或缺的历史视角。通过回顾历史,可以从过去吸取教训,并将这些教训应用于火星的定居计划。以下是从研究案例和更广泛的文献中提炼出的经验教训。结合第 4~第 8 章提出的原则,这些经验教训将成为第 11 章所提出的定居计划的核心。

(1)新城镇选址:理想情况下,应选择地势平坦、有饮用水、交通便利、靠近自然资源(如矿产和森林)的地点。

(2)街道设计:街道的布局和配置应考虑气候因素(如风),连通性至关重要。

(3)公共空间:中央位置应设有公共聚集空间,应与阳光和绿植融为一体。

(4)重要公共建筑:应在中央公共集会空间或其附近预留出重要公共建筑的位置,包括政府和市场。

(5)精神层面:定居点的形式、用途和设计应考虑形而上学的维度。

上述经验教训可帮助火星规划者避免发生过去的错误,从成功的案例中进行学习,并提高火星定居点繁荣发展的可能性。

本章前面提及的英国规划师之一 James Ogelthorpe 深受文艺复兴时期作家 Niccolo Machiavelli 的影响。当然,广为人知的是 Machiavelli 的《君王论》(*The Prince*)(1513),该书在很大程度上是对国家如何应用权力和操纵他人的非道德阐述。因此,广泛了解他的思想和著作,包括其中对城市规划和设计的思考,可能十分有意思。在马基雅维利关于社会的重要论文之一《论李维〈罗马史〉前十卷》(*Discourses on the Ten Books of Titus Livy*)中探讨了"美德转移"(traslatio virtutis)的概念,Wilson 于 2015 年将其翻译为"当腐朽势力侵蚀旧国时,在新土地上会涌现出美德社会"[31]。Machiavelli,还有 Ogelthorpe 和随后的几代规划者,都试图利用殖民带来的机会抛弃他们祖国的"腐朽势力",梦想在新土地上建立全新的、有道德的社会,尽管是以被殖民人民的利益为代价。我在这里对全球殖民历史的简要回顾并非是对美德的评判,但这种乌托邦式的倾向应该让人感觉很熟悉。"美德转移"的概念令人向往,但过去的规划者面临着具体的挑战,我们在探索火星定居的前景时应该吸取这些历史教训。

参考文献

[1] Kohn, Margaret, and Kavita Reddy. 2017. "Colonialism." In The Stanford Encyclopedia of Philosophy, edited by Edward N. Zalta, Fall 2017. Metaphysics Research Lab, Stanford University.

[2] Tharoor, Shashi. 2016. An Era of Darkness: The British Empire in India. Aleph Book Company.

[3] Lloyd and Metzer. "Settler Economies in World History." Edited by Christopher Lloyd et al., Brill Settler Economies in World History, 8 Jan. 2013, brill.com/abstract/title/15587.

[4] Impey, Chris. 2019. "Mars and Beyond: The Feasibility of Living in the Solar System." In The Human Factor in a Mission to Mars: An Interdisciplinary Approach, edited by Konrad Szocik, 93-111. Space and Society. Cham: Springer International Publishing.

[5] Gurney, Alan. 2007. Below the Convergence: Voyages Towards Antarctica, 1699-1839. 1st ed. New York: W. W. Norton.

[6] Australian Antarctic Division. n.d. "Antarctic Weather." Accessed May 31, 2019.

[7] McDaniel, Melissa, Erin Sprout, Diane Boudreau, and Andrew Turgeon. 2012. "Antarctica." National Geographic Society. January 4, 2012.

[8] Dodds, Klaus J. "Post-colonial Antarctica: an emerging engagement". Polar Record Vol. 42, no. 1, 2006, pp. 59-70.

[9] Collis, Christy and Quentin Stevens. "Cold colonies: Antarctic spatialities at Mawson and McMurdo stations". Cultural Geographies Vol. 14, no. 2, 2007, pp. 234-254.

[10] Dodds, Klaus, Alan D. Hemmings, and Peder Roberts, eds. 2017. Handbook on the Politics of Antarctica. Northampton, MA: Edward Elgar Publishing.

[11] Sweetman, Rebecca J. 2011. Roman Colonies in the First Century of Their Foundation.

Oxbow Books.

[12] Salmon, Edward Togo. 1970. Roman Colonization under the Republic. Aspects of Greek and Roman Life. Ithaca, N. Y.: Cornell University Press.

[13] Wilson, Emily, trans. 2018. The Odyssey. 1st ed. New York: W. W. Norton.

[14] Tsetskhladze, G. R. 2008. Greek Colonisation: An Account of Greek Colonies and Other Settlements Overseas, Volume Two. BRILL.

[15] Tsetskhladze, Gocha R. 2008a. Greek Colonisation: An Account of Greek Colonies and Other Settlements Overseas. 1st ed. Vol. 1. Leiden and Boston: Brill.

[16] Ridgway, David. 1979. "'Cycladic Cups' at Veii". In Ridgway, David, and Francesca R. Ridgway. Italy before the Romans: the Iron Age, orientalizing and Etruscan periods. London/New York/San Francisco: Academic Press.

[17] Boardman, John. 1964. The Greeks Overseas. Baltimore: Penguin Books.

[18] Tsetskhladze, Gocha R. 2008b. Greek Colonisation: An Account of Greek Colonies and Other Settlements Overseas. 1st ed. Vol. 2. Leiden and Boston: Brill.

[19] Grimal, Pierre (translated by G. Michael Woloch). 1983. Roman cities. Univ of Wisconsin Press.

[20] Malkin, Irad, Christy Constantakopoulou, and Katerina Panagopoulou. 2013. Greek and Roman Networks in the Mediterranean. 3rd. London: Taylor and Francis.

[21] Hayden, Olivia E. "Urban Planning in the Greek Colonies in Sicily and Magna Graecia." Tufts University, Tufts University Department of Classics, 2013, pp. 1-83.

[22] Crawford, M., 2006. From poseidonia to paestum via the Lucanians. In, Bradley, Guy Jolyon, and John-Paul Wilson (Eds). Greek and Roman Colonisation: Origins, Ideologies and Interactions. Swansea: Classical Press of Wales.

[23] Bradley, Guy Jolyon, and John-Paul Wilson. 2006. Greek and Roman Colonisation: Origins, Ideologies and Interactions. Swansea: Classical Press of Wales.

[24] Ellis, Simon. Roman Housing. Duckworth, 2008.

[25] Hayden, Olivia E. "Urban Planning in the Greek Colonies in Sicily and Magna Graecia." Tufts University, Tufts University Department of Classics, 2013, pp. 1-83.

[26] Clarke, John R. 1991. The Houses of Roman Italy, 100 B. C. A. D> 250: Ritual, Space, and Decoration. University of California Press.

[27] Hirt, Sonia A. 2015. Zoned in the USA: The origins and implications of American land-use regulation. Ithaca, NY: Cornell University Press.

[28] Brooks, H. Allen. "Frank Lloyd Wright and the destruction of the box." Journal of the Society of Architectural Historians 38, no. 1 (1979): 7-14.

[29] Connors, Joseph. 1984. The Robie House of Frank Lloyd Wright. Chicago Architecture and Urbanism. Chicago, IL: University of Chicago Press.

[30] Rowland, Ingrid D., and Thomas Noble Howe, eds. 2001. Vitruvius: 'Ten Books on Architecture'. Cambridge University Press.

[31] Home, Robert. Of Planting and Planning: The making of British colonial cities (Planning, History and Environment Series). Routledge, 2011.

[32] Wilson, Thomas D. 2015. The Oglethorpe Plan: Enlightenment Design in Savannah and Beyond. The University of Virginia Press.

[33] Wilson, Thomas D. 2016. The Ashley Cooper Plan: The Founding of Carolina and the Origins of Southern Political Culture. UNC Press Books.

[34] Royal Geographical Society of Australasia. 1904. Proceedings of the Royal Geographical Society of Australasia, South Australian Branch (Incorporated). Proceedings of the Society for the Session. Adelaide: The Society.

[35] Second Report of the Commissioners for the Colonisation of South Australia, ed. 1837. Second Annual Report of the Colonization Commissioners for South Australia to His Majesty's Principal Secretary of State for the Colonies 1836 and to Her Majesty's Principal Secretary of State for the Colonies 1837. [Adelaide: Surveyor-General's Office.

[36] Brand, Diane. "Collective Amnesia and Individual Memory: The Dissolving Colonial City in the 19th Century." Urban Design International Vol. 11, no. 2, 2006, pp. 99-116.

[37] Pinkney, David H. Napoleon III and the Rebuilding of Paris (Princeton University Press, 1958).

[38] Brand, Diane. 2004. "Surveys and Sketches: 19th-century Approaches to Colonial Urban Design." Journal of Urban Design 9 (2): 153-75.

[39] Priestley, Susan. "Melbourne: A Kangaroos Advance" In the Origins of Australia's Capital Cities. Edited by Pamela Statham. Cambridge University Press, 1989.

[40] Reps, John W. 1965. The Making of Urban America A History of City Planning in the United

States. Princeton University Press.

[41] Steinhardt, Nancy Shatzman. 1990. Chinese Imperial City Planning. University of Hawaii Press.

[42] Wheatley, Paul. 1971. The pivot of the four corners. Chicago: Aldine Publishing.

[43] Steinhardt, Nancy Shatzman. 1990. Chinese Imperial City Planning. University of Hawaii Press.

[44] Wheatley, Paul. 1972. Pivot of the Four Quarters: A Preliminary Enquiry into the Origins and Character of the Ancient Chinese City. Edinburgh: Edinburgh U. Pr.

[45] Schinz, A. (1996). The magic square: cities in ancient China. Edition Axel Menges.

[46] Hwangbo, Alfred B. 1999. "A New Millennium and Feng Shui." The Journal of Architecture 4 (2): 191-98.

[47] Summons, Roger E., Jan P. Amend, David Bish, Roger Buick, George D. Cody, David J. Des Marais, Gilles Dromart, Jennifer L. Eigenbrode, Andrew H. Knoll, and Dawn Y. Sumner. Astrobiology. Mar 2011. 157-181.

[48] Cockell, Charles, and Gerda Horneck. "A planetary park system for Mars." Space policy 20, no. 4 (2004): 291-295.

[49] Cockell, Charles S., and Gerda Horneck. "Planetary parks—formulating a wilderness policy for planetary bodies." Space Policy 22, no. 4 (2006): 256-261.

[50] Johnson, Sarah Stewart. 2020. "The Astronomer Who Believed There Was an Alien Utopia on Mars." OneZero (blog). July 7, 2020.

第 3 章
70 年空间探索的经验教训

人类总是劳作不息,如今地球上几乎没有未被人类城镇覆盖的地方,从北极的巴芬岛到美国路易斯安那州的沼泽地,从非洲的沙漠草原到南美洲最南端的福克兰群岛(阿根廷称马尔维纳斯群岛),人类的足迹已经遍布全球,几乎在每一个海岸、每一座山丘和每一座半岛上都能找到人类定居的痕迹。

第 2 章从殖民需求的角度全面阐述了人类在地球上的定居扩张过程。一个已定居且富足的社会,往往会通过征服遥远的土地来寻求更大的财富、权力和冒险。尽管地球的开拓历程与人类殖民火星的计划没有明确的相似之处,但它确实为火星定居提供了诸多启示。

然而,火星并非人类第一个瞄准的地外殖民地。70 年来,我们一直尝试在地外航行,先是通过国际空间站在近地轨道定居,并成功访问月球。国际空间站最近刚刚庆祝了人类在太空连续生活的 20 周年里程碑,这与开拓地球上其他任何地方都不同,此可作为地外开拓的标志。国际空间站不大,同时最多容纳 13 人,并且有人在那里生活了长达 1 年。近地轨道的开拓经验让人类获益良多,本章将探讨国际空间站的历史,以及如何为定居火星行动提供借鉴。

人类在月球上的停留十分短暂,但数十年来探测器和航天器一直在定期造访月球。更重要的是,多个航天机构已制订了人类在月球长期驻留的详细计划。本章将重温这些计划,以及此前对月球及其支持人类生命适应性的研究。尽管火星定居仍然是一个长期愿景,但一些专家预测人类有望在2030年之前定居月球[1]。

人类的空间探索已经远远超出了近地轨道和月球。人类已经向小行星、彗星、土星的卫星、冥王星以及更远的星际空间发射了航天器。虽然这些任务主要以科学探索为驱动力,但NASA和其他航天机构也正在认真制订计划,以期将人类安置在月球以外的半永久性住所。本章将讨论这些实践及其和火星定居的相关性。

火星定居建立在坚实的科学和工程知识的基础之上,这些知识是我们拥有的、可用于在火星上建造城市的关键工具和技术。本章还将讨论这些技术已经应用于何处及如何使用。接下来将针对那些缺失的部分,回答:要实现定居火星,我们有哪些尚未掌握知识和技术。

本章最后将通过对比不同航天机构、科学家和航天工程师对定居火星的可能时间节点的估计,探讨人类多久能在火星上建立一座城市。最后,基于该时间表,进一步推测火星城市建设过程中可能存在的其他地外定居点,并探讨这些其他定居点如何在更远的太空殖民系统中发挥作用。

3.1 空间探索简史

人类凝视暗夜数千年,终于在1957年,苏联向太空发射了人造卫星"斯普特尼克"1号,这一壮举彻底改写了人类历史。1959年,苏联成功发射第一个在月球上着陆的航天器,1961年将第一个人类送入地球轨道,1965年进行了第一次太空行走。太空竞赛由此拉开序幕。美国很快就开始创造属于自己的"第一",包括人类第一次绕月飞行(1968年)和第一次登上月球(1969年)(表3.1)。

在随后的几年里,美国和苏联向太阳系深处发射了多颗探测器和航天器,围绕小行星、彗星、火星和其他行星的卫星飞行和着陆。进入21世纪后,欧洲、日本和中国均发布了各自的新一代太空计划。此后,印度、阿拉伯联合酋长国和以色列也加入了研制和发射航天器的行列。

通过上述数十次的航天任务,太空探索研究了遥远的深空,并带回了关于太空和各类天体的无数知识。本书特别关注的是那些明确以火星为研究目标的任务(表3.2~表3.4)。自1960年以来,人类共进行了49次火星发射任务,其中22次成功着陆,11次成功飞掠,16次失败。

表3.1 空间探索的相关里程碑概述

发射年份	名称	国家	说明
1957	"斯普特尼克"1号(Sputnik 1)	苏联	首个人造地球卫星
1959	"露娜"2号(Luna 2)	苏联	首个登陆月球的航天器
1961	Yury Gagarin乘坐"东方"1号(Vostok 1)	苏联	首个绕地球轨道飞行的宇航员
1964	"水手"4号(Mariner 4)	美国	首个捕捉火星图像的航天器
1965	Aleksey Leonov乘坐上升2号(Voskhod 2)	苏联	首次太空行走
1968	William Anders、Frank Borman、James Lovell乘坐"阿波罗"8号(Apollo 8)	美国	人类首次绕月飞行
1969	Neil Armstrong乘坐"阿波罗"11号(Apollo 11)	美国	人类首次登陆月球并开展月球行走
1970	"露娜"16号(Luna 16)	苏联	首次月球采样返回
1971	"礼炮"1号(Salyut 1)	苏联	人类首个空间站
1971	"水手"9号(Mariner 9)	美国	首个绕火星轨道飞行的航天器
1971	"火星"3号(Mars 3)	苏联	首个登陆火星的航天器
1976	"海盗"1号(Viking 1)	美国	首次将照片从火星表面发送到地球
1981	"哥伦比亚"(Colombia)	美国	首个可重复使用的航天器(发射并返回)
1990	哈勃空间望远镜(Hubble space telescope)	美国和欧洲航天局	首个发射升空的大型太空望远镜
2000	Sergey Krikalyov、William Shepherd、Yury Gidzenko	美国	首批在国际空间站长期驻留的机组人员
2000	"近地小行星交会"(near earth asteroid rendezvous,NEAR)探测器进入环绕小行星"爱神星"(EROS)轨道	美国	首个绕小行星轨道飞行的航天器
2001	"近地小行星交会"(near Earth asteroid rendezvous,NEAR)探测器进入环绕小行星"爱神星"(EROS)轨道	美国	首个登陆小行星的航天器
2005	"卡西尼-惠更斯"行星际探测器(Cassini-Huygens Spacecraft)、"惠更斯"探测器(Huygens Probe)	美国、欧洲航天局、意大利	首个在另一颗行星的卫星(土星的土卫六)着陆的航天器

续表

发射年份	名称	国家	说明
2010	"隼鸟"号(Hayabusa)	日本	首次小行星采样返回
2014	"罗塞塔"号(Rosetta)	欧洲航天局	首个绕彗星运行的航天器
2014	"菲莱"(Philae)	欧洲航天局	首个登陆彗星的航天器
2019	"嫦娥"4号(Chang'e 4)	中国	首个在月球背面着陆的航天器

资料来源：Alyssa Eakman。

表3.2 火星成功着陆的历史日志

发射年份	名称	国家	说明
1971	"火星"3号(Mars 3)	苏联	轨道器获得了约8个月的数据，着陆器安全着陆，但仅有20秒的数据
1971	"水手"9号(Mariner 9)	美国	传回7329幅图像
1973	"火星"5号(Mars 5)	苏联	传回了60幅图像；通信仅持续了9天
1973	"火星"6号(Mars 6)	苏联	掩星实验产生数据，着陆器下降失败
1975	"海盗"1号(Viking 1)	美国	定位火星的可着陆点，首次成功登陆火星
1975	"海盗"2号(Viking 2)	美国	传回16000幅图像及大量大气和土壤数据
1996	"火星全球探勘者"号(Mars Global Surveyor)	美国	传回图像数量大于以往所有火星探测任务
1996	"火星探路者"(Mars Pathfinder)	美国	技术实验开展时长是设计寿命的5倍
2001	"火星奥德赛"(Mars Odyssey)	美国	火星高分辨率图像
2003	"火星快车"号轨道器/"小猎犬"2号着陆器(Mars Express Orbiter/ Beagle 2 Lander)	欧洲航天局	轨道器对火星进行详细成像，着陆器抵达后丢失
2003	"勇气"号火星探测车(Mars Exploration Rover-Spirit)	美国	使用时长是设计寿命的15倍以上
2003	"机遇"号火星探测车(Mars Exploration Rover-Opportunity)	美国	使用时长是设计寿命的15倍以上
2005	火星勘测轨道飞行器(Mars Reconnaissance Orbiter)	美国	传回超过26TB的数据(超过以往其他所有火星任务的总和)
2007	"凤凰"号(Phoenix)	美国	着陆器返回超过25GB数据

39

续表

发射年份	名称	国家	说明
2011	"好奇"号(Curiosity),又称火星科学实验室(Mars science laboratory, MSL)探测器	美国	探索火星的宜居性
2013	火星大气与挥发演化(MAVEN)	美国	研究火星大气
2013	"曼加里安"号(Mangalyaan),又称火星轨道探测器(mars orbiter mission, MOM)	印度	开发星际技术,探索火星表面特征、矿物学和大气层
2016	"斯基亚帕雷利"号(Schiaparelli),又称微量气体轨道飞行器(trace gas orbiter, TGO)或者ExoMars(exobiology on Mars)	欧洲航天局/俄罗斯	研究火星大气的轨道器与EDL演示舱在抵达火星时丢失
2018	"洞察"号探测器(Mars Insight Lander)	美国	2018年11月登陆火星
2020	"天问"1号(Tianwen 1)	中国	2021年5月成功着陆
2021	"毅力"号火星车(Perseverance Rover)	美国	2021年4月成功着陆

资料来源:Alyssa Eakman。

表3.3 火星飞越的历史日志

发射年份	名称	国家	结果	说明
1960	"火星"1A号(Korabl 4)	苏联	失败	未进入地球轨道
1960	"火星"1B号(Korabl 5)	苏联	失败	未进入地球轨道
1962	"斯普特尼克"22号(Korabl 11)	苏联	失败	滞留于地球轨道;航天器解体
1962	"火星"1号(Mars 1)	苏联	失败	无线电故障
1962	"斯普特尼克"24号(Korabl 13)	苏联	失败	滞留于地球轨道;航天器解体
1964	"水手"3号(Mariner 3)	美国	失败	太阳能帆板未展开
1964	"探测器"2号(Zond 2)	苏联	失败	无线电故障
1964	"水手"4号(Mariner 4)	美国	成功	传回21幅图像
1969	"水手"6号(Mariner 6)	美国	成功	传回75幅图像
1969	"水手"7号(Mariner 7)	美国	成功	传回126幅图像
2020	"天问"1号(Tianwen 1)	中国	成功	绕飞成功
2020	"阿联酋希望"号(Emirates Mars Mission)	阿拉伯联合酋长国	成功	绕飞成功

资料来源:Alyssa Eakman。

表3.4 火星任务失败的历史日志

发射年份	名称	国家	说明
1969	"火星"1969A(Mars 1969A)	苏联	运载火箭故障
1969	"火星"1969A(Mars 1969A)	苏联	运载火箭故障
1971	"水手"8号(Mariner 8)	美国	掠过火星
1971	"宇宙"419号(Kosmos 419)	苏联	错过机动点；现位于太阳轨道上
1971	"火星"2号(Mars 2)	苏联	在前往火星的途中丢失
1973	"火星"4号(Mars 4)	苏联	在火卫一附近丢失
1973	"火星"7号(Mars 7)	苏联	抵达火星前丢失
1988	"火卫"1号(Phobos 1)	苏联	运载火箭故障
1988	"火卫"2号(Phobos 2)	苏联	未进入轨道；燃料问题
1992	"火星观测者"号(Mars Observer)	美国	抵达后丢失
1996	"火星"96号(Mars 96)	俄罗斯	抵达后丢失
1998	"希望"号(Nozomi)	日本	抵达后丢失(由火星极地着陆器携带)
1998	"火星气候探测者"号(Mars Climate Orbiter)	美国	滞留在地球轨道上
1999	"火星极地着陆者"号(Mars Polar Lander)	美国	掠过火星
1999	"深空"2号(Deep Space 2)	美国	错过机动点；现位于太阳轨道上
2011	"火卫一-土壤"号/"萤火"1号(Phobos-Grunt/ Yinghuo-1)	俄罗斯/中国	前往火星途中丢失

资料来源：Alyssa Eakman。

早期的火星任务成功拍摄到了惊人的图像，打破了关于火星高级文明及其庞大运河网络的幻想。"水手"4号首次拍摄的火星贫瘠地貌照片，令对火星可能的样貌抱有希望的公众感到震惊。Ray Bradbury[①]的《火星纪事》(*Martian Chronicles*)最初以一系列短篇小说的形式出版，然后于1950年集结成书，该书记录下了"水手"4号发射前后那些年的公众情绪，以及对人类在火星上生活情景的想象。

---

① Ray Bradbury(1920—2012)，出生于美国伊利诺伊州的沃基甘，从小爱读冒险故事和幻想小说，他主要以短篇小说著称，迄今已出版短篇小说集近二十部，其中较著名的有《火星纪事》(1950)、《太阳的金苹果》(1953)、《R代表火箭》(1962)、《明天午夜》(1966)等。

来自火星的这些图像,以及在20世纪60年代和70年代拍摄的更多火星图像,展示了一颗似乎完全无人居住且可能无法居住的行星。1976年,人类制造的第一台登陆火星的探测器"海盗"2号发回了空旷、荒凉、遍布岩石的火星图像(图3.1和图3.2)。美国喷气推进实验室的天体生物学家Norman Horowitz[①]在当时得出结论:"这颗行星没有水,充满了宇宙射线辐射,两者都无法让生命存活。"[2]

图3.1 "海盗"2号于1976年9月3日着陆后,首次发回的火星岩石地形图像
注:图片中显示了其自身着陆垫的一处高点。

图3.2 (见彩图)登陆火星两天后,"海盗"2号发回有史以来第一张火星彩色图像

---

① Norman Harold Horowitz(1915—2005),是加州理工学院的遗传学家,他作为科学家因设计了确定火星上是否存在生命的实验而享誉全国。他的实验是由1976年着陆火星的"海盗"2号进行的,这是美国第一次成功将无人探测器降落在火星表面。

直到20世纪90年代"火星全球探勘者"号和"探路者"号的发射,以及21世纪初的"奥德赛"号、"勇气"号和"机遇"号着陆器的相继成功发射,火星上存在生命的可能性才开始显现。关于火星地质学、化学和生物学等新科学发现层出不穷,重新激发了人们对这颗红色星球的兴趣,认为这里可能曾经存在过生命,也可能在某种程度上仍然存在生命,或者未来某一天能够孕育生命。最近的研究表明,火星上可能存在液态水,一些人甚至认为火星表面下存在广阔的海洋[2-3]。

在这些激烈的讨论中,重点在于不要忽视太阳系探索带来的更广阔机遇。Sherwood[4]提出了一个有效的框架,用于解释他所谓的"人类可抵达"的太阳系(图3.3)。他旨在为人类离开我们的地球家园进行探险时绘制一张地图,并写道:"人类历史最近一万年的建筑成就——以文物为证——没有让我们为这一新挑战做好准备。"既然人类将继续探索地球以外的世界,则应该学会从当前能力、空间辐射、远程控制、星际航行和着陆/星表作业等方面考虑前往不同环境的可能性。Sherwood图表中的L1~L5标识需要稍作解释。

与所有天体系统一样,地月系统存在拉格朗日点和平动点(图3.4)。在考虑这些拉格朗日点时,首先考虑L1很有用:地球和月球的引力彼此相反,一个吸引,一个排斥,因此L1点是两种引力相等的点。

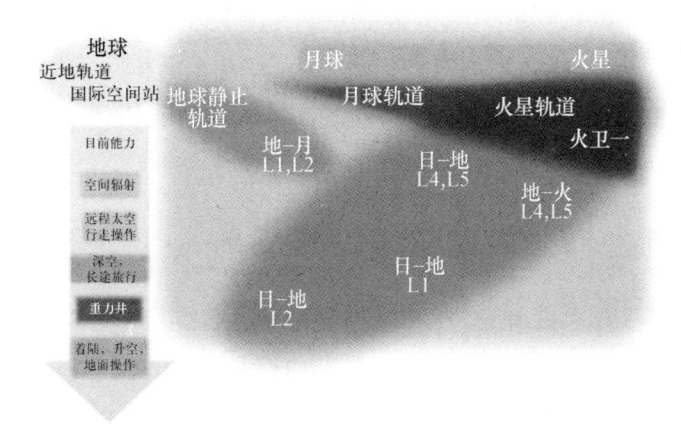

GEO—地球同步轨道(电信和全球定位系统卫星的所处位置);LEO—近地轨道;
ISS—国际空间站;L1~L5—拉格朗日或平动点。

图3.3 (见彩图)"人类可抵达"的太阳系地图

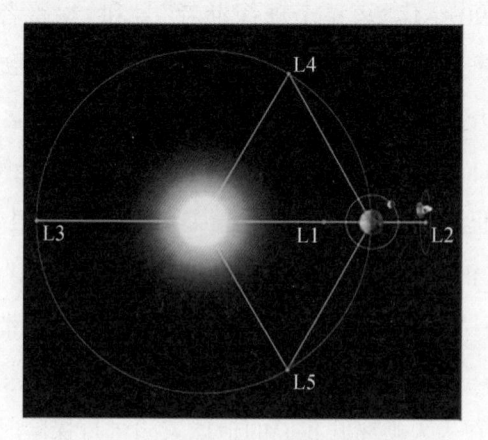

图 3.4　五个日地拉格朗日点

对于地月系统而言,人类居住在每个拉格朗日点可能都有其独特的优势和劣势。正如 Sherwood[4] 所指出的,L1 点可作为月球和太空间航行的中途停泊点,而 L2 点最有利于地球和月球背面之间的通信。

本章接下来将讨论在 Sherwood 提出的框架下,人类已开展和计划开展的定居活动,为本书后续探讨火星具体地理特征之前提供必要的概述。在阐述火星城市的详细规划之前,第 9、第 10 章将再次介绍这些人类可以抵达的地方。第 9 章详细阐述了火星城市规划的先例,第 10 章详细回顾了其他非火星地外城市规划的先例。这两章将深入挖掘作家、电影制片人、艺术家和科学家的想象力,对历史成就与近期现实中的计划进行延伸展示。与此同时,回顾了人们为殖民太阳系而提出的一些最大胆、最具创意的想法。

3.2　国际空间站的建筑与城市规划

国际空间站历时 11 年建成,至今仍然是人类最伟大的成就之一。人们跨越国界,美国、加拿大、俄罗斯、欧洲和日本在这项惊人计划中携手合作,打造了这一超越以往所有世界奇迹的空间站。建造一个在地球表面上方约 250 英里(400 千米)以 7500 英里/小时(28000 千米/小时)的速度绕地球飞行的空间站需要非凡的工程技术。在地球上建造一栋简单的住宅或商铺,也面临着诸多挑战,涉及数十个专业工种(电工、结构工程师、水管工等),需要按照特定工序进行安排,存在协调和沟通,以及采购建筑材料和专用设备的困难。很难想象,五个国家的科学领导者是如何克服这些障碍,在如此短的时间于近地轨道完成国际空间站的建造(图3.5)。

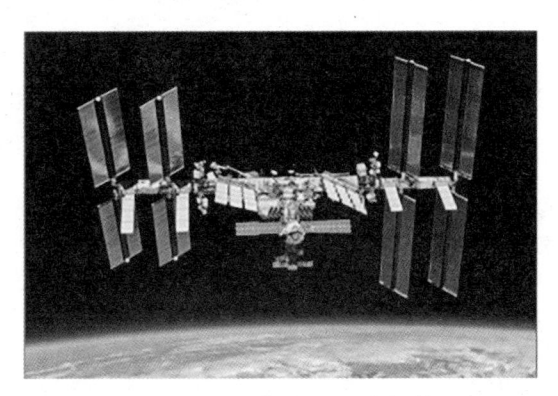

图3.5 (见彩图)国际空间站

他们成功的一部分原因在于采用模块化建造方法,组成国际空间站需要32个模块,每个模块都是用一次性火箭或NASA的航天飞机从地球上发射升空的(图3.6)。到达预定位置后,宇航员就会通过太空行走将每个模块连接到国际空间站。研究人员还开发了一系列机械臂和专用工具协助组装。如今已建成的国际空间站长243英尺(74米)、宽361英尺(110米),比一个标准的足球场面积还大[5]。

虽然国际空间站的建设由航天机构负责,但是宇航员的生活供应和往返地球的运输目前由私营公司负责。2016年,NASA与SpaceX、内华达山脉公司和轨道ATK公司签订合同,让它们负责将货物运送到国际空间站,合同期限至2024年。SpaceX公司于2020年11月首次将宇航员运送到国际空间站,打破了自2011年航天飞机退役以来,美国从未将任何宇航员从本国领土送入太空的空窗期。

国际空间站的电力来自太阳能发电。其太阳能电池阵列从空间站的居住舱向外延伸,总面积达27000平方英尺(2500平方米),发电量约为110千瓦,产生的电力足够10个家庭使用[5]。这是太空中最大的电力系统,结构极其复杂,由多个系统、备份系统、电池和无数的电线、电缆和开关组成[6]。

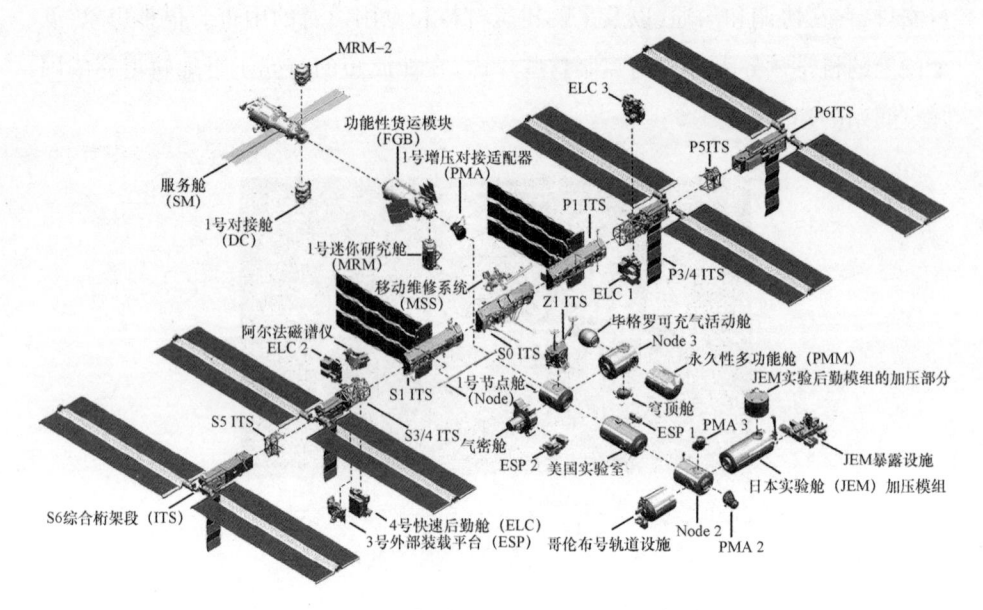

图3.6 （见彩图）国际空间站的组成部分

虽然国际空间站的内部空间狭小，但每位宇航员都有个人空间，包括一定程度的隔音措施以确保隐私[7]。LED灯可以模拟昼夜节律，这对国际空间站的宇航员而言十分必要，否则他们每天需面对16次日出和16次日落，可能会不知所措[8-9]。宇航员的心理健康是国际空间站的一个长期问题，一些内部报告对长期驻留国际空间站可能带来的长期健康风险表示担忧，并对拟议中的火星长途旅行等任务也发出了类似的警告[10]。研究表明，一些细节已被证实对国际空间站乘组的健康有积极影响，如通过有效的温度控制来调节体温[11]或能够透过大窗户眺望地球[10]。

最近，NASA聘用Axiom航天公司建造一个新的商业舱段，并将其添加到国际空间站上。该公司总裁兼首席执行官、前NASA局长Michael T. Suffredini在接受《纽约时报》采访时，回顾人类开始定居近地轨道的非凡成就时说道："在人类历史上任何由国家政府开展的探索中，都会派出一些由政府资助的人去做一件相对危险的事情，只是为了看看那里有什么……"Suffredini继续解释道："我们需要进入开拓阶段，这才是我们真正在做的事情。"[12]

3.3 月球的建筑与城市规划

在人类首次登月 50 多年后,美国正计划重返月球并建立永久定居点,并以此作为进一步探索太空的基地。NASA 长远的月球探测和开发计划,代号"阿尔忒弥斯"(Artemis),将在月球表面建立一个前哨基地。虽然目前的计划是仅建造可容纳四名宇航员临时居住数月的设施,但 NASA 计划把月球打造成探索火星及更远星球的发射台,该前哨基地将不断扩建。NASA 对此解释道:"在未来十年里,'阿尔忒弥斯'计划将为月球表面的长期驻留奠定基础,并在踏上前往火星的旅程之前,利用月球验证深空系统和地外作业。"[13]

目前的计划是 2024 年预定的月球着陆任务之后,在月球南极建立一个前哨基地,称为"阿尔忒弥斯"大本营(图 3.7)。NASA 在报告中设想"随着时间的推移,增加支持性基础设施,如通信、电力、辐射防护、着陆场、废物处理和存储",这些设施最终将足以容纳更多的人。在交通方面,NASA 建议依靠个人操作的月球地形车(LTV),尽管更复杂的自动运输系统可能会在后续中应用[13]。

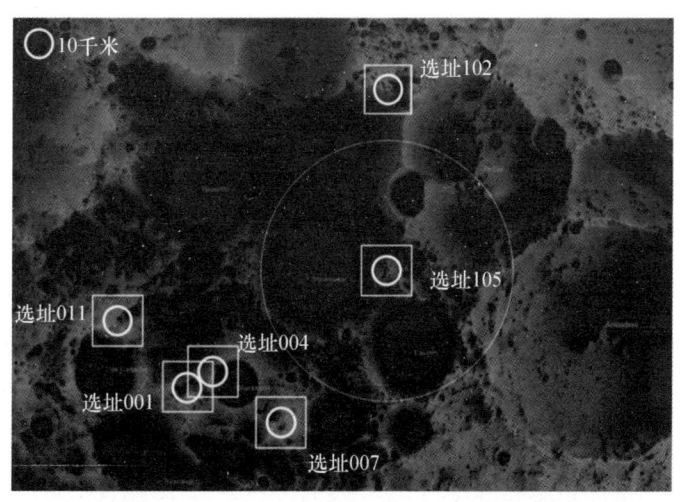

图 3.7 (见彩图) NASA 的"阿尔忒弥斯"月球永久定居计划正在考虑月球南极地区的几个可能地点,特别是位于阴影地区的地点

在建筑方面,NASA 考虑了月表固定栖息地和可居住移动平台两个要素。图 3.8 展示了早期着陆如何使一个简单的月表栖息地得以扩展,该栖息地永久

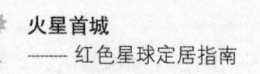

位于月球表面并作为行动基地,可居住移动平台则允许宇航员远离"阿尔忒弥斯"大本营进行远距离探索,为宇航员提供移动式的餐饮、睡眠和生命支持设施。

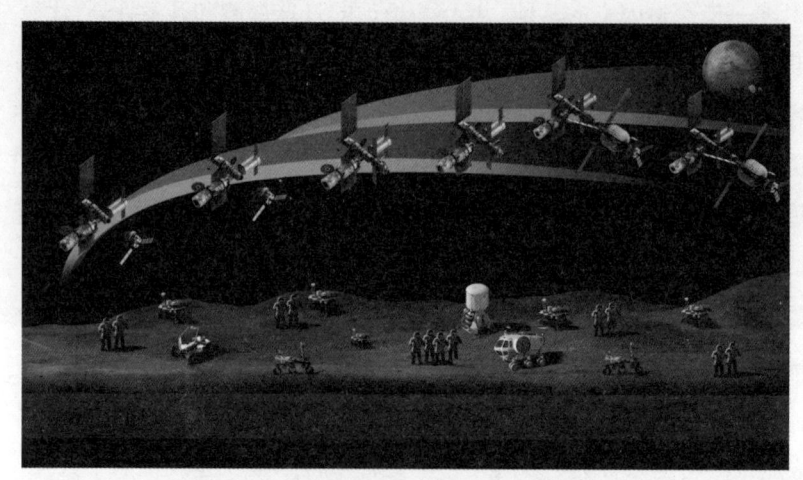

图 3.8 （见彩图）"阿尔忒弥斯"大本营效果图
注:图中展示了该设施将如何为未来的空间探索提供支持

3.4 地外生活所需技术

人类已在国际空间站上生活了 20 年,这一事实本身就是强有力的证据,证明我们已经掌握了在太空生活的基本技术(尽管时间有限)。从制造技术、人员保护方法、回收系统、农业,以及供暖和能源等方面来看,人类拥有成为真正太空探索民族的科学知识和工程智慧。这些经验是通过在国际空间站和其他月球、火星等地的任务中进行的探索和实验获得的。值得注意的是,在近地轨道之外,人类在非地球天体表面停留时间最长的纪录是"阿波罗"15 号任务,宇航员在月球上停留了 12 天 17 小时[14]。

在微重力条件和能源、材料来源有限的情况下,空间建筑需要围绕 3D 打印技术进行关键创新。NASA 的太空制造项目(In Space Manufacturing,ISM)的口号是"原位制造,而非携带"(make it don't take it)。该项目推进了各种计划,以实现长期太空飞行及未来地外定居点所需设备物资"独立于地球"的目标[15-16]。目前,国际空间站已经部分证明了这项技术的可行性,包括生产所需零件和使用在轨回收综合制造设备(refabricator)将国际空间站上的材料回收用于新用途[15]。

国际空间站上的宇航员以 27600 千米/小时的速度绕地球飞行时非常脆弱,面临的危险主要有辐射和空间碎片。多年来,研究人员完善了辐射防护的主要材料聚乙烯和凯夫拉①,二者均被广泛使用,并已证明能够有效保护宇航员免受一定程度的辐射,但是长期影响仍然未知[9,17]。国际空间站上通过惠普尔防护罩②设计阻挡了太空碎片,该设计可被视为空间站的保险杠(图 3.9)[18]。该技术可应用于火星飞船的设计和火星建筑上,以保护结构免受潜在碎片的破坏,具体还需要在火星的大气和气压条件下进行适应性改进。

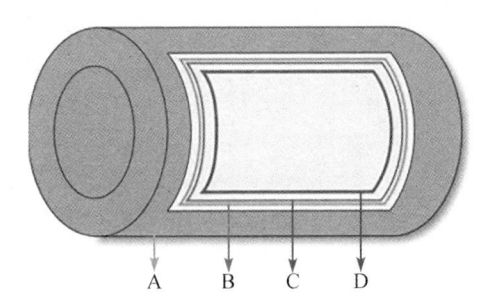

A—前保险杠;B—隔热层;C—中保险杠;D—主要结构。
图 3.9 惠普尔防护罩示意

从技术角度来看,仍未知的是这些防护技术的进步能否确保人类在火星上安全居住数年和数十年。最近国际空间站进行了一项实验,两名男子分别在太空居住了一年。实验结果显示,在这段时间里他们的健康面临巨大压力,预计两人都会面临长期健康问题[19-20]。火星上独特的放射性、气压、重力、饮食和未知碎片等威胁,意味着在将人类送上火星并开始在现场测试这些防护技术之前,无法自信地保护人类。

---

① 凯夫拉,由 Stephanie Kwolek 发明,是一种耐热的对芳纶合成纤维,具有许多链间键的分子结构,非常坚固,因作为防弹衣的材料而闻名。

② 惠普尔防护罩(Whipple shield),由 Fred Whipple 发明的第一个航天器护盾,旨在保护载人和无人航天器免受超高速撞击以及与微流星体和轨道碎片的碰撞。

鉴于火星独特的大气、气压，以及缺乏可呼吸的空气或丰富的液态水来源，定居火星需要掌握空气和水回收系统方面的专业知识。由于国际空间站自身对这些宝贵资源的供应有限，这方面的诸多技术创新都已取得了进展。氧气发生器系统通过电解水产生氧气，为国际空间站的宇航员提供呼吸所需的空气。闭环水系统通过净化器将废水转化为可饮用水以供宇航员使用[21]。图 3.10 详细展示了国际空间站如何回收空气和水。

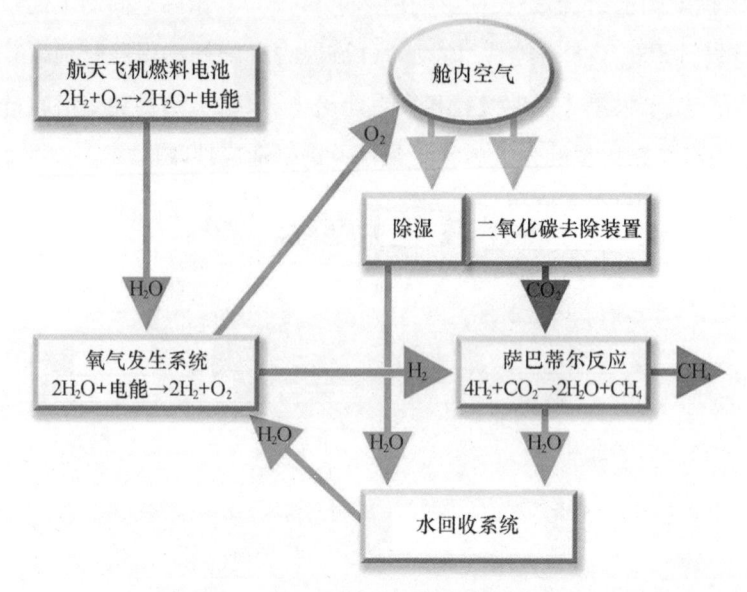

航天飞机燃料电池
$2H_2+O_2 \rightarrow 2H_2O+$电能

舱内空气

除湿　二氧化碳去除装置

氧气发生系统
$2H_2O+$电能$\rightarrow 2H_2+O_2$

萨巴蒂尔反应
$4H_2+CO_2 \rightarrow 2H_2O+CH_4$

水回收系统

图 3.10　国际空间站上的水气"闭环"系统

国际空间站闭环系统实际上只是部分封闭；由于存在大量渗漏，需要定期从外部进行补给[22]。如果未来在火星殖民地无法就地生产水和氧气，就需要在技术和工程方面进行新的改进。尽管国际空间站宇航员仍然从地球上获取食物，但几十年来，他们和地球上的研究人员一直在试验空间农业，国际空间站已在种植生菜和雏菊方面取得了成功[23]。在供暖和供电方面，太阳能电池板使国际空间站上的宇航员得以保持温暖舒适。几十年来，核能已被广泛用于其他太空任务[24]。小型反应堆是另一种经过验证的能源技术，可以在火星等行星表面运行，以满足全部的能源和供暖需求[24]。

众多研究人员对近期人类在火星着陆和定居的可行性表示怀疑，他们对前文提到的一些技术限制及此类任务将带来的其他严重工程挑战表示担忧[25-26]。然而,20多年的技术革新将人类带到近地轨道居住并在那里维系生命,不论如何衡量均令人惊叹,为我们提供了可能使火星定居成为现实的原型。

本书基于一个假设,我们能够抵达火星并在那里生存,由此引出的核心问题是:当我们到达火星时应该如何建设城市。

3.5 定居火星粗略时间表

本章表明,在70年的太空探索中,人类已经学到很多——足以让我们抵达火星,并且在那里定居。我们可能仅需在能源、生命支持系统、太空制造、回收利用、健康保护和农业等关键领域取得进步(其中一些进步可能是在抵达火星后才实现的),就足以在火星上定居。人类齐心协力完成火星旅行并提供充分的资源保障,可以帮助我们克服一些技术障碍。第4~8章将深入探讨在科学、工程和规划方面建设火星居住点所面临的挑战。这些章节借鉴了各种地基和天基的类似案例,制定了一系列原则来指导火星城市设计过程,但需要注意的是,并非所有技术都已得到充分测试和验证。

人类从来都不是最有耐心的物种,我们有时会在应该谨慎的时候贸然行事,在太空探索和冒险方面也不例外。人们已经为潜在的火星殖民制定了诸多时间表,这些时间表依赖数千年来激励探险家的进取心,也正是这种进取心促使NASA将第一名宇航员送上月球。虽然这些时间表有些人为设定,但可以推动我们发展科学,使这样的任务成为可能,即使这一天可能不会很快到来。

根据NASA之前描述的"阿尔忒弥斯"计划,月球将于21世纪30年代成为火星的发射基地[13]。也许有一天,这样一个永久性的基地会促进未来的星际旅行,正如Stanley Kubrick的电影《2001太空漫游》(*2001: A Space Odyssey*)[27]中所想象的那样。Elon Musk领导的私营企业SpaceX预测,火星定居将从2025年开始,而阿拉伯联合酋长国计划在2117年前在火星上建造一座拥有60万人口的城市[28]。著名天体生物学家Lewis Dartnell预测,人们将在2040年之前开始在火星上定居,但要建成规模较大的城市还需再过50~100年[28]。科学记者Stephen Petranek预测,到2035年人类将实现在火星上定居生活。

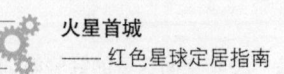

如果火星定居在21世纪30年代发生,它可能不是那时唯一的地外活动。预计在未来几十年,扩建并最终取代国际空间站的计划将加速推进,使空间站为人类提供更多的居住空间,并作为更遥远任务的补给站[29]。未来主义者推测,在不久的将来,人类将有机会开采小行星,并可能在资源开采期间于小行星上定居[30-31]。与小行星一样,月球可能也是一个有吸引力的采矿地点,尤其是开采钍、钐和镍等矿产[24]。

3.6 继续探索太空

据估计,仅抵达火星的成本将超过1000亿美元,而要实现火星定居,还需克服众多财务和后勤方面的挑战[25]。

2017年,NASA成立了火星探测计划分析小组(MEPAG),该小组汇集了美国最受尊崇的一批太空科学家,该小组明确提出了指导NASA火星任务的四大总体目标:

(1)确定火星上是否曾经存在过生命。

(2)了解火星气候的形成和历史。

(3)了解火星作为地质系统的起源和演化。

(4)为人类探索火星做准备。

前三个目标都非常重要,第四个目标是本书所有工作的基础。该小组进一步阐述了他们的目标:"获得足够的关于火星的知识,以可接受的成本、风险和性能,设计和实现人类在火星表面的持续存在。"[32]定居火星是该组织科学目标的支柱之一,它将推动人类技术进步,使"人类在火星表面的持续存在"成为可能。70年空间探索的经验教训,再加上对当前技术水平及未来技术发展的真实评估,他们为NASA设定了这个目标,虽然不能保证一定成功,却是一个现实可行的目标。假设这一目标能够实现——人类可以抵达火星并在那里生存——那么本书的其余部分将作为一份路线图,指引我们迈向那个不太遥远的未来。

参考文献

[1] Zubrin, Robert. "Colonising the Red Planet: Humans to Mars in Our Time." Architectural

Design, vol. 84, no. Nov. 2014, pp. 46-53.

[2] Johnson, Sarah Stewart. The Sirens of Mars: Searching for Life on Another World. Crown Publishing Group (NY), 2020.

[3] Ojha, L., Wilhelm, M., Murchie, S. et al. Spectral evidence for hydrated salts in recurring slope lineae on Mars. Nature Geosci 8, 829-832 (2015).

[4] Sherwood, Brent. 2016. Space Architecture Education—Site, Program, and Meaning (Guest Statement). In, Häuplik-Meusburger, Sandra, and Olga Bannova. Space Architecture Education for Engineers and Architects. Space and Society Series. Cham: Springer International Publishing.

[5] NASA. 2007. International Space Station Basics. EW-2007-02-150-HQ.

[6] Gietl, Eric B., Edward W. Gholdston, Bruce A. Manners, and Rex A. Delventhal. 2000. The electric power system of the international space station-a platform for power technology development." In 2000 IEEE Aerospace Conference. Proceedings (Cat. No. TH8484), vol. 4, pp. 47-54. IEEE.

[7] Jones, Tom. 2016. "Ask the Astronaut: Is It Quiet Onboard the Space Station?" Smithsonian Magazine. 2016.

[8] Weitering, Hanneke. 2017. "Space Station Shut-Eye: New LED Lights May Help Astronauts (and You) Sleep Better." Space.Com. March 17, 2017.

[9] NASA. 2017. "Mars Facts | Mars Exploration Program." Accessed June 23, 2017.

[10] NASA. 2015. "NASA'S Efforts to Manage Health and Human Performance Risks for Space Exploration."

[11] NASA. 2001. Staying Cool on the ISS | Science Mission Directorate. NASA. March 21.

[12] Chang, Kenneth. 2020. A mission evolves. The New York Times. November 3.

[13] NASA Artemis Plan. 2020. NASA. September.

[14] Häuplik-Meusburger, Sandra, and Olga Bannova. 2016. Space Architecture Education for Engineers and Architects. Space and Society Series. Cham: Springer International Publishing.

[15] Litkenhous, Susanna. 2019. "In-Space Manufacturing." Text. NASA. April 25, 2019.

[16] Prater, Tracie, Niki Werkheiser, Frank Ledbetter, Dogan Timucin, Kevin Wheeler, and Mike Snyder. 2019. "3D Printing in Zero G Technology Demonstration Mission: Complete

Experimental Results and Summary of Related Material Modeling Efforts." The International Journal of Advanced Manufacturing Technology 101 (1): 391-417.

[17] Pugliese, M., V. Bengin, M. Casolino, V. Roca, A. Zanini, and M. Durante. 2010. "Tests of Shielding Effectiveness of Kevlar and Nextel Onboard the International Space Station and the Foton–M3 Capsule." Radiation and Environmental Biophysics 49 (3): 359-63.

[18] Cha, Ji-Hun, YunHo Kim, Sarath Kumar Sathish Kumar, Chunghyeon Choi, and Chun-Gon Kim. 2020. "Ultra-High-Molecular-Weight Polyethylene as a Hypervelocity Impact Shielding Material for Space Structures." Acta Astronautica 168 (March): 182-90.

[19] Zwart, Sara R., Ryan D. Launius, Geoffrey K. Coen, Jennifer L. L. Morgan, John B. Charles, and Scott M. Smith. 2014. "Body Mass Changes during Long-Duration Spaceflight." Aviation, Space, and Environmental Medicine 85 (9): 897-904.

[20] Turroni, Silvia, Marciane Magnani, Pukar KC, Philippe Lesnik, Hubert Vidal, and Martina Heer. 2020. "Gut Microbiome and Space Travelers' Health: State of the Art and Possible Pro/Prebiotic Strategies for Long-Term Space Missions." Frontiers in Physiology 11.

[21] Engelhaupt, Erica. 2014. How urine will get us to Mars. Science News. April 11.

[22] Pickett, Melanie T., Luke B. Roberson, Jorge L. Calabria, Talon J. Bullard, Gary Turner, and Daniel H. Yeh. 2020. "Regenerative Water Purification for Space Applications: Needs, Challenges, and Technologies towards 'Closing the Loop.'" Life Sciences in Space Research 24 (February): 64-82.

[23] Massa, Gioia D., Nicole F. Dufour, John A. Carver, Mary E. Hummerick, Raymond M. Wheeler, Robert C. Morrow, and Trent M. Smith. 2017. "VEG-01: Veggie Hardware Validation Testing on the International Space Station." Open Agriculture 2 (1): 33-41.

[24] Campbell, Michael D., Jeffrey D. King, Henry M. Wise, Bruce Handley, James L. Conca, and M. David Campbell. 2013. "Nuclear Power and Associated Environmental Issues in the Transition of Exploration and Mining on Earth to the Development of Off-World Natural Resources in the 21st Century." In Energy Resources for Human Settlement in the Solar System and Earth's Future in Space, edited by William A. Ambrose, James F. Reilly Ⅱ, and Douglas C. Peters, 101:0. American Association of Petroleum Geologists.

[25] Rapp, Donald. 2007. "Solar Power Beamed from Space." Astropolitics 5 (1): 63-86.

[26] Szocik, Konrad. 2019. "Should and Could Humans Go to Mars? Yes, but Not Now and Not in the near Future." Futures 105 (January): 54-66.

[27] Köpping Athanasopoulos, Harald. 2019. "The Moon Village and Space 4.0: The 'Open Concept' as a New Way of Doing Space?"

[28] Brown, Mike. 2019. SpaceX: Here's the Timeline for Getting to Mars and Starting a Colony. Inverse. July 3.

[29] Paniagua, John, George Maise, and James Powell. 2008. "Converting the ISS to an Earth-Moon Transport System Using Nuclear Thermal Propulsion" 969 (January): 492-502. 10.1063/1.2845007.

[30] Shaer, Matthew. 2016. "The Asteroid Miner's Guide to the Galaxy." Foreign Policy (blog).

[31] Krolikowski, Alanna, and Martin Elvis. 2019. "Marking Policy for New Asteroid Activities: In Pursuit of Science, Settlement, Security, or Sales?" Space Policy 47 (February): 7-17.

[32] Don Banfield et al., Mars Science Goals, Objectives, Investigations, and Priorities 2018 Version, white paper posted October 2018 by the Mars Exploration Program Analysis Group (MEPAG) at.

第4章
建立火星城市的首要原则

当我告诉人们我对火星城市规划感兴趣时,最常见的回应是大笑,随后便是一些否定之词,"做不到""太贵了""为什么会有人想住在那里?"在本书的其余部分,我将解决这些可能在你脑海中盘旋、困扰着你并让你感到难以置信的诸多问题。本章将探讨一个很少有人设想的问题:如何在火星上为人类建造能在情感和心理层面繁荣发展的定居点?通常的担忧都基于在火星恶劣环境中生活所面临的物理挑战,那里没有空气可呼吸、没有水可饮用、辐射暴露超高、气压极低,且距离其他文明都有至少5000万英里之遥。

令人惊讶的是,如今有越来越多的科学家、工程师和企业家不再被这些挑战困扰,他们正在为人类前往红色星球的任务做准备。但心理因素仍然是这些努力的主要绊脚石。加利福尼亚大学戴维斯分校的社会心理学家 Albert A. Harrison 考虑了人类在火星或其他外太空生活的问题,并坚持认为规划者的主要目标应该是让定居者"没有神经精神功能障碍,拥有高度的个人适应能力、融洽的人际关系以及与物理和社会环境的积极互动"[1]。研究表明,美国个人健康和幸福很大程度上与居住的社区息息相关[2-4]。可以推断,火星定居点的物理环境也同样重要。

环境心理学、认知科学和神经科学领域的大量证据表明,定居点的设计和布局在塑造我们的情绪和心理状态方面发挥着重要作用。我参与了这项研究，并将其转化为城市规划师和设计师的参考资料[5-7]。研究得出的要点是人类进化出了对特定图案、形状、颜色、气味和声音的偏好。相较于锯齿状线条，人们更喜欢弧形线条，研究发现，这一特征被认为是在数千年的物种进化过程中保护我们免受捕食者极其锋利(锯齿状)牙齿伤害而保留下来的[6,8-9]。如果住宅、社区、学校、办公室、公园和其他场所的设计能够考虑这些特征，并给予人们潜意识的需求，那么可以预期人们会减少焦虑、增加运动，而且通常会更快乐。这种说法的证据虽不确凿，但相当充分，可以为火星城市规划提供指导。

所需遵循的原则可认为是城市规划的菜单，同时是建筑选址和形式的整体概述，应高度重视边界、形状、图案、叙事和亲和性。广场、公园、街道和小径的设计应以这些原则为基础，并根据当地限制和工程因素进行调整(将在第5、第6、第7和第8章中介绍)①。

4.1 建筑边界至关重要

自1756年以来，普林斯顿大学一直坐落于新泽西州的普林斯顿小镇。这所著名大学的主校区占地350英亩，拥有历史悠久的建筑和风景优美的校园。拿骚街是大学的北部边界，将大学与普林斯顿市中心隔开。无论白天还是黑夜，这条街上都充满了欢声笑语的学生、购物客和食客，他们经常光顾拿骚街和北面约350英亩商业区的店铺。普林斯顿市中心是建筑师和规划师梦寐以求的城中村庄，它将行人规模、建筑和用途、绿色空间和城市设计元素完美地融合在一起，这些正是Ewing②和Bartholomew③等学者[10]在其最畅销的城市设计

---

① 以下章节源自本人与Ann Sussman 2015年出版的《认知建筑学设计如何影响我们对建成环境的反应》(*Cognitive Architecture：Designing for How We Respond to the Built Environment*)(2021年发行第2版)与Veronica Foster 2016年合作发表的期刊论文《大脑对建筑与规划的响应：美国马萨诸塞州波士顿行人体验的初步神经评估》(*Brain Responses to architecture and planning：a preliminary neuro-assessment of the pedestrian experience in Boston, Massachusetts*)中的文献综述研究。

② Reid Ewing，美国当代犹他大学城市与都市规划系教授。

③ Keith Bartholomew，美国当代犹他大学城市与都市规划系教授。

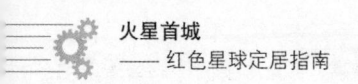

手册《以行人和公交为导向的设计》(图4.1和图4.2)中所倡导的。

图4.1　美国新泽西州普林斯顿市帕尔默广场的设计师们以行人为导向，使其成为人们步行和社交的舒适场所

图4.2　帕尔默广场的这条街道商铺林立，街景灵动，建筑多样，非常吸引行人

普林斯顿市中心建筑临街而建，建筑立面类型和材料多种多样，街道墙面也独具特色，可谓一应俱全。

设计师Ken Greenberg对此感叹：这种历经数世纪自然形成的城市建设类型很难再现[11]。著名的城市评论家James Howard Kunstler对此撰写了大量文章：像普林斯顿市中心这样的地方特征值得效仿，但这样做的例子不仅罕见，也很难做到[12-13]。

普林斯顿市中心深受建筑师、购物者、游客和普林斯顿学生欢迎，帕尔默广场就是这种现象的缩影。让我们观察街道墙壁的变化、公共空间的打造及行人流动系统的设计（图4.1和图4.2），这完全是Ewing和Bartholomew经典设计手册中的典范。当然，帕尔默广场的建筑师Thomas Stapleton在该手册出版约80年前就设计了这一建筑群。

这是如何设计出来的呢？在没有"最佳"设计策略参考的情况下，Stapleton是如何知道该怎么做的呢？他是如何打造出一个多年后依然保持高品质城市空间的胜地的呢？答案的一部分就在我们每个人身上——我们的大脑。

无论Stapleton是否意识到，帕尔默广场的设计反映了他对趋触性①的深刻理解。实际上，我们根据大脑中严格定义的规则在空间中对自己进行方位。我们会下意识地、习惯性地、自动地这样做。我们走在帕尔默广场的旗鱼街上，会贴着街道的墙壁，眼睛观察着周围的环境，会感到一定程度的平静和安全，这一切都是因为此地的设计理念。

在我与Ann Sussman于2015年合著的书中，我们认为人类对边界的偏好（贴墙行走或趋触性）是进化形成的。此处"贴墙行走"是指在环境中穿行时与墙壁或边界保持紧密、触觉上的联系。趋触性意为触觉和形状，自然科学家已广泛将其用作"贴墙行走"的专业术语。许多物种从草履虫[14]到蚯蚓[15]、青蛙[16]和蛇[17]，都表现出这种趋触性行为。关于趋触性的大多数研究都集中在动物身上，但Kállai等②基于对人类沿走廊行走的研究表明，人类也存在趋触性特征[18]，（图4.3）。

虽然人们偏爱建筑边界，但并非所有边界都可一概而论。Ewing等[19]试图通过统计行人活动来量化最佳街道景观，结果发现最繁忙的地方也有活跃的用途、街道设施和通透的边界（一楼有窗户）。Ann Sussman和我认为，有三种特征

---

① 趋触性指的是动物在探索开放空间时靠近边界的特殊行为。
② János Kállai，匈牙利当代临床心理学和认知心理学家。

图 4.3 一侧是一排汽车,另一侧设有长椅、树木和轻质护栏的公园,这创造了大量的实质性边界,使帕尔默广场成为人们散步、就坐和社交的舒适场所

会影响城市边界的质量,主要集中在立面上,如通透的墙面(门、窗、拱门)、多样化的材料(每 30~50 英尺更换一次)和悬挑特征(遮阳篷)。

4.2　模式的重要性

1960 年,Kevin Lynch①提出了"可意象性"(Imageability)一词,之后该词在城市设计界一直沿用至今。这一点从 Ewing 和 Bartholomew[20] 2013 年将其列为八大城市设计品质之首就可见一斑。他们指出:"当特定的物质要素及其布局吸引人们的注意力、唤起人们的情感并给人留下深刻印象时,该地就具有较高的可意象性"。他们继续解释说,可意象性"利用了人类与生俱来的观察和记忆的能力"。他们最后总结道,"乡土建筑"对可意象性的发展有着重要的贡献。

但是,可意象性不仅关乎唤起感觉和记忆模式,它还是建筑环境更深层品质的一部分,在我们的头脑中根深蒂固。大脑会在我们所处的环境中寻找模式,这种模式不仅是物质要素的模糊布局,研究人员已明确指出,有两种重要的

---

① Kevin Lynch(1918—1984),美国人本主义城市规划理论家。

模式会影响我们对环境的体验:(1)黄金矩形;(2)人类面孔。

4.2.1 黄金矩形的影响

Allen Jacobs[①]的作品在 Ewing 和 Bartholomew 的书中,以及整个设计和规划文献中被大量引用。他的开创性著作《伟大的街道》(1993 年)是街道及其周边环境设计的经典之作。基于轶事证据和多年的实践经验,他写道,建筑物的高度和街道的宽度之比至少应为 1∶2。1509 年,Luca Pacioli 撰写的《神圣比例》(Divina Proportione)介绍了"黄金矩形"(Golden Rectangle)的概念,这一图案自此成为全球范围内备受青睐的形状。其长宽比大致为 1∶1.6,与 Jacobs 提出的相差无几(图 4.4 和图 4.5)。

Pacioli 所发现的内容远比任何古老的形状都强大得多。研究人员已通过人脑的视角证实,黄金矩形是一种与众不同的形状[21]。事实证明,建筑环境中的某些比例和尺度之所以有优劣之分,均有着充分的理由:当人类观察周围环境时,水平扫描的速度比垂直扫描的速度要快。Bejan 认为,长宽比 1∶1.6 能让我们在相同时间内扫描两个方向,从而提高视觉效率和表现[21-22]。

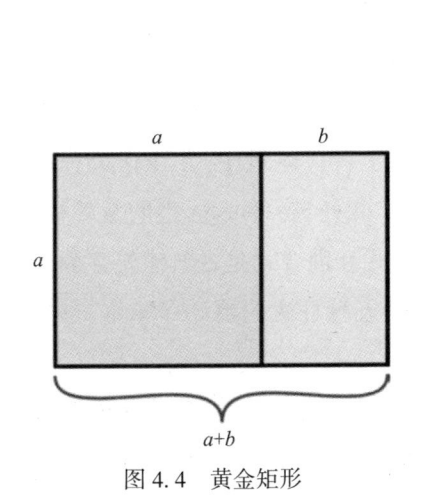

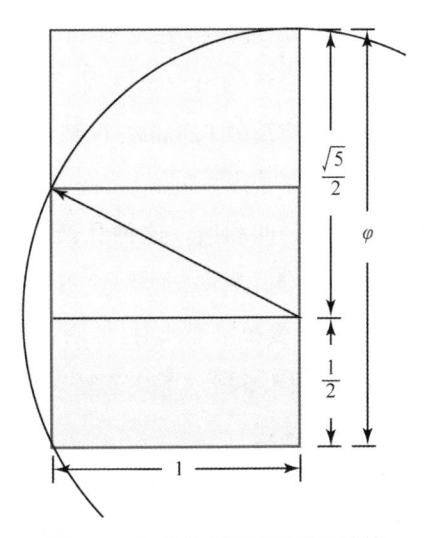

图 4.4　黄金矩形　　　　　图 4.5　生成黄金矩形所需的计算

---

① Allen Jacobs,美国当代城市规划与建筑学家。

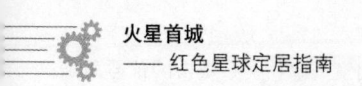

4.2.2 人类面孔的影响

另一个重要的模式是我们时刻关注的对象——面孔。眼睛、嘴巴、鼻子、耳朵和头发的特定布局非常重要。刚出生的婴儿就能辨认出人脸,这种识别能力会随着我们的成长而持续存在,并延伸到建筑环境中。当我们环顾四周时,会寻找面孔的模式。研究人员已发现的大量证据表明,观察人类面孔会激活我们大脑的特定部分,并产生不同于观察其他地方的影响[23-25]。正如可意象性一样,观察建筑物、街景和标志中的人类面孔也会唤起我们的情感并对我们产生影响。

4.3 形状举足轻重

前两条原则已经确立了建筑边界和模式识别在理解建筑环境方面,如何为我们带来特定益处和引导方面的核心作用。这些原则被从业者和学者广泛认可,阐明了一些城市设计原则背后的关键"原因"。通过理解其中缘由,设计师得以摆脱关于如何创造公共空间或营造安全舒适场所的模糊规则。有了这些原则,设计师就能走得更远,做得更好。

我现在要谈的第三条原则:形状举足轻重。从 Vitrivius 开始,到文艺复兴时期伟大的建筑师 Palladio,双侧对称性和层次结构的重要性在古典建筑和城市设计中根深蒂固。John Summerson[26]写道:"……古典建筑的目标始终是实现各部分之间的和谐。这种和谐被认为存在于古代建筑中,并在很大程度上'内置'于古典元素中,尤其是'五种柱式'中。"此处 Summerson 指的五种柱式,即多立克式、爱奥尼亚式、科林斯式、托斯卡纳式和混合式是古典建筑字面意义上的基石(图 4.6 展示了文艺复兴时期创造的五种柱式的更详尽版本,当时引入了第 6 种柱式)。

Cliff Moughtin 和 Miguel Mertens[27]写道,这些原则通过将对称性扩展到包含平衡和节奏,已经成为主流并现代化。Ewing 和 Bartholomew 在解释对称性时也接纳了这一转变,包括比左右对应和双边镜像更宽泛的定义,并在他们给出的八项城市设计品质中呼吁连贯性和可读性。

对于 Ewing 和 Bartholomew 及其他当代设计师来说,严格的双侧对称性规

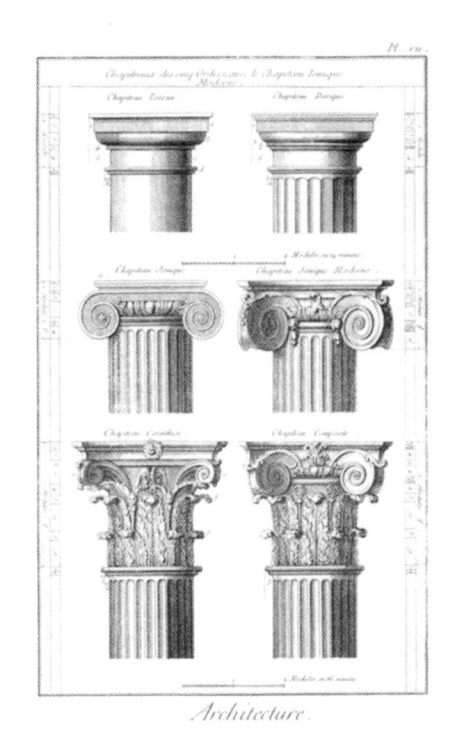

图 4.6　展示了古典建筑中六种柱式雕刻品

则对于设计大的空间并没有用处。而连贯性提供了"在建筑、景观、街道设施、铺路材料和其他物理元素的规模、风格和布局上"一定程度的"一致性和互补性"。可读性意味着城市空间的实体元素可为居住者提供参考点，帮助他们确定方向。这两种城市设计品质都涉及对称性和层次性。

　　古典主义者的观点是正确的，严格的双侧对称比其他形式和类型的对称更容易让人感到舒适。上述结论同样也适用于层次结构：认知科学家已经证明，人们对具有顶层、中层和底层清晰界定的视觉形式有一种感知偏好。在城市设计中，可读性最接近这一点，它要求对建成环境的不同元素进行区分。Kevin Lynch[28]提出的路径、边界、区域和节点作为城市设计的核心组织系统在当代建筑实践中依然存在。Lynch 认为，每个元素都必须与其他元素有明显的区别和界定。例如，路径和节点不应该生硬地重叠在一起，设计师应该通过大量使用绿植、硬质景观和标识牌，在不同元素之间划出清晰界线。

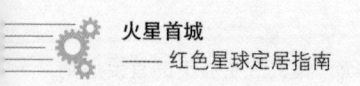

对于层次结构来说,科学原理是相同的(用词略有不同)。通过创造出像古典主义者定义的五种柱式一样严格的视觉秩序,当代(或未来)的设计师可以利用大脑中固有的层次结构概念,为空间的使用者创造舒适感和安全感。

4.4 叙事的关键作用

几千年来全世界的哲学家都将故事视为人类体验的一个基本维度,如今神经科学证明这种观点是正确的[29]。科学家认为,没有故事,人们就无法理解周围的世界。故事将原本毫无意义的词句串联起来,并以人们易于记忆的方式组织起来。建筑环境也是如此。那些能够讲述连贯故事的地方,有清晰的开头、发展和结尾,且展示情节和人物才是我们能在潜意识、情感层面与之产生共鸣的地方[22]。

世界上最热门的旅游景点,如伊斯坦布尔的大巴扎(年游客量达9125万人次)、墨西哥城的宪法广场(年游客量达8500万人次)和纽约时代广场(年游客量达5000万人次),都是充满历史和叙事元素的地方(《2014年世界最受欢迎旅游景点》)。即便是像奥兰多和东京迪士尼乐园这样以奇幻为主题的地方,也分别吸引了1858.8万和1721.4万人次的游客[30]。我们的大脑需要的并非某种完美、真实的体验,而是需要那个故事。

无论是童话城堡还是"二战"战场遗址,世界各地的人们都被那些充满故事的地方所吸引。"历史"一词本身就暗示了这一事实:我们关心过去发生事件的叙述或"故事"。这对于设计火星城市而言是一个极好的消息。即使火星上没有人类定居的历史,火星定居点也可以引用居住者可能已经熟悉或共同熟知的连贯故事。

4.5 亲生命性的影响

"biophilia"一词源于拉丁语中的bio(生命)和philia(爱),指的是人类与自然之间与生俱来的联系。著名生物学家E. O. Wilson于1984年写道,人类有"关注生命和生命过程的倾向",他们有一种强烈的"与其他生命形式相联系的冲动……"[31]。人们本能地"喜欢有零星树木和灌木丛的开阔草原地形,他们还希望靠近水体"[32],这就是人类的亲生命性。

大量研究表明,接触地球自然环境或其复制品对人的心理和生理健康有益。在牙科候诊室画上自然壁画可以让患者不那么紧张[33]。在胆囊手术后,看到树木的病人比看到窗外砖墙的病人"住院时间更短,术后并发症也更少"[34]。通过对25项研究进行系统性综述可以得出结论,置身于自然环境中会给身心健康带来益处[34]。大多数研究认为,自然对人类的影响是重要且可衡量的[ ],其中最重要的方面似乎包括自然光、水元素、植物和自然风景图像[37]。

Kellert①对人类目前在地球上所处的大部分建筑环境感到担忧,这会导致人们感官被剥夺,而环境单调、人为和人类感官普遍迟钝成为常态,并非例外[38]。Kellert等[39-40]在建筑和规划领域发起了一场运动,要求更加重视亲生命设计理念,特别是环境特征(植物、水和阳光)、自然形状和形式(植物/动物图案、贝壳和螺旋形)、自然过程和模式(感官变化)、光线和空间(自然光)、基于场地的关系(与场地建立联系),以及人类与自然演化的关系(瞭望和庇护、秩序和复杂性)[22,38]。

亲生命设计的前提在于,人类起源于非洲大草原,我们深层的DNA仍保留着对草原环境形态、形状和模式的热爱和渴望。对于看起来与草原景观截然不同的火星而言,亲生命性的迫切需求是建造地球环境的复制品,以使人们可以在离家数百万英里的地方生活,至少在潜意识层面,不会真正想念地球。

4.6 本章小结

无论是设计公共花园还是城市广场,本章都为开展火星城市规划提供了一个起点。从诸多方面来说,提炼城市规划和设计实践的最新成果是本书的目标之一;一旦提炼完成,我们面临的挑战就是如何将这些知识应用到火星规划中。本章展示了人类是如何进化到寻找特定模式、形状和景象,并以此作为物理设计的基础。虽然一些城市居民的情感需求可能会因经济、军事或政治考虑而被

---

① Stephen Kellert(1943—2016),美国社会生态学著名学者。

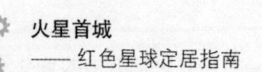

忽视，但我们不能让第一代火星居民冒这样的风险。当务之急是以这些认知建筑原则来指导火星定居点的规划策略，我们要创造出让人快乐而不仅仅是生存的地方。

这些建筑原则有别于教科书或参考书中的传统城市规划标准。它们是认知元层面的，不容易转化为街道的确切宽度或标识的风格。为了获得这些方面的指导，我们必须求助于那些城市规划"最佳实践"，这些"最佳实践"是多年来经过城市规划艺术的反复试验而形成的。第5~8章将对这些最佳实践进行阐述，其中特别关注我们在恶劣气候条件下规划和设计场所的总体经验，地球上那些最像火星景观的地方。

参考文献

［1］ Harrison, Albert A. 2010. "Humanizing Outer Space：Architecture, Habitability, and Behavioral Health." Acta Astronautica 66（5）：890-96.

［2］ Pickett, Kate E., and Michelle Pearl. 2001. "Multilevel analyses of neighbourhood socioeconomic context and health outcomes：a critical review." Journal of Epidemiology & Community Health 55, 2：111-122.

［3］ Morenoff, J. D. and J. W. Lynch. 2004. What makes a place healthy? Neighborhood influences on racial/ethnic disparities in health over the life course. In, N.B. Anderson, R. A. Bulatao, B. Cohen（Eds.）, Critical Perspectives on Racial and Ethnic Differences in Health in Later Life. Washington D. C.：The National Academies Press.

［4］ Finch BK, Phuong Do D, Heron M, Bird C, Seeman T, Lurie N. Neighborhood effects on health：concentrated advantage and disadvantage. Health Place 2010;16(5):1058-60.

［5］ Hollander, Justin, and Veronica Foster. 2016. "Brain Responses to Architecture and Planning：A Preliminary Neuro-Assessment of the Pedestrian Experience in Boston, Massachusetts." Architectural Science Review 59（6）：474-81.

［6］ Sussman, A., and Justin B. Hollander. Cognitive architecture：Designing for how we respond to the built environment. 2nd edition. Routledge/Taylor & Francis Group. 2021.

［7］ Hollander, J. B., and Sussman, A. 2021. Urban Experience and Design：Contemporary Perspectives on Improving the Public Realm. Routledge.

[8] Bertamini, M., L. Palumbo, T. N. Gheorghes, and M. Galatsidas. 2015. Do Observers Like Curvature or Do They Dislike Angularity? British Journal of Psychology. doi.

[9] Vartanian, Oshin, Gorka Navarrete, Anjan Chatterjee, Lars Brorson Fich, Helmut Leder, Cristián Modroño, Marcos Nadal, Nicolai Rostrup, and Martin Skov. 2013. Impact of Contour on Aesthetic Judgments and Approach-avoidance Decisions in Architecture. Proceedings of the National Academy of Sciences 110 (Supplement 2): 10446-10453.

[10] Ewing, Reid, and Keith Bartholomew. Pedestrian & Transit-oriented Design. Urban Land Institute and American Planning Association, 2013.

[11] Radiant City. 2006. "Canadian Film Encyclopedia-Radiant City." 2006.

[12] Kunstler, James Howard. Geography of Nowhere: The Rise and Decline of America's Man-Made Landscape. Simon and Schuster. 1994.

[13] Kunstler, James Howard. Home from nowhere: Remaking our everyday world for the 21st century. Simon and Schuster. 1998.

[14] Jennings, H. S. "Studies on reactions to stimuli in unicellular organisms." Journal of Physiology XXI, (1897): 258-322.

[15] Doolittle, John H. "The effect of thigmotaxis on negative phototaxis in the earthworm." Psychonomic Science 22, no. 5 (1972): 311-2.

[16] Bilbo, Staci D., Lainy B. Day, and Walter Wilczynski. "Anticholinergic effects in frogs in a Morris water maze analog." Physiology & Behavior 69, no. 3 (May 2000): 351-57.

[17] Greene, J. Michael, Shantel L. Stark, and Robert T. Mason. Pheromone Trailing Behavior of the Brown Tree Snake, Boiga irregularis. J Chem Ecol 27, (2001): v2193-2201. doi.

[18] Kallai, Janos, Tamas Makany, Arpad Csatho, Kazmer Karadi, David Horvath, Beatrix Kovacs-Labadi, Robert Jarai, Lynn Nadel, and W. Jake Jacobs. "Cognitive and affective aspects of thigmotaxis strategy in humans." Behavioral Neuroscience 121, no. 1 (2007): 21.

[19] Ewing, Reid, Amir Hajrasouliha, Kathryn M. Neckerman, Marnie Purciel-Hill, and William Greene. 2016. "Streetscape Features Related to Pedestrian Activity." Journal of Planning Education and Research 36 (1): 5-15.

[20] Ewing, Reid, and Keith Bartholomew. Pedestrian & Transit-oriented Design. Urban Land Institute and American Planning Association, 2013.

[21] Bejan, Adrian. 2009. The golden ratio predicted: Vision, cognition and locomotion as

a single design in nature. International Journal of Design & Nature and Ecodynamics 4, no. 2: 97-104.

[22] Sussman, A., and Justin B. Hollander. Cognitive architecture: Designing for how we respond to the built environment. 2nd edition. Routledge/Taylor & Francis Group. 2021.

[23] Kandel, Eric R. The Age of Insight: The quest to understand the unconscious in art, mind, and brain: From Vienna 1900 to the present. 1st ed. New York: Random House, 2012.

[24] McKone, Elinor, Kate Crookes, Linda Jeffery, and Daniel Dilks. "A Critical Review of the Development of Face Recognition: Experience is less important than previously believed." Cognitive Neuropsychology 29, no. 1-2 (2012): 174-212.

[25] Kanwisher, Nancy, Josh McDermott, and Marvin M. Chun. "The Fusiform Face Area: A module in human extra striate cortex specialized for face perception." The Journal of Neuroscience 17, no. 11 (June 1997): 4302-11.

[26] Summerson, John. The Classical Language of Architecture. Cambridge: M.I.T. Press, 1963.

[27] Moughtin, C., and Mertens, M. Urban Design. Street and Square. Oxford: Elsevier. 2003.

[28] Lynch, Kevin. 1960. The Image of the City. Cambridge, Mass: MIT Press.

[29] Young, Kay, and Jeffrey L. Saver. "The Neurology of Narrative." Substance, no. 2(2001): 72-84.

[30] The World's Most visited Tourist Attractions. 2014. Travel + Leisure. travelandleisure.com/slideshows/worlds-most-visited-tourist-attractions>. Accessed 12/13/19.

[31] Wilson, Edward O. Biophilia. Harvard University Press, 1984.

[32] Kellert, Stephen R., and Edward O. Wilson. 1993. The Biophilia Hypothesis. Island Press.

[33] Heerwagen, Judith H. "The Psychological Aspects of Windows and Window Design." Paper presented at proceedings of 21st annual conference of the Environmental Design Research Association. Oklahoma City: EDRA, 1990.

[34] Ulrich, Roger S. "Health Benefits of Gardens in Hospitals." Paper presented at Plants for People Conference, Intl. Exhibition Floriade, 2002.

[35] Bowler, Diana E., Lisette M. Buyung-Ali, Teri M. Knight, and Andrew S. Pullin. "A systematic review of evidence for the added benefits to health of exposure to natural environments." BMC Public Health 10, no. 1 (2010): 456.

[36] McMahan, Ethan A., and David Estes. "The effect of contact with natural environments on

positive and negative affect: A meta-analysis." The Journal of Positive Psychology 10, no. 6 (2015): 507-519.

[37] Gillis, Kaitlyn and Birgitta Gatersleben. "A Review of Psychological Literature on the Health and Wellbeing Benefits of Biophilic Design." Buildings 5, (2015): 948-963.

[38] Kellert, Stephen R. Birthright: People and nature in the modern world. New Haven, CT: Yale University Press, 2012.

[39] Beatley, Timothy. Handbook of biophilic city planning & design. Island Press, 2017.

[40] Newman P., Beatley T., Boyer H. "Build Biophilic Urbanism in the City and Its Bioregion." Resilient Cities 127-153, Island Press, Washington, DC, 2017.

第 5 章
交通运输

人类居住区的设计与交通密不可分,既包括内部流通,也涉及与其他居住区的联系。典型的案例是地球上的港口城市,如波士顿、罗马和香港。深水港和便捷的水上交通有助于解释全球大多数城市的地理位置。然而,城市选址还受到其他因素的影响,尤其是其他交通网络(铁路、运河、机场或航天基地)的可达性。在考虑新城市的设计和布局时,内部交通至关重要,与其同等重要的还有内部交通系统如何与外部网络相联系。

在本章及接下来的三章中将探讨火星城市规划的各个维度,这些都源自我在塔夫茨大学与诸多学生一起进行的综合文献检索。我们不仅查阅了城市规划领域的资料,还在科学和工程学科领域进行了深入调研。此外,为了深入考虑这些因素,我们还特别查阅了关于火星及地球上极端气候条件下这些因素的相关研究。通过汲取同行评议的学术成果、科学报告和已出版的专业最佳实践,这些章节为火星城市规划者提供了有关建筑、土地利用、交通和其他基础设施的全方位视角。

本章介绍火星城市内外交通的最新理念和最佳实践,最后讨论几个关键的交通设计原则,这些原则将在第 11 章中的火星首城 Aleph 的规划中得到应用。

Elon Musk 对他居住的加利福尼亚州洛杉矶市的交通拥堵问题感到非常沮

丧。洛杉矶是一个拥有1000万居民的大都会地区[1]，但其轨道公共交通系统尚处于萌芽阶段。洛杉矶的汽车数量超过了人口总数的一半，城市交通拥堵[2]。2308辆公交车穿行在堵塞的道路上，即便是短途旅行也可能耗费数小时。2016年，马斯克创立了"隧道建设公司"（Boring Company），开始挖掘洛杉矶地下隧道网络，并计划运行一种新型的私人公共交通系统，以大幅缩短城区的通勤时间。2018年底，Elon Musk宣布第一英里的隧道已经挖通，他亲自驾驶一辆特斯拉电动汽车以35英里/小时的速度从SpaceX总部驶往加州霍桑市的一个停车场[3]。

地下隧道和地铁网络也许能成为火星居民出行的解决方案。火星的气候条件相当恶劣，极端寒冷、持续的尘暴、高辐射暴露，这些是任何交通工程师在维护时会担忧的因素。当然，在火星表面修建高速公路、桥梁和铁路是可能的，但这些基础设施能够持久吗？在需要时能否得到维护或修理？

此种情形下，地下建设成为一种有吸引力的选择。在地下，温度变化得到了适宜调控，没有尘埃积聚，辐射暴露也降至对人类安全的水平。在地球上，挖掘隧道既昂贵又困难（图5.1）。Elon Musk估计，在洛杉矶项目的平均成本为每英里1000万美元[3]。事实上，该成本仍相对较低，因为据隧道建设公司网站报道，通常情况下隧道开凿的成本可达每英里10亿美元[4]。美国计划中的几个主要地铁系统延伸线的成本每英里接近10亿美元。可以肯定的是，在火星地下挖隧道既不容易也不廉价。此外，与地球类似的火星地壳运动可能会给地下交通设施带来额外挑战。尽管历史上地壳运动很少对地球上的地下道路或铁路结构造成破坏，唯一的例外是1995年日本神户地震，首次导致钢筋混凝土地下结构完全坍塌[5]。

神户地震的教训表明，增加地下建筑结构构件的韧性至关重要，并且应格外关注土壤条件[5]。除了神户，土木工程师普遍认同地下结构的安全性，但施工成本和风险仍然是障碍。因此，在降低风险并减少成本方面，从科幻小说中汲取灵感颇有益处。Kim Stanley Robinson在《红色火星》一书中提出，自主施工车辆可以承担挖掘、清理和建设等昂贵且危险的任务。如果能够克服隧道掘进工程中的技术、成本和安全方面障碍，地下交通网络或许能成为Aleph市最高效

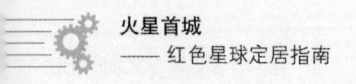

和最有利的解决方案。

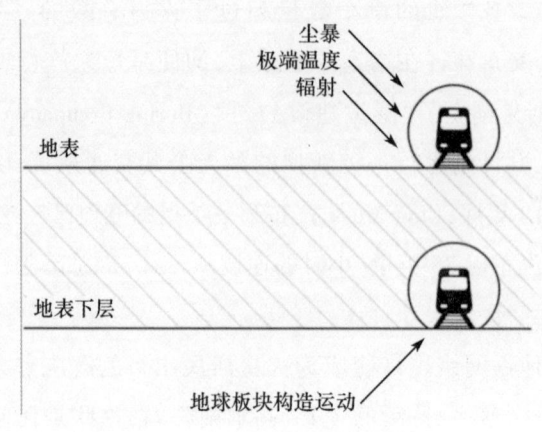

图 5.1　地表和地下隧道的风险分析

5.1　地下交通和公共交通

在地下隧道内,人们有多种出行方式,例如:乘坐某种形式的公共交通工具;乘坐个人或小团体驾驶的机动车辆(汽车);步行或其他人力驱动的交通工具,如自行车。

第一代公共交通工具是 1610 年在英国出现的驿马车。从那时起,城市就一直在努力解决如何管理城市内人流、如何调节不同交通方式之间的竞争、如何保护弱势(或速度较慢)的出行者等问题[6]。火星上的城市规划也将面临同样的挑战,地球上的一些经验值得借鉴。

个人或小团体驾驶的机动车辆提供了极大的灵活性和个人自由,但如果管理不善,也会造成严重的拥堵。汽车深刻地塑造了城市历史,因此也受到了批评家的严厉谴责;但汽车同时也在《速度与激情》(Fast and the Furious)和《极速60 秒》(Gone in to Seconds)等电影,以及更广泛的流行文化中备受推崇[7-9]。著名的蝙蝠车、街头赛车亚文化,以及环保的电动汽车运动蔚然成风[10]。在设计 Aleph 市时,必须考虑这些经验教训,并与其他交通方式进行比较权衡。

将公共交通系统置于首位有哪些潜在的好处和影响?Thewes 等测量了汽车与公共交通所需的占地面积,得出的结论是基于汽车的交通网络所需的空间是公共交通的 30~90 倍。他们的研究还表明,公共交通系统能缩短出行时间、降低能耗和噪声污染。其他科学家和工程师也对公共交通系统进行了研究,并普遍认为,与汽车网络相比,公共交通系统是新城市交通的理想选择[11-14]。Spieler①指出[14],纽约市地铁系统是一个典型案例,它拥有 232 英里的轨道、冗余设计(每条地铁线都有三到四条轨道)及惊人的密度,每小时有近 150 辆列车通过下曼哈顿。

Pearson 等提出了一个由地表改良公路和铁路组成的电动网络,以连接月球上的定居点。他们强调,在设计交通网络时,必须考虑滚动阻力,即行驶车辆的车轮在穿越月球表面时所面临的阻力。滚动阻力可以用系数来衡量,其中 0.01 表示拉动 1 磅重量需要 0.01 磅的拉力(1 磅=0.454 千克)。一辆未经改良的漫游车在月壤上行驶时,其滚动阻力系数非常差,为 0.12,所需能量远高于在地球改良道路上行驶的普通汽车(阻力系数 0.015)或在普通铁路金属轨道上行驶的火车(阻力系数 0.005)。因此,Pearson 等建议改良月球道路,并为火车铺设金属轨道。

在当代交通出行中,步行与骑行一般被联系在一起,因此一并讨论。这些非机动交通方式对于短途出行非常有效,古罗马或美国宾夕法尼亚州的历史名城费城都是规模较小的城市,步行很容易穿越。现代城市很少能够如此集中且地理范围如此狭小,同时又满足现代城市居民所期望的多用途、实用性、安全性和其他考量。在火星上很难想象会有小到只靠步行或骑行就能穿越的城市。也许早期的火星城市可以做到这么小,但本文提出的规划将为长期发展提供机会,届时除了步行和骑行,还需要更多的交通方式。

作为出行的辅助系统,诸多著名学者和政府机构都认为,一个完善的人行道和自行车道网络是地球上交通运输的必备条件[15]。这样的骑行和步行网络具有众多可衡量的益处,首先是冗余性,如果主要的公共交通系统发生故障,人们仍然可以出行。另一个益处是锻炼身体,地球上的实践证明,步行和骑行是人们燃烧卡路里、增强肌肉和保持健康的重要手段[16-18]。

---

① Christof Spieler,美国土地利用、交通和开放空间规划专家。

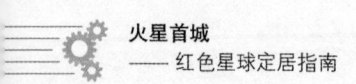

地球和火星的重力存在显著差异,这对步行和骑行都有影响。在火星上行走所需的能量大约是在地球上行走的一半,因此消耗的能量更少[19]。但火星的低重力环境也意味着行走速度往往较慢,有研究团队认为,火星上的最佳行走速度为3.4千米/小时,地球上则为5.5千米/小时[19]。其原因在于行走是一个双腿如钟摆一样交换势能和动能的过程,但火星的低重力会扰乱这种关系,所以人在火星上走得慢[20]。

在运动学和生物力学领域已经达成了一个显著的共识,在火星上跳跃比步行可能是更好的移动方式[20]。阿波罗飞船宇航员在低重力的月球表面就是通过跳跃来移动的。跳步是一种"不对称步态",比步行更容易改变方向,而且在低重力环境下"更省力且更高效"[20-21]。

上述许多问题都可能会影响火星上的骑行。由于重力较低,牵引力会降低5%~10%,从而影响自行车的稳定和安全控制[22]。不过,机器人专家和工程师已经探索了多种策略,通过改进机械系统对自行车进行改造,以解决牵引力问题。其中一项研究认为,在低重力环境下骑行是安全的[23]。

5.2 空中缆车

空中缆车和吊舱式缆车是地球上几代交通系统的固有选择。1992年,NASA的一家承包商将空中缆车认定为在拟建火星定居点周围运输原材料的最佳交通系统。最近,太空研究团队再次大力推崇这一想法。在Ayers等的初步分析中,考虑了各种地面列车、高架列车和磁悬浮列车,得出的结论是,空中缆车是最简单、最容易建造和维护的,同时也是火星上最轻便的(图5.2)。作者预测,空中缆车系统每天可运输216吨的原材料,将成为任何火星定居点的关键组成部分。

图5.2所示的空中缆车采用了基于工业用途的斗式设计,对它也可以进行改装,以满足人类交通需求。空中缆车之所以能在地球上存在如此之久,原因在于其结构简单、建造方便(建造者只需要在两个站点之间设置"中间支撑栈桥")。然而,如果地下掘进费用能够得到解决,出于对辐射暴露、大气条件和温度波动等方面的担忧,人们仍会倾向选择地下交通运输方式。

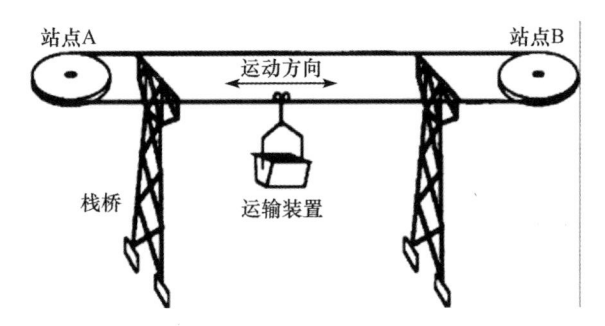

图 5.2　火星上空中缆车的图案

5.3　步行和骑行交通系统设计

关于步行交通设计的具体细节,多位研究人员对最佳路线和道路系统进行了研究。Ciolek[①]的研究为如何在物体周围铺设最佳路径提供了关键指导。他主张尽可能缩短出发点和目的地之间的路径(图 5.3)。另外,他还担心人们会与物体或其他人相撞,建议在铺设人行道时留出安全间隙,障碍物与人之间留出 30~60 厘米,两人之间超过 60 厘米(图 5.4)。值得注意的是,在照明不足或人群密集的区域,这些间隙需要更大一些。Ciolek 提醒,在设计人行道时应避免急转弯或尖锐边缘,转弯角度不要超过 30°(图 5.5)。

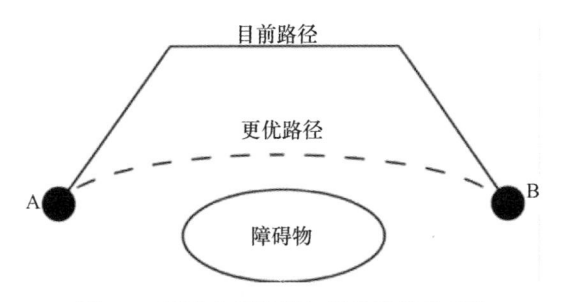

图 5.3　更优步行路径与目前路径的对比

其他研究人员也对人行道进行了研究,著名的建筑师和城市规划师 Jan Gehl 的《以人为本的城市》(*Cities for People*)一书为支持 Ciolek 的工作提供了指

---

① Ciolek T. Matthew,现代澳大利亚社会科学家和建筑师。

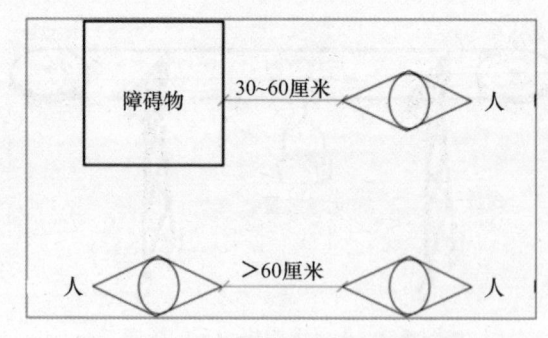

图 5.4　行走时物体与人之间的较优距离

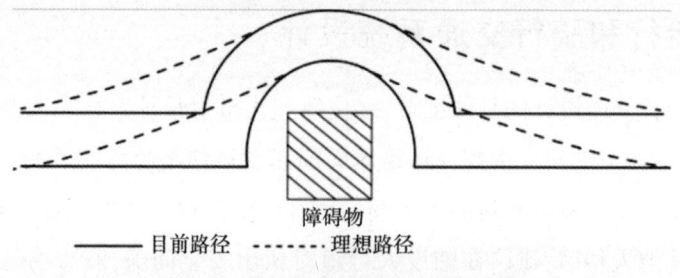

图 5.5　障碍物周围的最佳步行路径

导和证据。两位学者都反对在人行道上突然出现巨大高差变化,认为人们对楼梯或坡道有着根深蒂固的抵触情绪。Gehl、Ciolek 等长期以来一直建议,人行道的路线应提供充足的视觉刺激,无论是地面上的街道还是地下的人行道,人们每隔 30 英尺左右就会寻找建筑边界的变化,如建筑材料、店面设计、颜色或透明度的变化。

除了上述考虑因素,地下人行道的规划还应将自行车或其他非机动交通工具的选择纳入其中。全球各地都有骑行道和步行道融合的成功例子,丹麦的哥本哈根和澳大利亚的墨尔本的设计尤其著名。

我家后院就有这样一条车道——"民兵自行车道"横跨大波士顿地区的四个城镇,并与公共交通和主要就业中心相连。该道路由废弃铁路路基改造而成,宽 12 英尺。它无须物理隔离,即可容纳各种非机动车辆、步行者和跑步者。图 5.6 展示了独立的骑行/步行道路示例。

这些新的独立道路往往深受社区居民的喜爱,规划者认为它们虽然很难建

图 5.6　美国马萨诸塞州波士顿查尔斯河滨海大道 Paul Dudley White 自行车道

成,但影响深远[24]。将铁路线改造成与汽车线路、小汽车和卡车分离的步道是增强出行选择的一种有吸引力的方式,但实现起来具有挑战性且范围有限。在大多数城市的所有道路中,这些独立道路所占比例很小。

在设计新城镇时,将骑行/步行与汽车路线进行物理分隔的理念会很吸引人,但这种方法并不多见。日本筑波市中心的规划是一个例外[25]。该市建于20世纪60年代,是日本新的学术和政府研究中心,距离东京约60千米。从一开始,筑波的规划者就设想了一个垂直分隔的交通网络。第一层面向汽车(也为自行车和行人提供了空间),而地面上将有一条架高的"过街",设有公园和自行车/步行道[26]。

垂直分隔的交通路线实现了以下关键目标:

(1) 减少了行人和骑行者因与汽车近距离接触可能造成的伤害;

(2) 提高了非机动车使用者在城市中的通行速度,避免了红绿灯和其他道路障碍造成的延误;

(3) 提供了一种更经济的方式,使通常位于地下的基础设施(如电力、供暖、通信、供水和排污系统)可以安装在街道上层系统中;

(4) 扩大了公园和开放空间的可用土地[26]。

2019年我前往筑波亲身体会了这座城市自50年前建成以来的发展变化。当前的城市呈现出新的增长和发展迹象,但早期设计阶段为管理交通而设定的基本框架一直保持得很好。这种深谋远虑带来了与众不同的步行和骑行体验,给我留下了深刻印象。当然,其他地方也有这样的分隔道路,但筑波的市中心几乎将整个城市都覆盖了这样的分隔道路,它们架高于下方的汽车交通以上(图5.7和图5.8)。这样的预先规划使筑波居民可以骑自行车或步行穿过整个市中心区,而无须与汽车或卡车近距离接触。

图 5.7 (见彩图)穿过日本筑波市中心的步行道和自行车道

图 5.8 (见彩图)日本筑波市中心步行道和自行车道桥的下部道路视图

虽然物理分离的理念极具吸引力,但它只是自行车研究人员发现的众多解决方案之一,这些方案能够在鼓励自行车使用和确保安全方面发挥作用,其中许多方案都适用于火星。哥本哈根大学赵春丽等[27]从总体出发,建议骑行道路设计者考虑连贯性(与其他交通方式的连接和路网的无缝衔接)、安全性(机动车与自行车的隔离)、直达性,以及舒适度/吸引力。其他学者则更注重细节,呼吁关注交叉路口(大多数事故发生在这里)、充足的照明、平整的路面材料,以及公共交通站点和充足的自行车停靠站点[28]。每车道宽度至少为1.2米,交通繁忙区域宽度应大于4米[28]。这些都是让骑行更方便且受欢迎的有益做法,也是城市设计的一个重要考虑因素,因为街道上的骑行者越多,整体安全感就越高。

在此方面,荷兰的例子很有参考价值:荷兰有超过四分之一的出行通过骑行完成,而在美国这一比例仅为1%。荷兰在自行车基础设施、安全性和舒适性方面进行了大量投资才达到了如此高的自行车使用率。尽管在荷兰佩戴头盔的情况很少见,但令人惊讶的是,在美国骑行受伤的概率实际上是在荷兰骑行的27倍[29]。

在谈论步行(或跳跃)和骑行的话题时,值得考虑的是这种非机动化交通方式在火星表面应该如何实现。鉴于上述所有危险以及对平滑或半平滑道路的要求,很容易排除在火星表面建立任何骑行交通系统的可能性。不过,借助舱外活动(extravehicular activity,EVA)宇航服,则有可能在火星表面实现徒步。这些宇航服是加压的,包括便携式生命支持系统,使一个人能够在一天内最多徒步15千米[30]。考虑到EVA宇航服的高昂成本、体积大、续航能力有限,以及生命支持系统耗尽所带来的风险,在火星表面进行这样的徒步探险并不会被视为一种现实的常规出行方式。至少在人类定居火星的最初几十年和几个世纪内,这种火星表面徒步将主要局限于短期休闲和探索活动。

围绕出行和探险的问题可能会影响人类在火星上的活动,但城市规划者更为核心的任务是考虑人们的主要交通方式——地下交通方式。火星上经过深思熟虑、精心设计的地下骑行路网能够支持多种交通方式,并在健康收益和安全性方面优于目前地球上大部分地区普遍采用的交通系统。

5.4 星表道路运输

本章提出了一种地下公共交通网络,并辅以步行和骑行道路,以确保在火星城市内部实现全面、完整的连接,并与未来其他定居点、航天基地和遥远地点相连。这样,火星表面就成了建设供漫游车临时且灵活使用路网的合适场所。

与地球上的汽车不同,漫游车坚固耐用,无须维护良好的平坦道路。地球上类似的情况可能是穿越南极洲和北极圈的雪地车及其道路。

极地地区为我们提供了关于此类地表道路建造和维护的一些关键考量因素。首先,地面必须足够平整以供车辆行驶(可以远不及德国的高速公路平整),但不能有障碍物(如巨石或松散的岩石),也不能太颠簸以免损坏漫游车[31-32]。其次,地表必须足够坚固和安全,以支持漫游车的通行,这意味着它必须能够长期承载重物而不会发生严重压缩或形成塌陷坑。这在火星上可能是一个特别棘手的问题,因为其土壤似乎"承载能力很差"[30]。

在地球的极地地区,压实的积雪通常被视为铺设道路的最佳途径[32]。通过各种技术,以此种方式建造的道路可以支撑整个路基上的重物。再次强调,这些路面并不平整,但它们为极地地区提供了安全的通道。在火星上并不存在雪,但使用类似的雪压实方法将风化层组装和压实可以在红色星球上建造道路。Shoop 等还建议在道路上铺设高分子量(high molecular weight,HMV)板材,以增强压实度、提高摩擦力,并更好地分散道路承受的重力[32]。此外,加拿大西北部地区伊努维克定居点的例子值得一提,那里的人们将水沿着路面浇筑至厚 13 厘米,然后撒上沙子以提高摩擦力[31]。考虑到该纬度的气温很低,当水倒在路面上很快就会结冰,撒上沙子则形成了一条安全耐用的道路可供通行。虽然这种道路在天气较热时段会有点滑,但根据火星上水的存在情况,这也可能是星表道路建设和维护的一种值得考虑的方法。

最终目标是让这些火星上的道路成为粗糙的标记车道,可以引导火星车驾驶员在城市周围行驶并建立远程连接。漫游车无疑是一种相对危险的出行方式,因为生命支持系统可能会耗尽,而且火星表面还存在各种可能导致漫游车发生故障或陷入障碍物陷阱的隐患。这些隐患无处不在,再加上土壤强度差、巨石遍布及地形变化多端(图 5.9),Clark[30]写道,火星车驾驶员"不仅需要驾驶技能,还需要地质学家的科学知识、登山家的技能和探险家的洞察力"。幸运的是,这些道路仅作为三级交通方式,大多数人主要通过上述的一级和二级交通方式出行。因此,对星表道路的投资只需保持在最低水平,以确保交通安全和最低限度的舒适性。

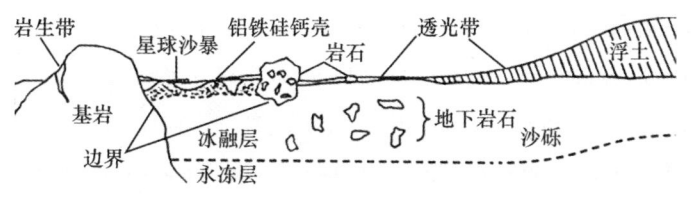

图 5.9　火星地形类型示意

5.5　交通规划原则

Pardo 指出："(地球上)交通系统缺乏全面规划,未充分考虑城市的社会、经济和文化因素,可能会导致社区结构的实际撕裂,并加剧社会排斥现象。"[15] 本章介绍了人类在地球上城市中出行的三种主要方式,并就火星城市 Aleph 可能从这些案例中汲取的经验提供了一些见解。基于本章所呈现的证据,Aleph 的城市设计中将采用的交通原则包括:

(1) 采用多轨道、地下式公共交通作为主要交通方式;

(2) 开发地下步行和骑行交通系统作为辅助交通方式;

(3) 建立仅依赖粗糙路面的火星漫游车三级交通系统。

这些系统共同构成了 Aleph 的城市设计的基础,以应对 Pardo 所提出的挑战,确保社区结构的完整性和社会的包容性。在建设这种三层级的交通方式时,还需要考虑其他类型的基础设施,这也是第 7 章的重点内容。能源和公共设施将影响机动交通工具的有效性,而通信服务和与外部连接的公共交通都需要充分进行整合。

参考文献

[1] U. S. Census Bureau Quick Facts: Los Angeles County, California; California. 2017.

[2] Newton, Damien. 2010. Density, Car Ownership, and What It Means for the Future of Los Angeles. Streetsblog Los Angeles. Web, 20 March 2019.

[3] Blanco, Sebastian. 2018. Elon Musk's The Boring Company Opens Up First Trial Tunnel In LA. Forbes. Web, 20 March 2019.

[4] Bliss, Laura. 2018. Dig Your Crazy Tunnel, Elon Musk! . Citylab. Web, 20 March 2019.

[5] Parra Montesinos, Gustavo, Antonio Bobet, and Julio A. Ramirez. 2006. Evaluation of Soil-Structure Interaction and Structural Collapse in Daikai Subway Station during Kobe Earthquake."ACI Materials Journal 103 (1). 113-22. ProQuest. Web. Mar. 2019.

[6] Lay, M. G. 1992. Ways of the World: A History of the World's Roads and of the Vehicles That Used Them. Rutgers University Press.

[7] Bruegmann, Robert. 2006. Sprawl: A compact history. University of Chicago press.

[8] Beauregard, Robert A. 2006. When America became suburban. Minneapolis: University of Minnesota Press.

[9] Kunstler, James Howard. 1994. Geography of Nowhere: The Rise and Decline of America's Man-Made Landscape. New York: Simon and Schuster.

[10] Graham-Rowe, Ella, Benjamin Gardner, Charles Abraham, Stephen Skippon, Helga Ditmar, Rebecca Hutchins, Jenny Standard. 2012. Mainstream consumers driving plug-in battery-electric and plug-in hybrid electric cars: A qualitative analysis of responses and evaluations. Transportation Research Part A: Policy and Practice 46. 140-153.

[11] Litman, Todd. 2018. Evaluating Public Transit Benefits and Costs: Best Practices Guidebook. Victoria Transport Policy Guidebook. Web. Feb, 2019.

[12] World Cities Best Practices: Innovations in Transportation. 2008. NYC Dept. City Planning, Transportation Division. Web. Feb, 2019.

[13] Glazebrook, Garry, and Peter Newman. 2018. The City of the Future Urban Planning 3(2). 1-20. ProQuest. Web. Feb. 2019.

[14] Spieler, Christof. 2018. Trains, Buses, People: An Opinionated Atlas of US transit. Washington, DC., Island Press.

[15] Pardo, Carlos Felipe. 2010. Shanghai Manual-A Guide for Sustainable Urban Development in the 21st Century-Chapter 4: Sustainable urban transport. United Nations Department of Economic and Social Affairs (UNDESA).

[16] Hörder, H., Skoog, I., & K. Frändin. 2013. Health-related quality of life in relation to walking habits and fitness: a population-based study of 75-year-olds. Quality of life research, 22(6), 1213-1223.

[17] Morris, J. N., & A. E. Hardman. 1997. Walking to health. Sports medicine, 23(5), 306-332.

[18] Ogilvie, David, Charles E Foster, Helen Rothnie, Nick Cavill, Val Hamilton, Claire F Fitzsimmons, Nanette Mutrie. 2007. Interventions to promote walking: systematic review. BMJ: British Medical Journal 334 (7605).

[19] Cavagna, G. A., Willems, P. A., & Heglund, N. C. 1998. Walking on Mars. Nature, 393(6686), 636-636. doi.

[20] Pavei, G., Biancardi, C. M., & Minetti, A. E. 2015. Skipping vs. Running as the bipedal gait of choice in hypogravity. Journal of Applied Physiology, 119(1), 93-100. doi.

[21] Ackermann, M., & van den Bogert, A. J. 2012. Predictive simulation of gait at low gravity reveals skipping as the preferred locomotion strategy. Journal of Biomechanics, 45(7), 1293-1298. doi.

[22] Niksirat, P., Daca, A., & Skonieczny, K. 2020. The effects of reduced-gravity on planetary rover mobility. The International Journal of Robotics Research, 39(7), 797-811. doi.

[23] Wong, J. Y., & Kobayashi, T. 2012. Further study of the method of approach to testing the performance of extraterrestrial rovers/rover wheels on earth. Journal of Terramechanics, 49(6), 349-362. doi.

[24] Bunnell, Gene. 2002. Making places special: Stories of real places made better by planning. Chicago: Planner's Press.

[25] Takahashi, Nobuo. "A New Concept in Building: Tsukuba Academic New Town." Ekistics 48, no. 289 (1981): 302-06. Accessed June 16, 2021.

[26] Mayerovitch, Harry. 1973. Overstreet: an urban street development system. Montreal: Harvest House Limited.

[27] Chunli, Zhao, Trine Agervig Carstensen, Thomas Alexander Sick Nielsen, Anton Stahl Olafsson. 2018. Bicycle-friendly infrastructure planning in Beijing and Copenhagen-between adapting design solutions and learning local planning cultures. Journal of Transport Geography (68). 149-159. Web. Feb. 2019.

[28] Litman, Todd, Robin Blair, Bill Demopoulos, Nils Eddy, Anne Fritzel, Danelle Laidlaw, Heath Maddox, Katherine Forster. 2009. Pedestrian and Bicycle Planning Guide to Best Practices. Victoria Transport Policy Institute. Victoria. Web. Feb. 2019.

[29] Miller, Rock E, P. E. Murphy, R. P. Neel, W. H. Jr. Kiser, J. A. Musci, M. O'Mara. 2013. ITE's Bicycle Tour of the Netherlands: Insights and Perspectives. "Institute of Transportation

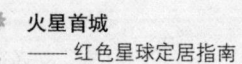

Engineers. ITE Journal 83 (3). 16-23. ProQuest. Web. Feb. 2019.

[30] Clark, Benton C. 1996. Mars rovers. In, Stoker, Carol R., and Carter Emmart (Eds.) Strategies for Mars: A Guide to Human Exploration. American Astronautical Society (86).

[31] Adam, Kenneth M., and Helios Hernandez. 1977. Snow and Ice Roads: Ability to Support Traffic and Effects on Vegetation. Arctic 30 (1). 13-27. JSTOR, www.jstor.org/stable/40508772.

[32] Shoop, Sally, Julia Uberuaga, Wendy Wieder, Terry Melendy. 2016. Snow Road Construction and Maintenance". Engineering for Polar Operations, Logistics, and Research. U.S. Army Corps of Engineers. Web. Feb, 2019.

第6章
住宅和工商业要素

第 5 章介绍的交通系统提供了一个骨架,在此基础上可以构建火星殖民地的骨骼(基础设施)、肌肉(居住设施)和组织(工商业设施)。本章将探讨在此框架基础上可以实现的住宅、商业和工业用途。接下来的两章将具体讨论其他非交通基础设施和建筑科学维度。虽然这四章各自独立,但火星首城 Aleph 的整体规划需要全面考虑所有这些因素。第 10 章将把这些章节介绍的原则融合在一起,展示它们之间是如何相互交融的。

在地球上交通决策会影响土地利用决策;在火星上同样如此。我家附近新开通了一条公交线路,使前往附近火车站变得更加便捷,也推动了对面街道新建住宅的需求。人口的增长和住宅的增多又促进了对商业(如餐馆和干洗店)的需求。随着人口涌入社区,工业企业可能看到开设新制造厂的机会,因为高技能劳动者似乎正在不断涌入。

交通并非推动新土地开发的唯一因素。住宅、商业和工业用途同样可以成为吸引(或排斥)其他用途的磁石(或排斥物)。例如,新工厂可能会产生难闻的气味,从而抑制住宅需求。在资本主义、市场驱动的经济体系中,有无数的因素将各种用途和基础设施投资的因果联系在一起。尽管美国目前处于火星殖民行动的领先地位,但是火星殖民的具体政治经济体系尚未确定。鉴于美国政府对南极洲的探索与火星殖民过程类似,假设火星上采用的政治经济体系与南极洲所采用的体系类似。

1959年的《南极条约》确立了南极大陆的政治、法律和经济体系。该条约的签署国共有48个国家,其中28个国家拥有真正的政治权力,包括创建条约所称的国家南极项目(national antarctic programs,NAP)的权利。该条约的独特之处在于,它禁止任何单一国家对南极洲的领土声称拥有主权或提出主权要求。在南极洲的活动明确限制用于和平目的和研究[1]。法律监督责任隶属犯罪者所属的国家,而所有国家都保留相互监督对方处理刑事和民事案件的权利。

1991年,《南极条约环境保护议定书》对《南极条约》进行了更新,该议定书规定了环境影响评估、废物处理和减少废物的详细步骤。该议定书为南极洲建筑环境的规划、开发和管理提供了框架[2]。每个国家都通过其国家南极计划和议定书的指导,为新开发项目制订总体计划,并接受国际指导委员会的审查。

考虑到像南极洲这样以和平科学研究为核心价值观、通过详细的规划和发展指导来弘扬这些价值观的合作互助模式,本章预测了火星上住宅、工商业用途的一系列限制和机遇,随后将探讨地球上各种用途如何融合的问题,然后转向可能在火星上适用的工商业具体范围,最后讨论选址和设计问题。

6.1 混合用途

在研究人类历史的大部分书籍里,像本章这样把住宅、工商业等用途作为独特概念进行研究是让人匪夷所思的做法。正如第2章所展示的,古希腊、古罗马和中国最早的城市都将这些用途混合在一起,此种做法在15—16世纪的美洲和20世纪的大洋洲的殖民活动中有增无减。中世纪欧洲村庄的典型模式由高密度住房、金属加工、贸易站、养猪场及介于其间的一切所组成,它们被紧凑地聚集在一起,没有明确的用途划分[3]。早在13世纪,法律就开始限制噪声大、有毒或有异味的工业用途靠近居民区。但随着英国工业革命的到来,工业活动变得极具破坏性,与这些活动相关的经济扩张使前所未有的大量人口涌入城市[4]。19世纪英国、欧洲和美国城市的拥挤现象很快便扩散到全球各大城市,迫使人们开始思考城市管理的新方式。

最终,现代城市规划诞生了,其标志性特点是用途分离[4]。1916年,纽约市颁布了其区划法规,这种基于类别的标准术语被世界各地数百个地方政府所效仿。其基本的规划逻辑是为住宅、商业和工业这三种用途分别创建不同的区域。在每个区域内,还可以根据更细致的用途(如商业中的零售和办公)和密度(如住宅中的单户住宅区和公寓楼区)创建更多的子类别。虽然区划在很大程度上有效阻止了工业区内令人不适的景象、噪声和气味扩散到住宅区和商业区,但其整体架构因人为地将原本一体化的人类生活、购物和工作割裂开来,而受到广泛批评[5-6]。这些批评者主张混合用途开发,即住宅和商业用途完全融合[5]。在某些情况下,轻工业(如仓储或小啤酒厂)已被纳入混合用途法规[7]。

混合用途有水平混合用途(horizontal mixed-use,HMU)和垂直混合用途(vertical mixed-use,VMU)两种方式。在 HMU 开发中,理发店可能位于公寓楼旁边,办公楼则位于街道对面。在 VMU 开发中,零售或餐厅可能位于一楼,二楼可能包括专业办公室,三楼可能是公寓(图6.1和图6.2)。VMU 可以提供更高的密度、用途之间更高的整合度及与公共交通更便捷的连接,更不用说在火星上重力远低于地球,非常适合开发基于 VMU 的高层建筑。

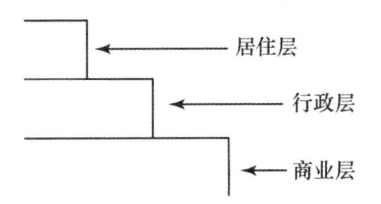

图 6.1 垂直混合用途

图 6.2 (见彩图)美国华盛顿州柯克兰市中心的垂直混合用途示例

87

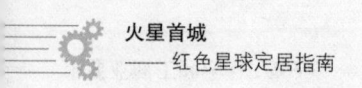

6.2 火星工商业

除了最偏远、最荒凉的沙漠和南极洲大陆,地球上几乎没有什么地方与火星有实质性的相似之处。在制订火星殖民计划时,必须对可能甚至理想的商业和工业用途范围有所了解。

Philip Harris 在《太空企业:21 世纪外星生活和工作》(*Space Enterprise Living and Working off-World in the 21st Century*)中提出,采矿、旅游和研究将是火星上最初的主要商业和工业用途,随后将扩展到火星定居点之间,以及与地球之间的贸易。

6.2.1 采矿

在无数科幻小说、电影和专业太空科学家的想象中,火星采矿已成为推动世界经济发展的默认活动。机器人学的相关研究表明,火星采矿可以产生建立繁荣文明所需的所有原材料,包括"所有工业元素,如铁、钛、镍、锌、硅、铝和铜"。如果成功,这种采矿最终可能成为贸易的推动力,首先是在火星上的定居点之间,然后是与地球的贸易。如果火星上发现有大量极其珍贵和供不应求的金属,这种情况就更有可能发生。

6.2.2 旅游

在撰写本书时,人们对太空旅游的兴趣异常浓厚,同样可以预计火星之旅的需求会很高。第一位进入太空的非宇航员是一名日本记者,他的雇主 TBS 电视台于 1990 年为这次旅行支付了 1200 万美元。紧随其后的是 1991 年的英国公民 Helen Sharman,然后是 2001 年的 Dennis Tito,他支付了 2000 万美元,再就是 Marc Shuttleworth。维珍银河公司(Virgin Galactic)在 2021 年夏天也推出了自己的太空旅游航班,引起了巨大轰动。不久之后,Jeff Bezos 乘坐"蓝色起源"(Blue Origin)火箭进入了近地轨道。全球年度旅游支出超过 3.4 万亿美元,而规模较小的探险旅行板块每年也超过 1200 亿美元,去往太空的兴趣正在悄然酝酿[8]。

太空旅游的精神领袖 Michel Van Pelt 曾在 2005 年阐述他的愿景:"与地球

上的旅游类似,太空游客将跟随专业探险者(此种情况下是宇航员)的脚步,前往月球、火星,并进一步深入太阳系。"他认为,游客会穿越5000万英里,亲眼看看火星,凝视太阳系最大的峡谷——长2500英里、深4.3英里的水手谷,相比之下,地球上的大峡谷深只有1英里;或者去看太阳系最高的山峰——高16英里的奥林波斯山[8]。

游客的到来意味着Aleph市需具备接纳游客的能力,满足他们住房、食物、娱乐和其他的需求[9]。然而,这些太空游客会带来资源,用于支付或交换商品和服务,成为该市潜在的重要经济引擎。这就引出了金钱的问题,我们不会在这里解决这个问题,但这是任何殖民计划都需要解决的关键问题。

6.2.3 科学研究

科学研究是火星上设想的第三类工商业用途。在南极洲,正是科研支撑着该大陆的经济活动。为了更广泛地理解气候、地质、生物、化学、天文和物理维度的科学与工程问题,来自私人和官方的资金,利用南极洲极端寒冷和荒芜的环境来完成这些研究。同样,火星上的科学和工程实验机会将是前所未有的。这颗红色星球在太阳系中的独特环境和位置,可以吸引寻求解决地球自身挑战或探索更遥远天体的研究,此外,还有一些可能仅为了探索火星本身的研究。

综上所述,这些研究工作将需要建筑、物资、设备、交通、住房、食品和燃料。正如Aleph市需要为游客做准备一样,同时也需要为前来执行研究任务的科学家、工程师、学者和支持人员做好准备。支持这些研究的资金将是Aleph市经济的关键基础。许多辅助商业和工业活动的需求将应运而生,与采矿和旅游业一起,形成一个由无数参与者和资金来源构成的完整市场驱动的经济体系,并促进Aleph市和其他未来火星定居点之间,以及与地球之间的贸易需求。当对住宅、商业和工业进行空间布局、选址和分配时,Aleph市的规划需要考虑到这种充满活力的经济活动。

6.3 选址和设计考量

地球上住宅、商业和工业用地的选址和设计需充分考虑地形、微气候(如风向和日照方向)、能源消耗和居住者的舒适度。在温带环境中,选址和设计上的

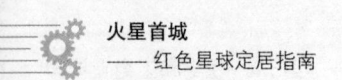

不当可能仅带来轻微的不便、额外的成本及资源浪费。然而,在最严酷的环境中,这种敏感性将显著增强,不当的规划甚至可能危及人们的生命。

6.3.1 冬季城市的经验

地球上一些最寒冷、多山的区域,经过数百年的发展已经形成了特定的建筑和工程体系以应对极端环境[10-12]。Norman Pressman①对冬季城市进行了研究,这些城市会长期低于冰点温度、降水、有限的日照时间和季节变化,这些环境与火星(除了降水)颇为相似。对于这些冬季城市,他强调应特别关注行人保护,包括建设有顶棚的拱廊、画廊和地下通道。Pressman 还讨论了实现高密度混合用途的必要性,以减少人们的出行距离。为实现这些目标,他提出了一系列城市设计和规划策略,并提倡在这些冬季城市中要有目的地运用色彩、照明、绿化和公共艺术。他对环境景观、地下解决方案、高密度和混合用途的关注,都支持了本章前面概述的原则。

其他学者也研究了冬季城市建筑层面的问题,并得出结论:为应对风况、日照和能效要求,合适的建筑方案应包括特定的选址(建筑物在工地上的位置)、形式(建筑的形状)和体量(建筑如何占据场地)。Jull②考察了加拿大的雷瑟卢特(Resolute),这是地球上最寒冷且有人居住的地方之一。他建议采用低层建筑和"封闭轮廓"系统,即建筑物沿迎风面形成连续的屏障来阻挡寒风。在美国阿拉斯加州的考察中也发现了类似的外部防风建筑结构。

人们普遍认为,两三层楼高的建筑对于防止阳光被阻挡,以及为其他区域提供日照非常重要,圆形建筑则能更好地抵御强风造成的破坏。同样地,像双层表皮立面(double skin façade, DSF)等创新技术,即两层玻璃之间隔有一个空气腔,可以抑制太阳辐射,调节温度波动并节约能源[13]。一个两三层楼高、采用 DSF 或防风技术、顶部为圆形的穹顶建筑,可能是应对火星寒冷气候的有效方法。

关于冬季城市的文献很多关注使用地下通道或建筑,如奥斯陆的三车道地

---

① Norman Pressman,加拿大滑铁卢大学环境研究学院教授。
② Matthew Jull,北极设计事务所联合创始人,美国弗吉尼亚大学建筑学院助理教授。

下高速公路或蒙特利尔的地下交通网络。进入地下的一种方式是挖掘,另一种是爆破[14]。遗憾的是,爆破必须在定居点建立之前进行,因为它非常危险(图6.3)[15]。如果这种爆破是建立火星新定居点的第一步,那么它可能是一种经济高效的地下建设方式。更好的办法是利用火星上现有的陨石坑,如小行星或彗星撞击造成的陨石坑[16]。

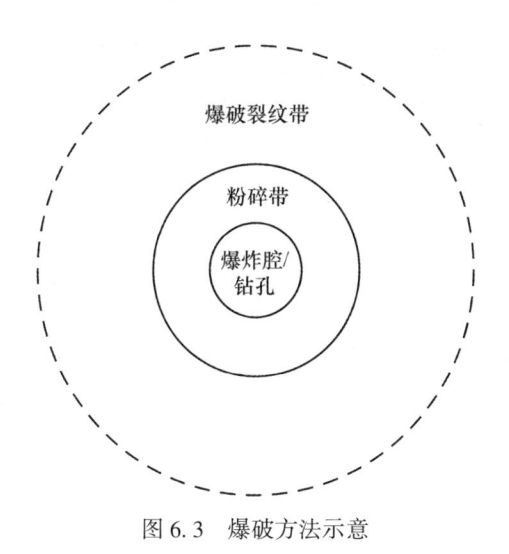

图6.3 爆破方法示意

6.3.2 地下建筑的经验

除了隧道挖掘,地球上还有相当多的先例可为火星住宅、工商业活动建设地下建筑提供借鉴。此外,与传统建筑相比,地下建筑在能效方面具有显著优势。马来西亚的工程师团队很好地阐述了这一点:"利用土壤作为温度调节器来应对恶劣天气的古老智慧,具有巨大的潜力,可成为解决建筑供暖、通风与空调(heating, ventilation, and air conditioning, HVAC)系统能效低下的有效方案。"[17]有下沉式庭院、竖穴和崖居三类地下建筑值得仔细研究(图6.4)。

1. 下沉式庭院

下沉式庭院是通过大量挖掘或在自然形成的洼地(或陨石坑)建设而成的,它涉及在地下建造的生活和工作空间,中央有一个"庭院"暴露在外,庭院周围的区域则被保留,为保护区。图6.5展示了来自突尼斯和中国的半圆形和矩形

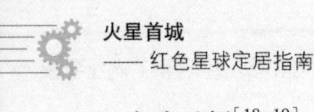

庭院示例[18-19]。

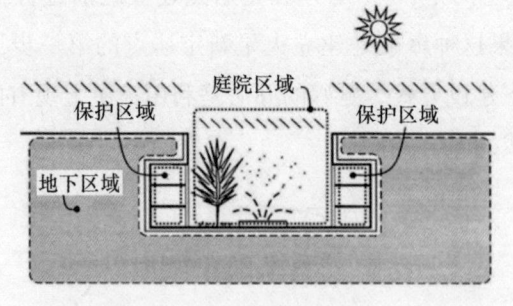

图 6.4 下沉式庭院

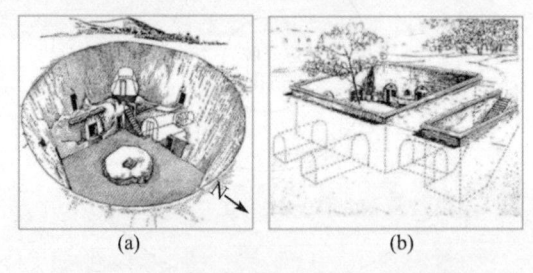

图 6.5 突尼斯和中国的某下沉式庭院示意

这些建筑设计因其相较于传统建筑具备更高的能效而备受赞誉。自 20 世纪 40 年代以来，这种古老的模式在新建设项目中得到了传承，如卢浮宫的扩建和伊利诺伊大学的新图书馆[20]。美国建筑师 Michael Reynolds 发起了一项 DIY"地球船"建造运动，该运动使用回收和再生材料建造建筑物，通常建造在悬崖上，其供暖和制冷性能令人印象深刻[21]。

Van Dronkelaar 等发现，地表性质和深度的变化对这些地下居所的能效和舒适度影响甚微。其他研究人员已计算出全地下和半地下建筑能更好地抵御火灾、飓风和龙卷风等自然灾害的方式[17]。

下沉式庭院设计在采光、视野、通风、湿度、紧急出口、排水（在火星上这个问题较小）及结构稳定性方面确实存在一些缺陷。适当的施工技术可以缓解结构问题，但其他问题确实构成了真正的挑战，并可能加剧居住者的心理问题[17]。

2. 竖穴

竖穴如图 6.6 所示。这些建筑建在山脉、丘陵或(理论上)陨石坑的一侧,通常可容纳一两层,层数取决于斜坡的陡峭程度。在约旦和伊朗可以找到竖穴建筑。竖穴不需要打桩,而且挖出来的土壤可以重新用于建造窗户或屋顶。此外,该设计在地基和屋顶结构方面比下沉式庭院设计在结构上更为稳固[17]。

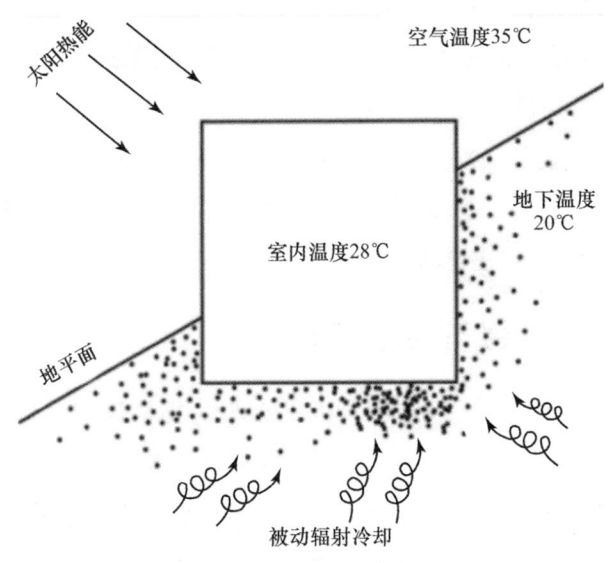

图 6.6　夏季使用竖穴的被动冷却效果

3. 崖居

建筑并非总是位于地下,人类在悬崖和洞穴中建造住所和工作空间的历史源远流长。崖居的历史至少可以追溯到 12000 年前,当时人们在山坡或山体的侧面开凿房间,有些房间能达 2~3 层楼高。与地下建筑类似,这些住宅隔热良好,温度波动较小;冬季室内气温往往高于室外,夏季则低于室外。在伊朗的 Maymand 和 Kandovan 可以看到这类建筑[22]。

伊朗的例子表明,人们曾在火山岩中开凿房间。7 世纪土耳其的卡帕多西亚洞穴拥有一个向地下延伸 11 层的庞大室内网络。这些洞穴包括教堂、住房、储藏等,可为大约 5 万人提供服务[17]。

Joanna Kozicka(在第 9 章中将详细介绍她)2008 年发表于《空间研究进展》

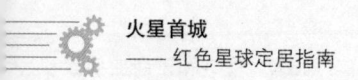

上的论文回顾了这些历史性的建筑,并得出了三个重要结论:

(1) 依地势形成的自然斜坡可作为居住空间的墙壁;

(2) 火星上存在与地球上非常相似的陨石坑,似乎可以将地球上已知和发展良好的建筑方案成功应用于陨石坑地形中;

(3) 沿着阶梯或陨石坑建造的定居点可覆盖上屋顶,屋顶可以使用高阻透明多层膜密封,提供自然光线……。

Kozicka 在上述结论的基础上进一步提出了火星基地的设计草图,该设计采用了穹顶概念,但没有利用陨石坑。

总之,下沉式庭院的地热和光照优势,再结合原位建造优势的竖穴和崖居设计,为适应火星气候和地形提供了理想的解决方案,特别是如果能够找到合适的陨石坑进行定居点建设的话。

6.4 辐射的危害与防护措施

第 1 章简要概述了火星上辐射所构成的威胁,即使仅在火星表面暴露在太阳辐射下,对人类也可能是致命的[23-24]。尽管几十年来已有大量确凿证据,但关于人类的火星之旅或在那里生活时会面临哪些实际风险,仍有许多未知[25]。

了解辐射危害的背景是十分有帮助的。地球上的人平均每年接受 0.0062 希的辐射,其中一半来自自然产生的背景辐射,另一半来自人为来源[26]。1996 年,空间研究委员会建议,对于离开地球前往太空探索的人员,每年受到的最大辐射剂量不应超过 0.5 希,整个职业生涯的最大剂量应为 1~4 希[27]。与生活在地球上相比,生活在火星上的辐射风险更高,如图 6.7 所示。在火星上度过 500 天所接受的辐射量可能是腹部 CT 扫描的 50 倍,但这种较高的辐射水平并不意味着癌症风险会同等程度地增加。如今,地球上死于癌症的风险约为 21%;在火星上生活 500 天只会将这一风险提高到 24%。所有这些额外的辐射暴露预计将导致死于癌症的可能性增加 14%。

可以通过穿着防护服和建造地上建筑等措施来减少辐射暴露。尤其是建筑物,可以有效地保护人们免受太阳不断发出的太阳粒子流伤害。更具挑战性的是不太规律但伤害更强的太阳耀斑或日冕物质抛射,它们以银河宇宙射线

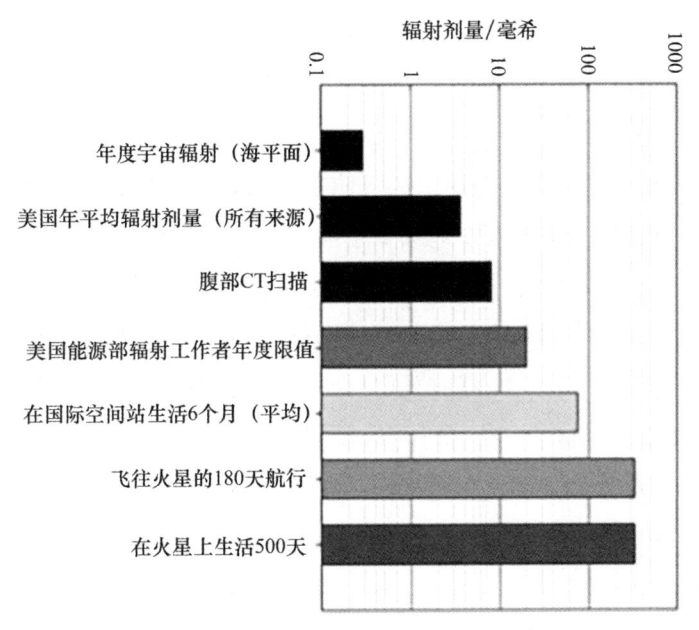

```
辐射剂量/毫希
         0.1    1    10   100  1000
年度宇宙辐射（海平面）
美国年平均辐射剂量（所有来源）
腹部CT扫描
美国能源部辐射工作者年度限值
在国际空间站生活6个月（平均）
飞往火星的180天航行
在火星上生活500天
```

图6.7　（见彩图）对数尺度的辐射暴露比较

（galactic cosmic rays，GCR）的形式出现,更加难以屏蔽[28]。Kozicka等解释道,累计辐射剂量很关键:"GCR粒子的单次辐射剂量较低,然而它们会不断到达火星表面。在太阳活动期间,大型质子耀斑会释放出非常高剂量的辐射,这些事件通常只持续几小时。"

对于潜在的火星殖民者而言,有两个关键问题悬而未决:一是科学家和工程师在矿井、国际空间站、飞机和其他地方采取了哪些措施来保护人类免受辐射;二是对太阳辐射有什么专门的保护措施,哪些材料或建筑技术最能有效地保护人们免受太阳粒子和银河宇宙射线的伤害。

总体而言,人类已经形成了一系列保护自己免受辐射伤害的技术。美国国家辐射防护与测量委员会多年来发表了数十份报告,其中许多最先进的防护技术都已被编纂形成规范。此外,在与美国环境保护署合作发表的政府报告中,建议在采矿作业中使用干式覆盖和水覆盖等技术,在辐射和人员之间提供物理屏障[29]。同样,在医疗和诊断过程中,也会使用高原子序数材料(如铅)来创建物理屏障[30],正如你去牙科诊所时,给白齿拍X光片时要求你穿上铅围裙一样。

目前采取的另一类防辐射措施是基于规避。例如,在航空领域,会密切跟踪高辐射飞行路线,并使用辐射较低的替代航线[31]。对国际空间站,NASA开发了"尽可能低至合理可行的水平"(as low as reasonably achievable, ALARA)的辐射防护模型,该模型虽然使用了部分防护材料,但主要依赖通过精心安排活动时间和空间配置来最大限度地减少宇航员的辐射剂量。通过监测和管理辐射暴露,宇航员可以在保持健康的同时开展后续工作。

在火星上可以通过各种规避策略来监测和管理辐射暴露,例如,在辐射水平较低时进行表面工作,并在任何栖息地外探险时携带应急辐射掩体[32]。然而,对于太阳辐射的持续威胁,最佳应对方式还采用物理屏障。

一项研究发现,对于一次为期500天的火星任务,高密度聚乙烯(high-density polyethylene, HDPE)所需的最低材料密度和厚度需求为40~80克/平方厘米。另一项科学报告称,氢元素及含有大量氢的其他物质(如水)是构建太阳粒子和银河宇宙射线物理屏障的理想选择[32]。火星风化层已被证实具有防护作用,一位工程师还建议将风化层模拟物/聚酰亚胺复合材料作为防御银河宇宙射线的最佳材料。

Joanna Kozicka等为构建这些屏障提供了最具说服力的建议。他们呼吁在其提倡的火星栖息地穹顶结构中安装一层德姆龙(demron)。德姆龙是一种广泛使用的防辐射材料,由一种专有的无毒聚合物制成,其防护性能与铅相当,但更具柔韧性[33]。由于可提前数周预测到大量粒子的太阳活动,前文所述的防辐射方案可以成为保护火星上人类的重要手段。对于此类事件,人们可以转移到被水或其他含氢量高的物质所包围的特殊避难所中。

虽然辐射对火星上的生命构成严重危害,但这里存在一个重要悖论:在火星寒冷的气候中,为了取暖必须接受太阳照射。我们需要太阳的能量,但不需要太阳粒子和银河宇宙射线,因此任何栖息地都需要在保护人类和获取太阳热量与温暖之间找到平衡。

虽然听起来像科幻小说,但NASA正在探索通过大型磁屏蔽在行星尺度上减小火星辐射风险的可能性。在2017年春季NASA举办的"2050年行星科学愿景研讨会"上,行星科学部门主任Jin Green公开分享了一个安装磁偶极子护盾的方案,该护盾将覆盖整个行星并保护其免受太阳风和辐射的影响[34]。这个位于火星 L1 拉格朗日点的人工磁层,将大大减小辐射威胁。Green 解释道:

> 这一新研究得益于全等离子体物理编码和实验的推广应用。未来,很有可能通过充气式结构产生 1 或 2 特(或 10000~20000 高斯)的磁偶极场,作为抵抗太阳风的主动屏蔽护盾[34]。

该护盾还可以使火星大气层增厚,导致火星全球变暖,高达 4℃,从而使火星成为一个整体上更宜居的环境。

就像我们在火星上做的任何事情一样,无论是 NASA 提出的大规模改造计划,还是较小的辐射缓解措施,提前仔细规划、深思熟虑地分析和策略制定,将决定我们是在火星上建立起如弗吉尼亚州詹姆斯敦那样迅速衰败的定居点,还是如有着数百年历史的纽约那样成功的定居点。当我们思考在火星上居住、工商业的各个方面时,以下原则有助于我们关注大局,并为规划者提供设计综合、全面且安全的火星定居点的工具。

6.5　住宅和工商业规划原则

住宅和工商业规划原则如下:
(1) 设计高密度、混合用途的建筑项目。
(2) 初始的商业功能包括采矿、旅游、私人研究和支持。随着时间的推移,定居点可能会发展到足以在其境内和与其他定居点之间的贸易活动。
(3) 在气候极端地区,必须从开始就将便利设施纳入设计,而不是之后才引入。
(4) 极端气候的设计要求是具有紧凑密集的结构、小巧封闭的区域、地面狭窄的通道,以及利用太阳位置的布局。
(5) 定居点必须密封,以保护居民免受外部恶劣天气的影响。
(6) 在设计结构开口和表面暴露时,必须考虑地表的辐射暴露。

参考文献

[1] Scott, Karen. 2003. "Institutional Developments within the Antarctic Treaty System." Interna-

tional and Comparative Law Quarterly 52, no. Part 2 473-488.

[2] Rothwell, DR. 2000. "Polar environmental protection and international law: the 1991 Antarctic Protocol." European Journal of International Law, Volume 11, Issue 3, Pages 591-614. doi.

[3] Chapelot, Jean, and Robert Fossier. 1985. The village & house in the Middle Ages. Univ of California Press.

[4] Hall, Peter. 2014. Cities of tomorrow: An intellectual history of urban planning and design since 1880. John Wiley & Sons.

[5] Hirt, Sonia. 2007. "THE MIXED USE TREND: PLANNING ATTITUDES AND PRACTICES IN NORTHEAST OHIO." Journal of Architectural and Planning Research 24 (3): 224-244.

[6] Kunstler, James Howard. 1994. Geography of Nowhere: The Rise and Decline of America's Man-Made Landscape. New York: Simon and Schuster.

[7] Cotter, Dan. 2012. "Putting Atlanta Back to Work: Integrating Light Industry into Mixed-Use Urban Development." Atlanta, Georgia: Georgia Tech Enterprise Innovation Institute.

[8] Van Pelt, Michel. 2005. Space Tourism: Adventures in Earth Orbit and Beyond. New York, NY: Copernicus.

[9] Utrila and Welsch (2017).

[10] Davies, Wayne KD. 2015. "Winter cities." In Davies, Wayne KD (Ed). Theme cities: Solutions for urban problems, pp. 277-310. Springer, Dordrecht.

[11] Matus, Vladimir. 1988. Design for northern climates: Cold-climate planning and environmental design. New York: Van Nostrand Reinhold.

[12] Mänty, Jorma, and Norman Pressman (Eds). 1988. Cities designed for winter. Helskini: Building Book Limited.

[13] Zhou, Juan & Chen, Youming. 2010. "A Review on applying ventilated double-skin facade to buildings in hot-summer and cold-winter zone in China." Renewable and Sustainable Energy Reviews 14 (4): 1321-1328.

[14] Tatiya, R. R. 2013. Surface and underground excavations: Methods, Techniques and Equipment. CRC Press.

[15] U. S. Army Corps of Engineers. 1972. "Engineering and Design SYSTEMATIC DRILLING AND BLASTING FOR SURFACE EXCAVATIONS." Department of the Army, March 1, 1972.

［16］ Boston, Penelope. 1996. "Moving in on Mars: The hitchhikers' guide to Martian life support." American Astronautical Society Publication 86 (Science and Technology Series). In Stoker, Carol R., and Carter Emmart (Eds.) Strategies for Mars: A Guide to Human Exploration.

［17］ Alkaff, Saqaff, S. C. Sim & Ervina Efzan. 2016. "A review of underground building towards thermal energy efficiency and sustainable development". Renewable and Sustainable Energy Reviews 60: 692-713.

［18］ Golany, Gideon S. 1988. Earth-Sheltered Dwellings in Tunisia: Ancient Lessons or Modern Design. Newark, NJ: University of Delaware Press.

［19］ Golany, Gideon S. 1992. Chinese Earth-Sheltered Dwellings: Indigenous Lessons for Modern Urban Design. Honolulu, HI: University of Hawaii Press.

［20］ Al-Mumin, Adil A. "Suitability of sunken courtyards in the desert climate of Kuwait." Energy and Buildings 33, no. 2 (2001): 103-111.

［21］ Ip, Kenneth, and Andrew Miller. 2009. Thermal behaviour of an earth-sheltered autonomous building-The Brighton Earthship. Renewable Energy 34, 9: 2037-2043.

［22］ Khodabakhshian, Meghedy. "Comparative study on cliff dwelling earth-shelter architecture in Iran." Procedia Engineering 165 (2016): 649-657.

［23］ Cucinotta FA, Kim MHY, Chappell LJ, Huff JL. 2013. "How Safe Is Safe Enough? Radiation Risk for a Human Mission to Mars." PLOS ONE 8(10): e74988. doi.

［24］ Cucinotta, Francis A., Khiet To, and Eliedonna Cacao. 2017. Predictions of space radiation fatality risk for exploration missions. Life sciences in space research 13, May: 1-11.

［25］ Chancellor, Jeffery C., Rebecca S. Blue, Keith A. Cengel, Serena M. Auñón-Chancellor, Kathleen H. Rubins, Helmut G. Katzgraber, and Ann R. Kennedy. 2018. "Limitations in predicting the space radiation health risk for exploration astronauts." npj Microgravity 4, 1: 1-11.

［26］ U. S. Nuclear Regulatory Commission. 2021. "Doses in our Lives". May 13.

［27］ Jablonski, Alexander M. and Kelly A. Ogden. 2010. In, Benaroya, Haym, ed. Lunar settlements. Boca Raton, FL: CRC Press.

［28］ NASA. 2017. "Mars Facts | Mars Exploration Program." Accessed June 23, 2017.

［29］ National Council on Radiation Protection Measurements. 1993. Radiation Protection in the Mineral Extraction Industry: Recommendations of the National Council on Radiation Protection and Measurements. NCRP Report (118). Bethesda, MD: National Council on Radiation Protection and Measurements.

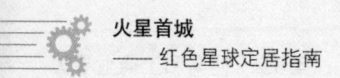

[30] Seeram, Euclid. 1999. "Radiation Dose in Computed Tomography. (Statistical Data Included)." Radiologic Technology 70 (6): 534-552.

[31] Bartlett, David T. 2004. "Radiation Protection Aspects of the Cosmic Radiation Exposure of Aircraft Crew." Radiation Protection Dosimetry 109 (4): 349. doi.

[32] Genta, Giancarlo. 2017. Next Stop Mars: The Why, How, and When of Human Missions. Springer International Publishing. doi.

[33] Radiation Shield Technologies. 2020. Demron-product description, radshield.com/demron/>. Accessed January 21, 2020.

[34] Williams, Matt. 2017. "NASA proposes a magnetic shield to protect Mars' atmosphere". Phys. org. March 3.

第 7 章
地外的建筑科学、设计和工程

第 6 章概述了在火星上规划城市的住宅、工商业建筑。本章将更深入地探讨在地球上最不宜居住的环境中建造了哪些类型的建筑？空间建筑又该如何呢？在地球之外为人类设计和建造栖息地的过程中，对火星建筑科学、设计和工程有何启示？虽然外太空栖息地的建设受到限制，但人们已在地球上广泛尝试建造模拟设施。我们能从这些研究中获得哪些启示？

本章将介绍建筑科学、材料科学和工程方面的见解，同时深入探讨四种火星建筑的设想。本书的其余部分主要关注更广泛的城市规划和设计上，而本章将探索 Aleph 市的建筑单体可能是什么样的，它们可能由什么材料建造，将采取什么形式，以及将如何建造。

7.1 地球上极端气候下的建筑

第 6 章介绍了《南极条约》，解释了国际合作如何塑造了地球最南端大陆的住宅、商业和工业用地。该条约对建筑设计或建筑风格鲜有提及，而是将这些选择留给了在那里建立全年科学考察站的国家。仔细观察美国麦克默多站，可以窥见最寒冷的气候之一中建筑科学的情况。

南极洲面临着与火星相同的极端低温（尽管没有火星那么冷）、它还面临着积雪的问题。麦克默多站的许多建筑设计都考虑了积雪,包括将建筑物建在柱子上,以最大限度地减少积雪的影响。此外,建筑边缘的圆角可以减少积雪,并使建筑物与主要风向保持一致[1]。南极洲的其他设计主要体现在抵御积雪和寒冷的作用,如冰屋,它通过最大化表面积与体积之比来最大限度地减少热量损失(图7.1)。但并不是所有麦克默多站的设计都反映了这种积极的思考:基地的实际情况是"盒式建筑或单一主轴延伸出的建筑……占据主导地位,主要是因为它们易于设计、运输和施工"[2-3]。这是一个关键点,尽管某些设计可能在极端寒冷环境中具有潜在优势,但传统建筑设计的便捷性和经济性往往胜过创新的曲线边缘或穹顶结构(图7.2中麦克默多站几乎所有传统建筑的鸟瞰图)。

图7.1　约1865年因纽特人传统村庄的穹顶冰屋。这张图片是一本书的插图照片,描绘了巴芬岛弗罗比舍湾(Frobisher)附近Oopungnewing村

图7.2　(见彩图)位于南极洲的麦克默多站鸟瞰图

麦克默多站变化快速，"老建筑所剩无几；已有100座建筑被拆除。建筑的快速老化、技术进步、需求变化、管理重组和研究扩展都促使该站不断被重建"。麦克默多站建造的临时且廉价建筑意味着很少关注采用高科技、耐严寒的策略。但小木屋(图7.3)是一个例外。小木屋是美国国家科学基金会的总部，采用倾斜的屋顶和瑞士小木屋的美学设计，因此得名[4]。小木屋经久耐用，专为冰雪气候设计，是基地的象征性中心。其物理设计和节能材料的使用，使其成为适合寒冷南极气候的建筑，更重要的是它的存在凸显出在整个南极地区，此类技术的应用较为罕见。

图7.3 （见彩图）美国国家科学基金会的行政总部小木屋，是麦克默多站独一无二的建筑

同样，对美学的忽视与麦克默多存在的反乌托邦社会心理现象有关[5]。基地的偏远和单调的建筑让一些居民觉得南极洲是一个不受欢迎的大陆，这对人们心理上的危害比对身体上的危害更严重[5-7]。

当然也有例外，在南极洲的其他地方，建筑师、科学家和工程师尝试了有限数量的其他建筑设计形式和风格，以为居住者提供温暖。2016年，一个国际团队在南极洲的乔治王岛上建立了极地实验室2号(Polar Lab2)，借鉴了蒙古国严冬气候下发展了数千年的古老技术——蒙古包帐篷[8-9]（图7.4和图7.5）。设计团队关注的重点：最大限度地提高蒙古包的外形抗风能力；有意识地设计门的朝向以减少热量损失；开发三层墙体和隔热地板，以加强建筑围护结构的保温性能[10]。

103

图 7.4 （见彩图）俄罗斯阿尔泰共和国特林特人的传统织物蒙古包

图 7.5 （见彩图）现代哈萨克蒙古包（类似于南极洲极地实验室 2 号所采用的设计方案）

在南极洲的荒漠之外，一些极其干燥的地方已经有人类居住数千年之久。这些干旱环境也为火星建筑提供了很多启示。英国特许屋宇装备工程师学会（CIBSE）①在其 2014 年的指南中介绍了在极端干旱气候下的建筑策略。他们提出了一些重要的考虑因素，包括需要通过将建筑物面向主要风源方向以处理风力。同时还建议建造挡风塔，这种垂直结构可引导气流远离人类栖息地[11]。

---

① 特许屋宇装备工程师学会（chartered institution of building services engineers, CIBSE）是一家位于英国伦敦的国家专业工程协会，成立于 1976 年，由英国采暖通风工程师学会（成立于 1897 年）和照明工程学会（成立于 1909 年）合并而成，并获得了皇家特许状。

由于火星上气压极低,风力对建筑师来说几乎可以忽略不计。

特许工程师还强调了保持建筑热性能的重要性。在干旱炎热的环境中,这意味着要防止热空气进入室内;在干旱寒冷的地方,这种技术则意味着要防止内部产生的热空气逸出。他们建议对建筑墙体进行保温,将建筑朝向太阳以获得热量,并将建筑布局最大化地暴露在阳光下。最后,特许工程师建议,供暖设施和通风设备应位于"相对凉爽的环境",甚至可以安装空调,这在寒冷的火星上并不难实现[11]。

总而言之,地球上极端寒冷和干旱的环境对火星建筑设计的启示在很大程度上来自土著居民的方法。在极端寒冷的气候下,冰屋和蒙古包似乎是最节能的建筑形式。这些球形建筑提供了最大的保护,能够防止热量损失,并可以有效地进行隔热。将冰屋和蒙古包朝向太阳以最大化太阳照射和热量获取,将提供额外的供暖效益。但南极洲的大部分现代建筑都忽视了这一智慧,建造了方形、廉价且能效低下的建筑,这表明使用传统方法的便利性可能比任何宏伟的(未经测试的)火星建筑设计更重要。

7.2 建筑材料、形态和方法

火星建筑的施工过程与地球上的建造方式有着根本的不同。本节将详细介绍火星建筑所需的建筑材料、形态和方法,这些信息有助于我们制定第 11 章中将介绍的 Aleph 城市的规划。在本书第 5 章讨论了交通问题,并探讨了火星的低重力环境可能对步行和骑行的影响。下面将讨论低重力和低气压带来的挑战。

7.3 材料

任何建筑设计的重要组成部分都是其所使用的材料。当这些材料需要通过航天器跨太阳系运输或就地开采时,这一点变得更加重要。极地和干旱地区的经验表明,建筑所使用的材料确实至关重要,而且地球和火星之间的大气压力、重力和辐射的差异也将对所需材料的类型产生重要影响。

近年来,人类登月并在月球上建立永久基地的计划层出不穷。尽管月球和火星的气候、大气和重力存在很大差异,但这些研究仍可以提供有益的见解。

首先,金属是地外建造最可靠的材料,因此许多月球建筑设计都使用了碳钢、铝、钛和镁等金属[12-13]。火星上丰富的氧化亚铁(FeO_2,解释了火星的红色色调)表明,原位利用铁进行建设可能是明智之举。在这些设计中还使用了由 Birdair、Tefzel 和 Foiltec 等公司生产的不同类型的织物和薄膜(特别是铁氟龙,即聚四氟乙烯)[12]。

考虑到运输材料的高昂成本,许多设计师选择原位资源利用来为其提出的项目生产建筑材料。虽然金属在月球和火星环境中普遍存在,但提取和使用它们是非常复杂和困难的。而使用原位材料制造砖块、陶瓷、玻璃或不同类型的混凝土更为可取[14]。基于地球材料的典型制作方法需要对应地调整,以适应火星独特的低重力环境——考虑到"多相流、表面润湿和界面张力……凝固"等特性[15]。通过一些小的改变,实际上像混凝土等材料在火星上建造大型建筑时,比在地球上能承受更大的应力[16]。

火星表面有大量的岩石和风化层,这可能是所有建筑原位材料中最容易获取的。只需将风化层切割成小块砖或砌块,就能在火星上获得一种现成的建筑材料。这项技术在人类历史上有着悠久的传统,尽管它是高能耗的。Ebrahim Nader Khalili 于 1999 年申请了一项专利,该专利对传统制砖方法进行了适度的改进,同时保持简单易用。他指出的"超级土坯"的制造方法涉及将土壤(加入适量的水泥和水)放入带有铁丝网的长袋中。波兰建筑师 Jan Kozicka 赞同 Khalili 的想法,并认为从地球运输的树脂可以取代水泥制造中的水,从而为火星提供一种廉价且坚固的建筑材料[12]。

月球风化层的实验表明,一种简单而古老的加热方法就可以将风化层转化为玻璃[15,17]。宇航员在月球风化层中发现了自然形成的玻璃,可能是由陨石(或微陨石)或火山爆发引发的突然升温,然后迅速冷却造成的。而且玻璃的数量并不少,它占月球风化层样本总重量的 6%~92%[15]。鉴于月球和火星风化层之间的相似性,玻璃生产将提供充足的透明建筑材料,为室内空间提供阳光照射,并欣赏到火星天空的非凡景观(尽管存在辐射问题,参见第 6 章的讨论)。

更先进的技术可以把风化层转化为比玻璃更坚固的物质。使用微波辐射或激光束对风化层进行直接烧结(施加极高温度使其液化)可以制造出建筑级陶瓷,而通过将风化层或土壤与硫混合可以生成混凝土[14]。火星表面的硫含量很高,而硫自古以来就被用作"熔融黏合剂"。含硫混凝土在地球上极端气候条件下具有优良的建筑特性,它在火星上作为建筑材料也会表现出色。含硫混凝土具有高抗压和抗弯强度、耐久性、耐酸性和出色的抗冻融性能[15,18]。

同样,铸玄武岩(一种黑色的玻璃状材料)也可以通过烧结风化层来加工,这是一个快速的过程,可以制造出用于建筑的高强度砖或板材。在相对未知的火星环境中,其他混凝土可能各有优缺点[15]。玄武岩纤维也可以使用类似的技术制造,并且相当耐用。这种纤维可以用作混凝土中的加固钢筋或其他建筑材料的加固件[ ]。

火星城市化的早期阶段将受益于金属、织物和膜的使用,但考虑到从原位资源中制造这些材料的高能耗且工艺复杂,它们最初必须从地球上运来。火星后续的城市化可能涉及这种原位工业化,但在着手进行火星首城的设计时,使用现有的可用材料更合理。火星的风化层可以被切割成简单的砖块,也可以使用上面描述的超级土坯方法进行混合和研磨获取砌块。稍微先进且能耗更高的烧结技术可以生产出更加坚固的砖块、陶瓷、玻璃和混凝土,所有这些材料都来自火星风化层。可以预见,火星上的首座城市将由这些火星原位资源和从地球上带来的有限金属、织物和薄膜组合建造而成。

7.4 建筑形态

火星建筑的形态已被众多科学家和工程师(以及大量的科幻作家,稍后讨论他们的观点)所考虑。鉴于火星的大气压力和重力,可以合理地推测火星上的建筑可能与地球上的建筑截然不同。由于火星的重力仅为地球的38%,结构设计所需的恒载(如结构件和楼板等相对恒定的重量,这些重量会压低建筑并需要坚实的地基来支撑)远低于地球[20]。因此,在火星上使用比地球上更轻、更弱的结构成为可能[21]。

虽然火星的大气压力随季节和地理位置而变化,但与地球的气压相比可忽略不计[20]。然而,如此低压的环境是不适合人类居住的,因此室内空间需要加压,这就给建筑的墙壁和屋顶带来了额外的压力。宽阔平坦的屋顶特别容易受

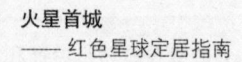

到这些压力的影响,而圆柱形结构在应对这种压力差方面表现得最好[22]。

在火星的低气压环境下,风这一在地球上重要的考虑因素,在火星建筑中基本可以忽略。此外,定期席卷火星表面的沙尘暴要求特别注意保持太阳能集热器的清洁,防止灰尘进入建筑机械系统,并保持窗户清洁(参见第8章)。

在建筑工程界,有关火星建筑的四种独特形态,即充气建筑、缆索建筑、陨石坑/悬崖建筑和刚性建筑。每种建筑形态都期望具有一定程度的模块化,以便根据需要连接和互连建筑物的各个部分,在各种基于地球的模拟火星栖息地,以及国际空间站和正在建设的中国"天宫空间站"中都采用了模块化设计[23-24]。

7.4.1 充气建筑

如果时间紧迫,充气建筑是一个不错的选择,它可以被紧凑地打包在宇宙飞船中,在现场快速搭建,而且通常成本较低。充气建筑特别易于模块化建造,便于扩展[13,25]。一个著名的例子是北达科他州大学开发的充气式月球——火星模拟栖息地(ILMAH)。该模拟环境是一个充气建筑,内部设有刚性框架[23]。NASA也建造了自己的充气建筑,包括位于南极洲麦克默多站的充气式月球栖息地(图7.6安装前的栖息地照片)。虽然充气设备对短期访问而言节时节力,但不具备长期使用的可行性,因为它们是由织物和膜构成的,不具备前面提及的其他材料的耐久性。

图7.6 (见彩图)NASA位于弗吉尼亚州汉普顿兰利研究中心的充气式月球栖息地

7.4.2 缆索建筑

月球基地的设计考虑了缆索式结构,通常采用强化桁架和增强织物作为充气建筑的更耐用替代方案[13]。像充气建筑一样,缆索式建筑在前往火星途中占用空间很小,成本相对较低,且易于搭建。缆索建筑在地球上使用广泛,通常被认为非常耐用且安全,但在火星上利用原位资源建造缆索建筑并不容易[24]。

7.4.3 陨石坑/悬崖建筑

到目前为止所讨论的建筑形态都依赖独立结构,但将建筑建在陨石坑或山坡的一侧可以更有效地分散负载。利用现有的地貌可以减少挖掘的需要,并增加建筑的辐射防护[13]。Alice Eichold[27]在2000年提出了一项在某个陨石坑内建立月球站的计划,并指出陨石坑壁还可以提供附近火箭发射时的爆炸防护。

这种借助陨石坑的形式倾向于将栖息地部分或全部埋入地下。将建筑物和人员安置在火星表面以下,可以保护他们免受辐射,并利用地下更稳定的环境温度(参见第6章)。英国人类学家David Jeeva和Aaron Parkhurst考虑了这一选项,并认为:"对未来的构想是以特定的人性架构为前提的,迁往地下并失去对景观的掌控——对建筑师而言是一种死亡形式,而对生物学家来说,这是一种生命形式[28]。"

7.4.4 刚性建筑

刚性建筑包括穹顶、壳体结构和拱形结构。这些刚性结构坚固耐用且抗穿刺[13],与充气建筑截然不同,并且不依赖缆索结构所需的高压张力。

穹顶是一种古老的建筑形态,但同时也被认为具有未来感(图7.7)。在1977年上映的第一部《星球大战》电影中,主人公Luke Skywalker与他的叔叔和阿姨住在一个干旱的塔图因农业社区,该社区有一系列带有室内农场的穹顶建筑。从穹顶形的冰屋到Buckminster Fuller所设计的短程线穹顶①,人类与这种

---

① Richard Buckminster Fuller(1895—1983年),美国建筑师,半个世纪以前就设计了一天能造好的"超轻大厦"、能潜水也能飞的汽车、拯救城市的"金刚罩"……他在1967年蒙特利尔世博会把美国馆设计成3/4球形建筑,使轻质穹顶在今天风靡世界,他提倡的低碳概念启发了科学家并获得1969年诺贝尔奖提名。他宣称地球是一艘太空船,人类是地球太空船的宇航员,以速度100000千米/小时行驶在宇宙中,因此必须知道如何正确经营地球才能幸免于难。

特定的建筑形态有着悠久的联系,它不需要在施工过程中搭建拱鹰架,并且可以在任何阶段暂停施工而不会影响结构的稳定性[29]。在砖石建筑中,拱鹰架工程涉及包括搭建支撑系统,该系统为拱门或拱顶能够自行支撑之前提供模板[20]。

图7.7　夏威夷莫纳罗亚火山上以穹顶建筑为特色的HI-SEAS:太空探索模拟与仿真

(来源:NASA)

由于火星上的穹顶建筑只有最小的重力影响,且几乎没有风的问题,因此唯一的有效载荷来自内部压力。基于其强度与重量比,穹顶可能是火星结构的最佳形状[20]。穹顶的优势还在于它可以用多种材料建造,通常以金属或混凝土为基础[29]。无论是冰屋还是蒙古包都采用了穹顶形状,本章前面的内容表明,它们是理想的保温形式。

壳体结构可以完全封闭空间,是刚性建筑的另一种形态。由于其刚性和坚固性,可以为居住者阻挡辐射。壳体结构可以由砖块或其他材料的建筑砌块制成[30]。拱门也是一种历史悠久的建筑形态,有学者认为它是建筑中最有效的形状[31]。相互倚靠的拱门是火星砖石建筑中支撑斜砖拱顶的一种设计策略。Georgi Petrov ①和John Ochsendorf ②在合著的《火星上的建筑》(*Building on*

---

① Georgi Petrov,美国执业建筑师,结构工程师和太空建筑师。
② John Ochsendorf,美国结构工程师和力学专家。

Mars）论文中对此做了很好的解释[32]：

> 每一侧的第一块砖都以一定的角度靠在侧壁上；第二组砖放在第一组砖的上面，也靠在墙上，以此类推，直到拱顶的拱门在顶部闭合。连续的拱门都靠在第一个拱门上，直到到达拱顶的尽头。剩下的三角形空间用较小的拱门填充。通常，在第一层拱门的上面还会铺设更多层拱门，并向相反的方向倾斜。

当然，也可能会出现混合建筑形态。在第 6 章介绍的 Michael Reynolds 的"地球船"概念表明，将发现的原位材料和制造的框架或建筑系统结合起来，可能会更好地为火星居民服务。充气建筑、缆索建筑、陨石坑/悬崖建筑、刚性建筑和混合建筑，每一种都对建筑师可用的材料进行了回应，并且考虑了火星上可用的施工方法，这是接下来要讨论的内容。

7.5 施工方法

火星上的极端寒冷、近乎为零的大气压及远低于地球的引力，都对火星上的施工方法产生了影响。如前所述，将材料运送到火星的难度使原位资源利用成为选择施工方法时的重要考量。火星风化层可用于砌块建筑技术，具有很高的价值[32]。通过用砂浆将砖块、砌块或石块分层叠放，几乎完全依靠当地材料，就可以在火星上快速且安全地进行建造[12]。砂浆由沙子和水制成，但火星施工团队通过现场实验可能会发现，需要施加添加剂来适应当地的重力和大气条件。后续的某个时刻，"砂浆可能会完全被从不可食用的植物材料中提取的聚合物所取代，该聚合物是定居点食品生产过程的一种副产品"。砌体建筑经久耐用，配合张力压力模块系统，可以提供高抗拉强度[32]。

近年来，建筑领域采用 3D 打印技术在世界范围内呈指数级增长[33-34]。通过分层过程，这些打印机可以生成异常复杂的形状和几何结构，可建造一两层楼高的建筑（图 7.8 和图 7.9）。3D 打印作为增材制造技术的一部分，可以实现自动化和简化建筑施工过程。增材制造与 3D 打印在广义上是同义词，它使用 3D 计算机辅助设计（CAD）模型的形式使制造过程数字化，并指导打印机通过

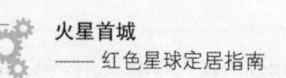

层层叠加材料来制造物体,从而生成三维形状。

图 7.8　意大利 3D 建筑打印机使用黏土和其他天然材料以及获得专利权的 TECLA 支撑结构建造由 Mario Cucinella 建筑师事务所设计的房子

图 7.9　俄罗斯雅罗斯拉夫尔 AMT 3D 建筑打印机建造的独栋住宅

3D 打印建筑构件的众多优势包括提高效率,增强可持续性和减少人力资本需求。当人类第一次到达火星时,那里几乎没有安全或医疗资源,人工施工的方法尤其危险。举例来说,微流星可能会撕裂宇航员/建筑工人的宇航服,并导致近乎立即死亡[35]。因此，火星上任何早期建筑的自动化建造都是一个有吸引力的选择。

将建造大型建筑的3D打印机运送到火星会增加有效载荷负担，因为这些机器体积庞大，重量超过4吨。然而，在火星上制造3D打印机所需的自然资源需要建立先进的工业体系，对于火星首城来说并非可行的选择。因此，在此之前，3D打印机需要从地球运来。

《纽约时报》报道了"火神"Ⅱ型（Vulcan Ⅱ）打印机，它在墨西哥的一个社区打印了200多栋小房子，每栋打印时间不到24小时。文章解释说，该打印机高11英尺，使用混凝土、泡沫和聚合物作为原材料。文章中提到的得克萨斯州奥斯汀市的ICON公司，正与NASA及BIG（Bjarke Ingels Group）设计公司合作，探索该打印机在火星上使用的潜力（本章稍后将介绍他们的项目）[36]。

Yashar等撰写了关于Apis Cor公司的旋转龙门机械臂的文章，该机械臂可以安装在移动平台上，并被运输到任何地方（包括火星）。这是对传统3D打印机的一项重大改进，可以大幅降低建造成本和缩短建造时间[37]。Apis Cor的机械臂相对较轻，只有1.5吨左右，可以建造两层楼高的建筑[38]。值得注意的是，早期的计算机体积庞大且功能有限，而如今我们的手持设备就能轻松超越20世纪70年代的超级计算机。可以肯定的是，当我们定居火星时，增材制造技术很可能会取得类似的进步，3D打印机的尺寸和重量将减小到足以成为建筑的一种具有吸引力的施工方法。

7.6　火星建筑：设计与创意

太空建筑这一新兴领域几乎完全处于设想阶段。除过去40年间（第3章已详细讨论）在不同时期占据近地轨道的四个小型空间站外，人类几乎从未在太空、月球或其他星球上生活过。太空机构、工程师和建筑师已勾勒出无数的设计方案，其中有些甚至已经在地球上建成原型。本节将回顾其中一些设计方案，以帮助说明上述关于建筑材料、建筑形态和施工方法的观点。所有这些都是为了形成系列原则，为第11章中火星上的城市规划提供支撑。以下建筑设计反映了建筑科学和工程领域的最新知识。

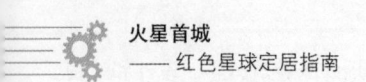

7.6.1 ZA 建筑事务所

德国建筑公司 ZA Architects 与德绍建筑学院(dessau institute of architecture,DIA)合作,为首个火星基地制订了计划。他们的工作侧重于建造地下空间,以保护人员免受辐射,并将他们置于温度相对恒定的环境中[35](图 7.10)。他们基于的前提是首先将先进的机器人运往火星,挖掘深入地表的巨大洞穴,但目前尚不具备这样的机器人技术。

图 7.10 ZA 建筑师事务所火星殖民地的效果图

ZA 建筑事务所的灵感来自地球上的参照物,由玄武岩熔岩快速冷却形成的天然洞穴。该公司以苏格兰的芬格尔洞穴为例,根据苏格兰国家信托基金 2006 年的资料[39],芬格尔洞穴以其"独特的阶梯式玄武岩柱而闻名,这些柱子是在数百万年前火山喷发的熔岩冷却后形成的……这些柱子构成了芬格尔洞穴大教堂般的结构"。该设计与前面描述的陨石坑/悬崖形态最为吻合,它依靠火星地质的现有结构为墙壁和屋顶提供支撑。

德国团队建议,从地球上派出一艘宇宙飞船运送一组高性能的机器人,在火星表面寻找有可能存在玄武岩熔岩的理想地点,然后让机器人"像蚂蚁一样"向下钻探,开辟一个供人类使用的地下洞穴[35]。挖掘中将保留一系列柱子以支撑地下房间,机器人将用玄武岩纤维编织成"网状结构,以在洞穴内建造地板。玄武岩纤维是通过挤压熔融碎石制成的,比碳纤维更便宜且更多功能"[40](图 7.11~图 7.14)。本章前面简要讨论了玄武岩纤维,而在此处它们以一种新

第7章 地外的建筑科学、设计和工程

颖的方式使用,即原位利用玄武岩建造巨大而开放的地下大教堂的地板。

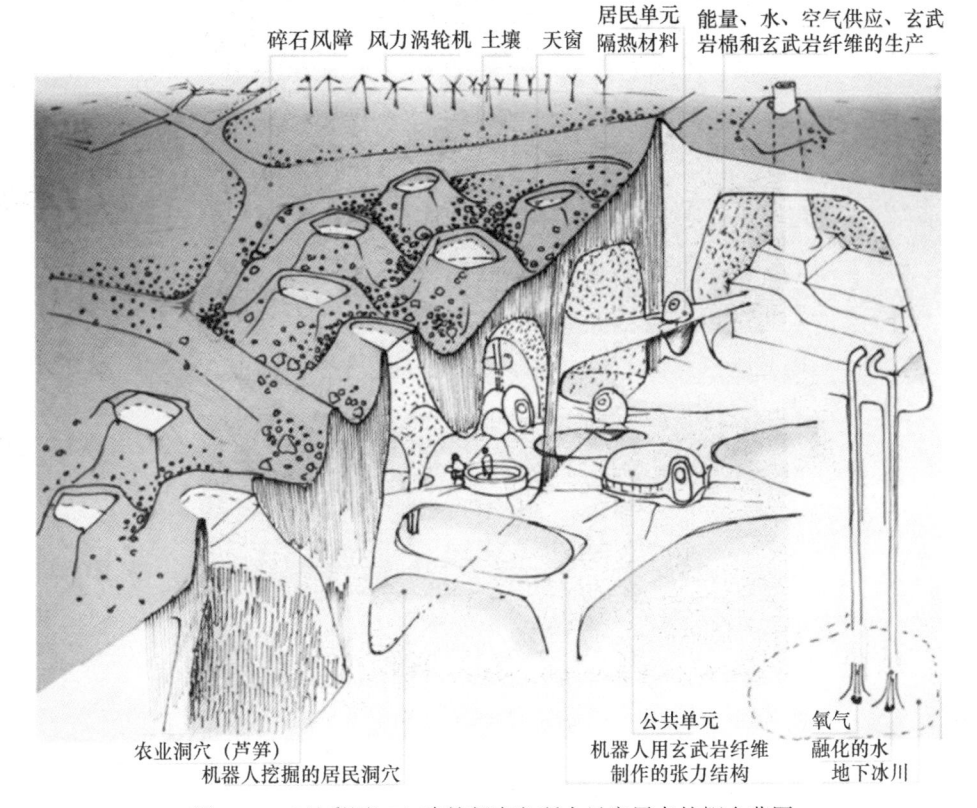

图7.11 (见彩图)ZA建筑师事务所火星定居点的概念草图

图7.12 (见彩图)ZA建筑事务所使用玄武岩纤维编织地板的渲染图

115

图 7.13　（见彩图）ZA 建筑师事务所火星定居点的内部效果图

图 7.14　（见彩图）ZA 建筑师事务所火星定居点内部的渲染图

ZA 建筑事务所的火星基地设计解决了火星表面生命面临的诸多问题，但将人员安置在地下深处可能会给他们带来潜在的心理伤害。正如在第 4 章中所述，人类的情感体验应是设计火星城市的首要原则，虽然 ZA 的计划可能具有实用性，但它不太可能为人们创造一个愉快的环境。

7.6.2　Foster+Partners 建筑事务所

自 2012 年与欧洲航天局合作设计月球栖息地以来，世界著名建筑师 Norman Foster 及其公司 Foster+Partners 建筑事务所一直在完善他们对地外建筑的愿景。在一系列竞赛作品和委托项目中，该公司为月球或火星开发栖息地阐述了一种有科学依据的方法。

通过四个步骤，几乎在无须人工干预的情况下即可建成 93 平方米的栖息地。第一步，一系列的登陆模块（机器人）通过降落伞降落到火星表面，然后开

第7章 地外的建筑科学、设计和工程——

始自主探测并挖掘深1.5米的陨石坑[41](图7.15)。鉴于火星上存在大量陨石坑,这一步似乎有些多余。但考虑到建造的完全自主性,每个陨石坑的精确尺寸和结构质量都必须预先设定,以匹配后续将安装的栖息地设备。

在第二、第三步中,可充气的栖息地模块通过降落伞降落到火星上,然后自行移动到新挖掘的陨石坑中,在此自行充气并通过气闸相互连接[42](图7.16)。在第四步中,小型机器人采用增材制造技术,利用微波技术将火星风化层融合成混凝土,为充气式栖息地打造坚固的外层保护壳[41]。

图7.15 (见彩图)Foster+Partners建筑事务所的火星建造计划第一步:
机器人在火星表面着陆,以进行场地准备和火星挖掘工作

图7.16 (见彩图)Foster+Partners建筑事务所的火星建造计划第二步:
在早期机器人挖掘的陨石坑里进行栖息地模块着陆

此处 Foster 团队将充气建筑与刚性建筑形态相结合,简化了施工和组装过程,还打造出一种耐用的设计,能够保护居住者免受辐射和其他外部危害(图 7.17)。最终设计呈穹顶状,实际上是一种由多层混凝土墙组成的壳体建筑(图 7.18~图 7.22)。在最终的设计中,引人注目的是允许进入室内的阳光微乎其微。由于外部开口或窗户较少,它们给居住者带来的心理挑战与 ZA 建筑师的设计方案相似。尽管如此,Foster+Partners 建筑事务所的设计仍然是本章所探讨的科学和工程理念的精彩诠释,反映了在火星上建筑设计的最新技术水平。

图 7.17　(见彩图)Foster+Partners 建筑事务所的火星建造计划第三步:部署栖息地模块进行充气,并通过气闸相互连接

图 7.18　(见彩图)Foster+Partners 建筑事务所的火星建造计划第四步:使用 3D 打印机,建成栖息地

第7章 地外的建筑科学、设计和工程

图 7.19 （见彩图）Foster+Partners 建筑事务所设计的穹顶栖息地渲染图

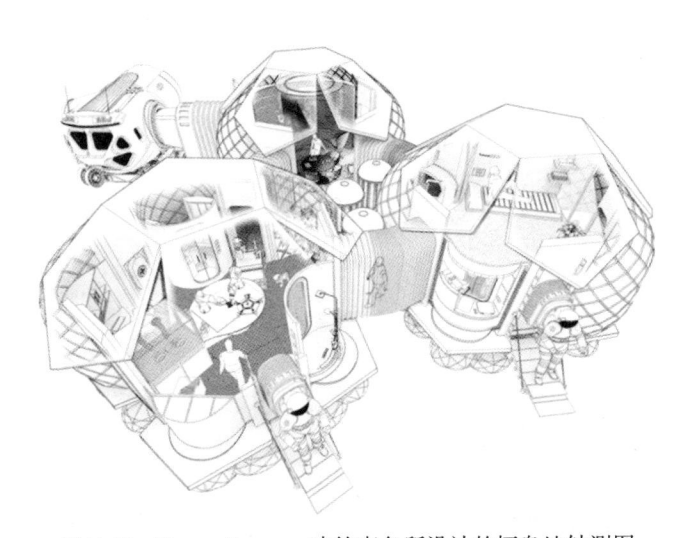

图 7.20 Foster+Partners 建筑事务所设计的栖息地轴测图

图 7.21 Foster+Partners 建筑事务所设计的栖息地剖面图

119

图 7.22　(见彩图)Foster+Partners 建筑事务所设计的栖息地内部实验室效果图

7.6.3　BIG 设计公司

　　BIG 设计公司与 ICON 公司携手合作,为 NASA 开发了一个名为"火星沙丘 Alpha"(Mars Dune Alpha)的栖息地项目。他们正在使用"火神"Ⅱ号 3D 打印机,在位于休斯敦的 NASA 约翰逊航天中心内部建造一个 158 平方米的矩形建筑(图 7.23 和图 7.24)。NASA 目前正在招募宇航员,他们将居住在该栖息地并测试其功能,同时科学家将监测他们的健康状况[43]。

图 7.23　(见彩图)在约翰逊航天中心内,几英尺高的"火星沙丘 Alpha"
在这张照片中完整显示——请注意背景中的"火神"Ⅱ号 3D 打印机

第7章 地外的建筑科学、设计和工程

图 7.24　（见彩图）约翰逊航天中心内部的渲染图，描绘了"火神"Ⅱ号
3D 打印机（右侧）继续建造"火星沙丘 Alpha"栖息地项目

虽然前两个设计都大量使用 3D 打印和增材制造技术，但 ICON 公司和 BIG 公司的独特合作关系，使得他们将机器人技术置于核心地位。此处同样采用了之前介绍的类似的分层工艺，但原材料是 ICON 专用的混凝土混合物，显然是与从火星风化层中提取的混凝土类似（图 7.25）。ICON 公司将其基于硅酸盐水泥的混合物称为 Lavacrete，它甚至具有与火星风化层相同的纹理和颜色[44]。

图 7.25　（见彩图）ICON 的"火神"Ⅱ号 3D 打印机在"火星沙丘 Alpha"项目中
使用分层技术和称为 Lavacrete 的红色硅酸盐水泥混合物

BIG 和 ICON 设想，"火星沙丘 Alpha"将坐落于火星表面，这与之前两种设计方案中将居住区置于地下的设计不同。该设计使用 3D 打印技术建造了一个刚性外壳结构，可保护居民免受辐射和微流星的伤害（图 7.26）。使用矩形形

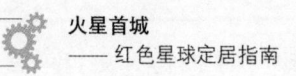

状也使该设计与 ZA 和 Foster+Partners 的设计区分开来。虽然穹顶式屋顶设计借鉴了圆形结构的保温效果,但是 BIG 和 ICON 摒弃了曲面结构的优势,转而采用了更为传统的布局。

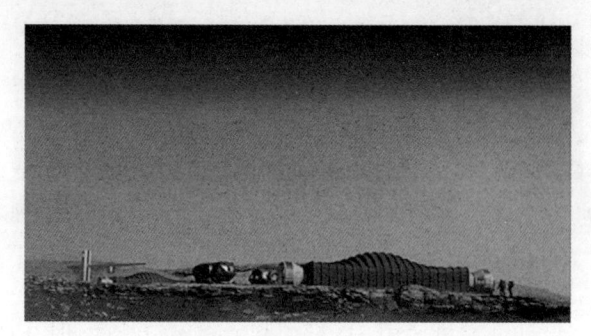

图 7.26 (见彩图)"火星沙丘 Alpha"的外部渲染图
注:图左侧的"火神"Ⅱ号打印机正建造第二个栖息地

平面设计(图 7.27)是保守的,对空间的经济性十分敏感,这里没有浪费打印机任何面积。在平面图中不太明显的是,"火星沙丘 Alpha"将具有不同的天花板高度(由于穹顶式屋顶),以避免 BIG 公司所说的"空间单调",同时配备集中式和可定制的照明、声音和温控系统,以"支持宇航员的日常习惯和健康"[43]。这种对心理和精神健康因素的明确关注非常有价值,尽管缺乏窗户或缺乏阳光接触破坏了这一目标。虽然"火星沙丘 Alpha"并非建在地下,但生活在那里的宇航员可能仍然会觉得自己置身于地下。

图 7.27 BIG 公司和 ICON 公司的"火星沙丘 Alpha"平面图

7.6.4 Zopherus 团队

来自阿肯色州年轻的建筑设计师团队在 NASA 早期的火星栖息地 3D 打印竞赛中脱颖而出,震惊了设计界。他们的设计构想了一队装备齐全的探测器,通过采集火星风化层并处理,然后将其运送至建筑工地以进行火星建筑的 3D 打印。移动式 3D 打印机的概念受到了广泛热捧,或许是因为它捕捉到了自然界中一个广为人知的模式:"昆虫进入环境,寻找资源,将其加工成可用材料,并建造出最实用的栖息地以满足自身需求。"[45]

基于昆虫模型的灵感,Zopherus 团队以同样的实用性理念设计他们的栖息地:"利用甲虫①坚硬的外壳、蜘蛛网的抗拉强度和蜂巢的六边形结构,来设计制造模块化。"[46]采用了穹顶形状的坚固外壳结构,无须挖掘即可直接放置于火星表面(图 7.28 和图 7.29)。穹顶外部覆盖着由 3D 打印火星风化层制成的晶格状外壳,内部则是由高密度聚乙烯制成的气密层。高密度聚乙烯是一种石油基塑料薄膜,既能透光又能让居住者看到外面的情况(图 7.30)。尽管建筑师尚未公开分享原位生产高密度聚乙烯的信息,但是膜技术的进步及玻璃制造的便利性,使就地取材成为可能。

整个设计理念都围绕着模块化,即先建造单元,然后根据需要将其连接到现有系统中。该设计以一个中央温室舱段为中心,四周可附加其他单元(图 7.29 和图 7.30)。每个栖息地单元都被划分为三种类型的空间,分别用于睡眠、工作(实验室)和社交(公共区)。Zopherus 团队的首席设计师 Trey Lane 在一次采访中解释说,将这三种活动分开非常重要,这样居住者就可以在心理上将这些功能分开,从而保持良好的心理健康[45](图 7.31)。社交单元特别注重促进情感健康:设有大窗户以便采光和观景,还能和植物亲密接触(第 4 章中讨论的建筑原则之一)(图 7.32 和图 7.33)。当然,正如本书前文所述,虽然这些窗户提供了心理益处,但透明窗户和阳光也会带来热量损失和辐射暴露的挑战。

---

① 铁锭甲虫,拉丁名为 Phloeodes diabolicus 或 Zopherus nodulosus,生活在美国西南部与墨西哥。

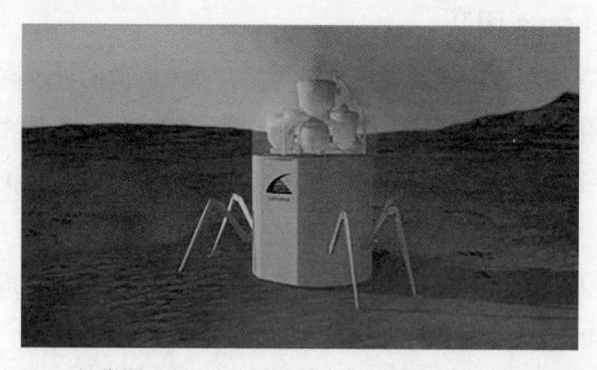

图 7.28 （见彩图）Zopherus 团队关于火星栖息地的设计，建造始于一个具有移动 3D 打印功能的着陆器

图 7.29 （见彩图）一系列穹顶硬壳小屋组成 Zopherus 栖息地，建筑前停有一辆 3D 打印移动车

在仔细研究这四种设计方案后，本章前面讨论的科学和工程理念变得生动起来。不同的选择展示了火星建筑师所能使用的不同材料、建筑形态和施工方法的优缺点。每个方案中均涉及 3D 打印技术，这一方面反映了增材制造的普及，另一方面体现了 NASA 在其竞赛和委托项目中对 3D 打印的重视。这种自动化的 3D 打印方法意味着需要从地球运输一些材料和机器。通过运送金属、薄膜和树脂，早期的建筑师可以建造出能够保护人们免受辐射、保暖，以及（在某些情况下）照顾居住者情感和心理健康的建筑。所有这些方案中都利用了原位资源，但并非完全依赖。如前所述，对于火星首城而言，这可能只是一个可行

第7章 地外的建筑科学、设计和工程

图 7.30 （见彩图）与带窗中心单元相连的 Zopherus 模块化栖息地鸟瞰图

图 7.31 （见彩图）Zopherus 睡眠区的内部效果图（有少量窗户和自然采光）

图 7.32 （见彩图）Zopherus 中央公共区下层的室内渲染（自然光线充足）

125

图 7.33 （见彩图）Zopherus 公共区二楼（夹层）内部渲染图
（该空间种植植物，带有窗户和充足阳光）

的折中手段，而火星未来的工业化也许可以让未来的城市完全依靠当地的资源建造。

7.7 本章小结

本章展示了火星建筑所需的各种材料、形态和施工方法。通过回顾上述主题的科学和工程最新进展，结合四个火星建筑当代设计方案，现在可以提出一些原则，为火星 Aleph 市的最终设计提供指导，具体如下：

（1）部分建筑材料，如金属、织物和薄膜可能需要从地球上运来，但经过少量加工处理的火星风化层可以生产其余所需材料，如砖块、陶瓷、玻璃和混凝土。

（2）Aleph 市将需要各种模块化建筑结构和形态，但穹顶建筑是减少热量损失的理想形状。

（3）在人类定居之前，通过远程操作或机器人完成建造将减少对人类的潜在伤害，因此，应尽可能利用 3D 打印方法。

（4）充足的自然光和建筑内部的景观是建筑设计中必不可少的考虑因素。

参考文献

[1] Sanz Rodrigo, Javier, Jeroen van Beeck, and Jean-Marie Buchlin. 2012. "Wind Engineering in the Integrated Design of Princess Elisabeth Antarctic Base." Building and Environment 52(June):1-18.

[2] Davis, Georgina Amanda. 2015. "A Study of Remote, Cold Regions Habitations and Design Recommendations for New Dormitory Buildings in McMurdo Station, Antarctica." Ph. D. diss., United States-Texas: Texas A&M University.

[3] Davis, G. (2017). A history of McMurdo Station through its architecture. Polar Record, 53(2), 167-185. doi.

[4] Collis C, Stevens Q. 2007. Cold colonies: Antarctic spatialities at Mawson and McMurdo stations. Cultural Geographies 14(2):234-254. doi.

[5] Johnson, Nicholas. 2005. Big Dead Place: Inside the Strange and Menacing World of Antarctica. Port Townsend, WA: Feral House.

[6] Khandelwal, Sudhir K., Abhijeet Bhatia, and Ashwani K. Mishra. 2017. Psychological adaptation of Indian expeditioners during prolonged residence in Antarctica. Indian Journal of Psychiatry 59(3):313.

[7] Jenkins, Dinah, and Stephen Palmer. 2003. A review of stress, coping and positive adjustment to the challenges of working in Antarctica. International Journal of Health Promotion and Education 41,4:117-131.

[8] Andrews, Peter Alford. 1997. Nomad Tent Types in the Middle East, Part I: Framed Tents. Volume 1 and 2. Weisbaden: Dr Ludwig Reichart.

[9] Silva, J. P., M. Mestarehi, S. Roaf and M. Correia Guedes. 2019. Shelter siting considerations for an extreme cold location in Antarctica. Proceedings of the Comfort at the Extremes Conference. April. Dubai.

[10] Roaf, Susan, Joao Pinelo Silva, Manuel Correia Guedes, Adrian Pitts and Martin Oughton. 2019. Extreme Design: Lessons from Antarctica. Comfort at the Extremes, Conference paper. Dubai. April 10-11.

[11] Chartered Institution of Building Services Engineers (CIBSE). 2014. Buildings for Extreme Environments-Arid. CIBSE.

[12] Kozicka, J. 2008. Low-Cost Solutions for Martian Base. Advances in Space Research 41(1): 129-37. doi.

[13] Ruess, F, J Schaenzlin, and H Benaroya. 2018. "Structural Design of a Lunar Habitat." In, Benaroya H. Building Habitats on the Moon. Springer Praxis Books. Springer, Cham.

[14] Wilhelm, Sebastian, and Manfred Curbach. 2014. "Review of Possible Mineral Materials and Production Techniques for a Building Material on the Moon." Structural Concrete 15(3): 419-28. doi.

[15] Naser, M. Z. 2019. Extraterrestrial construction materials. Progress in Materials Science 105: 100577. doi.

[16] Cullingford, H. S.; Keller, M. D. 1992. Lunar concrete for construction. The Second Conference on Lunar Bases and Space Activities of the 21st Century, Proceedings from a conference held in Houston, TX, April 5-7, 1988. Edited by W. W. Mendell, NASA Conference Publication 3166.

[17] Ray CS, Reis ST, Sen S, O'Dell JS. 2010. JSC-1A lunar soil simulant: characterization, glass formation, and selected glass properties. Journal of Non-Crystalline Solids 356: 44-49, 2369-2374. doi.

[18] Wan, Lin, Roman Wendner, and Gianluca Cusatis. 2016. "A Novel Material for in Situ Construction on Mars: Experiments and Numerical Simulations." Construction and Building Materials 120(September): 222-31. doi.

[19] Wu, Gang, Xin Wang, Zhishen Wu, Zhiqiang Dong, and Guangchao Zhang. 2015. Durability of basalt fibers and composites in corrosive environments. Journal of Composite Materials 49, 7: 873-887.

[20] Bucklin, Ray, Philip Fowler, James Leary, Vadim Rygalov, and Yang Mu. 2001. Design Parameters for Mars Deployable Greenhouses. SAE Technical Papers. doi.

[21] Reches, Yonathan. 2019. Concrete on Mars: Options, Challenges, and Solutions for Binder-Based Construction on the Red Planet. Cement and Concrete Composites 104(November): 103349. doi.

[22] Sartipi, F. 2021. Preliminary structural design for extraterrestrial buildings. Journal of Construction Materials, 2(2). doi.

[23] Heinicke, C., and M. Arnhof. 2021. A review of existing analog habitats and lessons for future

lunar and Martian habitats. REACH 21:100038. doi.

[24] Chen, Muhao, Raman Goyal, Manoranjan Majji, and Robert E. Skelton. 2021. Review of Space Habitat Designs for Long Term Space Explorations. Progress in Aerospace Sciences 122(April):100692. doi.

[25] Häuplik-Meusburger, Sandra, and Olga Bannova. 2016. "Habitation and Design Concepts." In Space Architecture Education for Engineers and Architects: Designing and Planning Beyond Earth, edited by Sandra Häuplik-Meusburger and Olga Bannova, 165–260. Space and Society. Cham: Springer International Publishing. doi.

[26] Nowak, Andrzej S., and Kevin R. Collins. 2012. Reliability of structures. New York: CRC press.

[27] Eichold, A. 2000. "Conceptual design of a crater lunar base." Proceedings, Return to the Moon Ⅱ, AIAA, Reston, VA, 126–136.

[28] Jeevendrampillai, David, and Aaron Parkhurst. 2021. Making A Martian Home: Finding Humans on Mars Through Utopian Architecture. Home Cultures 18:1, 25–46. doi.

[29] Kozicki, J., and J. Kozicka. 2011. "Human Friendly Architectural Design for a Small Martian Base." Advances in Space Research 48(12):1997–2004. doi.

[30] Yazici, Sevil. 2018. "Building in Extraterrestrial Environments: T-Brick Shell." Journal of Architectural Engineering 24(1):04017037. doi.

[31] Yashar, Melodie, Christina Ciardullo, Michael Morris, Rebeccah Pailes-Friedman, Robert Moses, and Daniel Case. 2019. "Mars X-House: Design Principles for an Autonomously 3D-Printed ISRU Surface Habitat," July.

[32] Petrov, Georgi, and John Ochsendorf. 2005. Building on Mars. Civil Engineering(08857024) 75(10):46–53.

[33] Tay, Yi Wei Daniel, Biranchi Panda, Suvash Chandra Paul, Nisar Ahamed Noor Mohamed, Ming Jen Tan, and Kah Fai Leong. 2017. 3D printing trends in building and construction industry: a review. Virtual and Physical Prototyping 12, 3:261–276.

[34] El-Sayegh, S., L. Romdhane, and S. Manjikian. 2020. A critical review of 3D printing in construction: benefits, challenges, and risks. Archives of Civil and Mechanical Engineering 20, 2: 1–25.

[35] Solanki, Ravi. 2015. A life on Mars: an architectural research project into the creation of

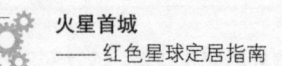

a permanent human presence on the surface of Mars. Explanatory Document. An unpublished research project submitted in partial fulfilment of the requirements of the degree of Master of Architecture(Professional). Unitec Institute of Technology.

[36] Kamin,Debra. 2021. How an 11-Foot-Tall 3-D Printer Is Helping to Create a Community. The New York Times. September 28.

[37] Camacho,Daniel Delgado,Patricia Clayton,William J. O'Brien,Carolyn Seepersad,Maria Juenger,Raissa Ferron,and Salvatore Salamone. 2018. Applications of additive manufacturing in the construction industry-A forward-looking review. Automation in Construction 89:110-119.

[38] Apis Cor. 2021. Apis Core website-3-D printer.

[39] National Trust for Scotland. 2006. "National Trust for Scotland:Fingal's Cave". Archived from the original on 2006-06-19.

[40] _____. 2013. ZA Architects reveal Mars Colonization Project. Middle East Architect. September 9.

[41] Frearson,Amy. 2015. "Foster + Partners Reveals Concept for 3D-Printed Mars Habitat." Dezeen. September 25,2015.

[42] Koscher, Ella. 2018. "Here's What Future Mars and Lunar Space Colonies Could Look Like." NBC News. 2018.

[43] D'Angelo,Madeleine. 2021. Icon,BIG,and NASA Group Reveal Plans for Mars Habitation Research Structure. Architect Magazine. August 6,2021.

[44] Holder,Sarah. 2021. What would life on Mars look like? Bloomberg Business Week. November 12.

[45] Torbet,Georgina. 2021. Castles made of sand:How we'll make habitats with Martian soil. Digital Trends. April 13.

[46] Zopherus Design. 2021. Website.

第 8 章
基础设施

前几章围绕街道布局、建筑设计和土地用途进行了分析,提供了一些有益的见解和原则,但缺少了关于人们如何饮食、饮水和呼吸的讨论。如果空气有毒,设计再漂亮的骑行车道又有何用呢?

本章将讨论能够让人类在火星上生存的生命支持系统所必需的基本要素:水、食物和空气,以及与之相关的能源、供暖和垃圾处理等主题。第 5 章中的交通运输虽然从技术上讲是一种基础设施,但本章将涵盖第 11 章火星首城的总体计划之前必须提前研究的其他基础设施。

虽然典型的土木工程师可能对垃圾处理充满热情,但社区中支持我们基本生活功能的系统常常被完全忽视。在全球发达国家中,大多数家庭都有自来水、污水处理系统、电力、供暖(和制冷)系统,以及某种形式的垃圾处理和回收服务。打开水龙头,水就奇迹般地出现;按下冲水键,废物就消失无踪;调高恒温器的温度,房子就变得温暖。在这看似神奇的背后,是人类精心构思、设计冗余且集成的系统,支撑着人类定居点。几个世纪以来,从东京到旧金山,从墨西哥城到开罗,诸多城市在基础设施上投入了数万亿美元,为众多居民提供了高质量的生活。[①]

[①] 那些被排除在基础设施网络之外的人往往生活在欠发达国家或被称为贫民窟的非正规住区,他们无法获得清洁饮用水、电力、供暖、制冷、垃圾处理和食物。

尽管这些系统在不同城市和大陆之间存在巨大差异,但其中一些系统非常有效。有些系统具有可重复使用、半封闭和全封闭的系统,能够在较长时间内节约资源。在沙漠地区,水是如此珍贵,因此海水淡化和再利用系统十分常见。偏远地区能源匮乏,太阳能和风能系统为生命支持功能提供动力。在环保意识强的地方,一种功能的废料在半封闭循环中能成为另一种功能的原材料——这被称为"工业生态学①"[1-2]。这类半封闭系统需要新资源作为输入,但远少于需要持续不断补充能量和新材料的完全开放系统。

由于地球上拥有丰富的水、空气、食物和能源,真正的封闭系统十分罕见,但科学家50多年来一直在建造这样的封闭生物圈,并取得了诸多成果②。Erik Seedhouse③解释说,"原位资源利用(in-situ resource utilization,ISRU)需要开发提取技术和高度先进的生命支持系统,这些系统将回收人类活动产生的大部分废弃物"[3]。

美国亚利桑那大学运营着一个封闭循环实验站——生物圈2号。20世纪90年代,生物圈2号进行了一些早期极为重要的循环系统测试。这些实验涉及了将人类活动产生的垃圾再利用。参与这些实验的两位人员记录了他们的实验过程和封闭循环的能耗[4]。他们列出了一个普通人一天所需的资源:

(1) 855克食物。

(2) 4577克水(用于饮用和食物制备)。

(3) 食物中含有的128.3克水。

(4) 18000克洗涤/冲洗用水。

(5) 804.6克氧气。

他们还计算了一个人一天产生的输出:

(1) 3025.5克尿液中的水。

---

① 工业生态学(industrial ecology)是一门研究人类工业系统和自然环境之间的相互作用、相互关系的学科。

② 在外层空间,无论是远距离太空飞行(如阿波罗登月任务)还是国际空间站,封闭系统都相当普遍。

③ Erik Seedhouse,美国空间操作助理教授,专门从事空间生命科学和生理学研究。

(2) 406 克代谢水(蒸汽)。

(3) 1680 克汗水(蒸汽)。

(4) 18000 克洗涤/冲洗用水(可以清洁后重复使用)。

(5) 161.4 克固体物质(粪便、尿液、汗液中的固体)。

虽然人类产生的可回收再利用的物质不够充足,但闭环基本可以实现。因此,重点建设规划合理、旨在实现闭环且集食物、能源、水和废物系统于一体的基础设施至关重要。

一些物理学家推测,对于大型星际飞行任务,在一个封闭循环系统中,结合光合作用和化学反应可以提供水和可呼吸的空气[5]。诀窍在于萃取过程,有一个系统有助于说明这种可能性:气体萃取器。图 8.1 展示了该系统的实际工作原理。在图的右上角,我们看到火星大气中含有 95% 的二氧化碳、2.7% 的氮气和微量氩气,这些气体被吸入一个装置中,该装置首先提取水,减少二氧化碳,然后提取剩余的缓冲气体(氮气、氩气和二氧化碳)。绝大部分提取的水将用于支持人类的居住(饮水、洗涤和烹饪)和温室(植物灌溉)。减少的二氧化碳一部分被转化用作燃料,其余部分将被送入水电解系统。该系统产生氢气(循环回流到电解系统)和氧气(用于燃料供应和提供栖息地的可呼吸空气)。同样,氮气和氩气两种缓冲气体也将被泵入栖息地(人不能仅呼吸氧气,我们的空气中需要缓冲气体),剩余的二氧化碳则被输送到温室,以便那里的植物开展光合作用。

虽然这并非封闭循环系统,但该方法表明,如何使用火星上充足的大气资源并重复利用其所含成分,可以满足人类定居点的大部分水、可呼吸空气和燃料需求。气体萃取的方法还帮助我们思考冗余的必要性——提供基础设施的多个模块和途径[6]。在图 8.1 中,一些关键途径是重复的,并且可多次重复。良好的基础设施框架应考虑系统中一个或多个模块发生故障时可能发生的情况。

大多数地球上的城市倾向于将食品系统留给个人或市场力量来决定,除了烟雾和空气污染相关的问题,空气供应通常会被忽视。然而,火星上所需的所有其他生命维持系统都已经在地球上开发和测试了数千年。在地球各地也已

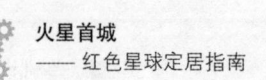

经建立了许多闭环系统的变体,并支持人类在近地轨道上的国际空间站居住了20余年(图8.2)。本章精选了这段历史中最重要的教训,借鉴了最新的科学和工程研究成果,并描述了指导火星城市发展的关键原则。

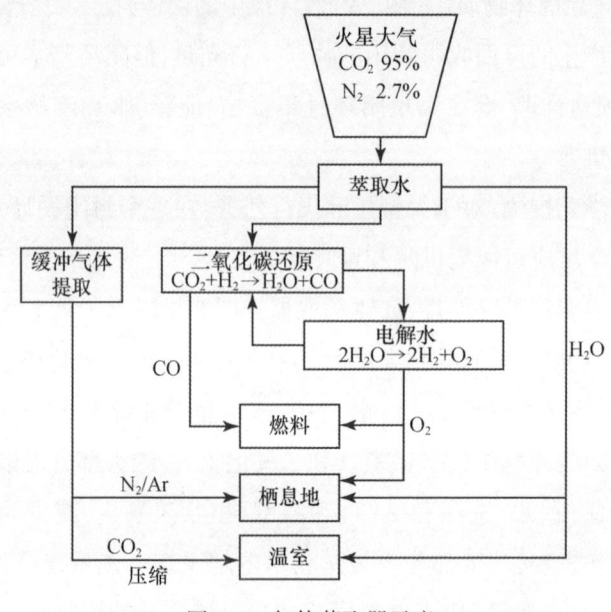

图 8.1 气体萃取器示意

8.1 饮用水及其循环利用

事实上,人类一半以上的体重都是由水构成的。没有水,我们很快就会死亡,这是地球上干旱地区众所周知的事实。这些干旱和半干旱地区约占地球表面的1/3,地球上15%的人口生活在这些恶劣的环境中,每天都在为摄取足够的水量而挣扎[7]。克服水资源匮乏是人类历史上通过创造力和智慧一直在做的事情。我们建造了水井、运河、蓄水池和输水管道。今天的现代城市在收集、储存和运输水方面的能力令人惊叹。

以波士顿为例,马萨诸塞州水资源局(Massachusetts Water Resources Agency)是一个州政府机构,负责维护距离波士顿100千米范围内的水库网络,通过复杂的抽水系统和管道对水源进行处理、输送、储存在当地设施中,然后分发到整个地区的家庭和企业,为48个城镇提供7.5亿升饮用水[8]。

对波士顿人来说,这是一项能耗高且成本高昂的任务,但与美国亚利桑那州这样的干旱地区相比,这样的系统就显得微不足道了。亚利桑那州首府凤凰城的水务局为其城区提供8.7亿升饮用水,主要来自地表河流(盐河、维德河和科罗拉多河)以及地下水和再生废水(非饮用水)[9]。与波士顿一样,菲尼克斯也建立了庞大的管道、运河、处理设施和存储设施网络。但是,由于蒸发蒸腾作用,像科罗拉多河也曾经面临干涸的危险。该地区在保证水资源供应方面一直进行着持久的艰苦斗争。

在波士顿等地区,茂密的植被能够保持土壤中的水分,凤凰城等干旱地区却很难保持水资源。同样,干旱地区的沙尘污染可能会污染水源,波士顿等湿润地区却不会面临该问题。

全世界的城市规划者都习惯于规划水资源,创造性地寻找水,然后对其进行处理,储存并将其输送给民众。在火星上提供水比在凤凰城、撒哈拉沙漠或戈壁沙漠等地区还要棘手一些,但并非不可能。大多数人首先会问的是火星上是否有水。幸运的是,自20世纪70年代"海盗"号探测器登陆火星以来,科学家就知道火星上存在大量水资源[10]。该问题之所以在集体潜意识中挥之不去的原因是,液态水更加难以被发现。可用的水被冻结在火星两极的冰盖中,嵌入风化层和地下永久冻土或含水层中,并被大气层所困[10-12]。一些专家推测,地下水的存在深度可能达到1千米甚至更深,那里可能存在液态水[11]。还有一些人认为,通过钻探10~20米深的井就可以获取到水[13]。

对于上述的每一种水源,那些富有想象力的科学家和工程师都曾推测过如何提取(从永久冻土中提取)、抽取(从地下储层中打井取水)或除湿(从大气中吸收水蒸气的反应器)这些水[10]。此处并非在讨论最好的技术或最神奇的解决方案,只是想说明一旦获得,水在半封闭循环系统中"相对容易储存和回收"[14]。有人估计,火星大气中的水蒸气体积占比为0.135%,这意味着存在大约1.3万亿升的水资源[11,15]。如果按每人每年耗水约7500升来计算,在没有任何回收利用的情况下,1.3万亿升水可供一个拥有1.5万人的城市使用10年以上。而一个仅依赖大气湿度的半封闭循环系统,可以满足该情况下数百年的用水需求[11,15]。

半封闭循环的概念在地球上也是众所周知的。包括前面提到的凤凰城在内的许多地方，都经常使用"高度发达且随时可用"的技术对水进行处理和循环利用[12]。Nelson ①和 Dempster ②曾写道，可以利用水生植物和微生物清理下水道中动物和人类的排泄物。他们讨论了"人工湿地"的概念：植物和微生物在湿地中发挥作用，从而产生新鲜、清洁、可回收的水。这类干预措施每天可回收 3.32 千克/人的水，超过普通人每天所需的 2.57 千克的用水量(图 8.2)[4]。

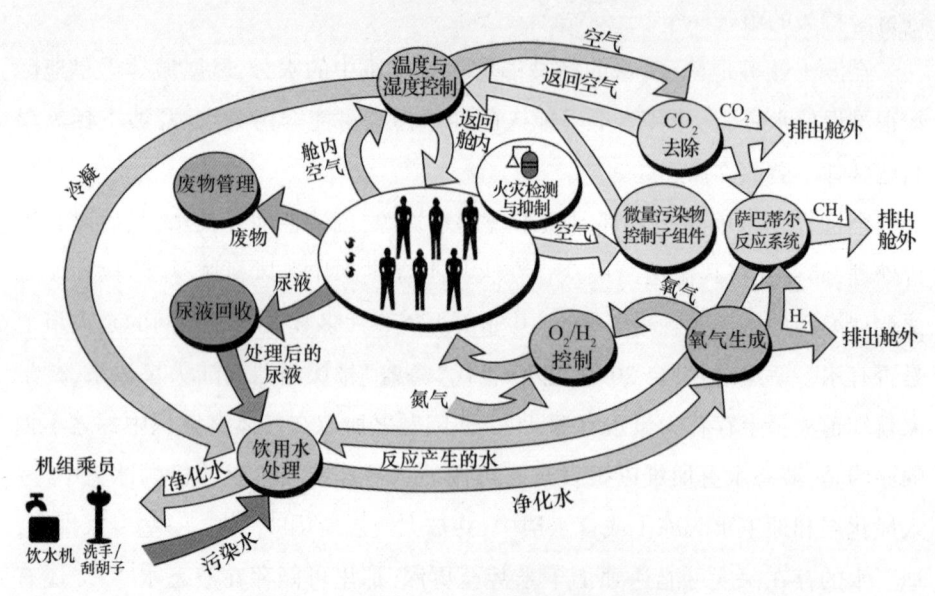

图 8.2 （见彩图）国际空间站的闭环示意

同样，20 多年来国际空间站一直使用半封闭循环系统，期间需要定期从地球输入材料和补给。图 8.2 从概念上说明了国际空间站如何处理尿液和冷凝水，从而为宇航员生成新鲜的饮用水。国际空间站上环控生保系统的水回收部分由堆叠且集成的管道、水箱和机器组成。(图 8.3)。

一旦在火星上获取并净化了水，就需要将其储存在水箱中，以确保其能长

---

① Mark Nelson，美国生态学家和作家，生物圈 2 号最初的 8 名实验成员之一。
② William F. Dempster，生物圈 2 号项目的系统工程总监和总工程师。

图 8.3　国际空间站上的水回收系统

期供人们使用。此外,这些水箱必须通过多重冗余保护以防被刺穿。通过这些步骤,水可以成为火星上的一种常见资源,满足人类的多种需求,并在半封闭循环系统中回收利用,以确保后续都有水可用。

8.2　我们吃的食物

在第 2 章中,纵观地球殖民史,食物的种植、储存和分配始终是早期规划者的头等大事。从古代开辟花园和田地,为谷物储存和食品市场预留空间,到今天允许养殖家禽的区划法规,以及支持社区花园的发展计划,食物一直都是基础设施规划的核心要素。正如在干旱和半干旱地区,水是珍贵稀缺的资源一样,在人类历史的大部分时间里,食物也来之不易。我们的祖先把大部分时间都花在寻找、种植、收获和加工食物上。

如今,在许多发达国家,丰富的食物导致了肥胖症普遍化的新问题[16]。然而,在地球上的许多地方,饥饿和食物匮乏更为常见,这些社会一直在努力建立各种公共和市场驱动的系统,以确保每个人都能获得食物[17]。例如,许多地方限制海滨住房开发,以确保渔船能够进入港口和鱼类加工厂[18]。全球诸多地区的当地食品活动凸显了消费当地生产的食品的好处,各国则继续维持着复杂的全球供应链网络,以提供反季节水果和蔬菜。地方、州的规划倡议试图让人

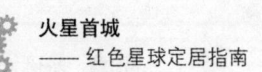

们更接近超市,以改善人们获取新鲜健康食品的途径,其他计划则鼓励食品卡车为人们提供餐厅品质的餐食[19]。

根据一个国家的政治经济体制,食品计划涵盖了从集中供餐的食堂到补贴低收入公民的食品券等方方面面。火星的食品供应需要面对极端偏远的物流挑战,而南极洲的食品供应可以作为食品系统规划的参考。

南极洲当地几乎不生产食物,取而代之的是飞机和船只运送的罐头和冷冻食品[20]。这块寒冷多风的大陆一直是模拟外太空、月球或火星的环境中种植植物的试验场[21]。在最近的一次实验中,由欧洲赞助的EDEN-ISI建造了一个无土水培温室,展示了在恶劣气候下种植食物的潜力,并引入了成本效益高的自动化和监控设备。

在此前介绍的生物圈2号项目中,一组科学家集中居住在亚利桑那州沙漠①一个封闭循环系统(一系列相互连接的简陋建筑)中。在那里,他们每天平均摄入2200卡路里,包括73克蛋白质和32克脂肪,并对3000多种植物和许多动物进行了实验。山羊是动物中最佳的"生产者"[4]。荷兰的一项研究也考察了哪些植物可以在火星上生长,结论是水芹、西红柿、黑麦和胡萝卜表现最佳[10]。

国际空间站上的科学家进行了许多农业研究来测试在太空种植食物的潜力。2002年至2011年,俄罗斯人利用国际空间站的温室进行了17次拉斯特尼亚实验②,证明了多种植物生长的可行性,在某些情况下取得了比地球种植更有利的结果(图8.4和图8.5)[22]。

向火星运送罐装和冷冻食品成本高昂。据估计,向国际空间站运送食物的成本每磅(1磅=0.454千克)高达10000美元[21]。因此,多数科学家建议在火星上自行种植食物,并考虑成本和身体健康,主要关注素食饮食。预计每人需要约200平方米的土地或温室空间[23]。土壤使用是一个有争议的话题。一种

---

① 索诺拉沙漠(The Sonoran Desert),又译索诺兰沙漠,是北美洲的一个大沙漠,位于美国和墨西哥交界处。

② 拉斯特尼亚实验(Rasteniya Experiment),俄罗斯航天局一系列研究植物如何在太空中生长、发育和繁殖的实验。

图 8.4 宇航员 Maxim Suraev 在拉斯特尼亚实验中培养的京水菜

图 8.5 拉斯特尼亚实验中京水菜工厂的详细视图

选择是采用水培法,正如前述的实验所示;另一种选择是利用火星上现有的风化层或岩石土壤,一些科学家认为这种土壤具备支持植物生长的潜力[4,24-25]。此外,还有一种选择是使用蒙脱石,这是一种在火星表面(以及地球上)广泛存在的黏土,它容易吸水,添加养分后能够有效促进植物的生长[10]。Zubrin①认为,火星土壤实际上"比地球土壤更肥沃"。他建议种植蘑菇、豆类和水果。他还提出建设养鱼场,尤其是养殖罗非鱼,因为它们能有效地将"废弃的植物物质转化为优质蛋白质",成为火星上良好的食物来源。[26]

---

① Robert Zubrin,美国著名航空航天工程师,先锋航天公司总裁,曾任 Lockheed Martin 航天公司高级工程师。火星学会创始人、主席。

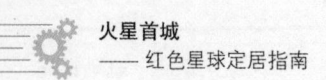

德国宇航局（german aerospace center，DLR）和欧洲航天局（european space agency，ESA）的一组科学家开展了一项名为"微生态生命支持系统替代方案"（micro-ecological life support system alternative，MELiSSA）的研究，旨在为月球或火星上永久定居提供一系列的温室解决方案。他们在论文中设计了一个混合刚性充气温室，在最小能源和资源投入下，仅依靠现有技术，就能在月球上为6名宇航员提供24天的食物供给[27]。

DLR团队和其他实验性项目都包括二氧化碳的输入需求，幸运的是，火星大气中二氧化碳含量丰富，只须稍加处理即可利用。我们面临的另一个挑战是辐射，一种解决办法是将温室深埋以减少辐射暴露，但这需要使用镜子或光纤传输人造光。更好的办法可能是培育出抗辐射的作物品种[4]。

单细胞蛋白（single cell protein，SCP）、微生物、藻类、真菌和酵母可以作为普通植物的替代选择[12,28-29]。如今，厨师已经充分利用这些生物，将它们变成了美味佳肴。鉴于植物生长存在许多未知因素，这些SCP可能是火星规划者的有用选项。

种植水果和蔬菜可能比真菌更受欢迎。自古以来，人们就热衷于从事某种形式的农业活动，这既是生活的必不可少的一部分，也是一种爱好。可以说，除了提供身体所需的营养，园艺还为人们提供了"心理上的滋养"[12]。超过75%的美国人会从事一些园艺活动，它被认为是世界上最受欢迎的爱好之一[30]。无论是否出于娱乐，种植食物都满足了人类最基本的需求之一。由于我们无法在火星上狩猎或采集，那么建设具有一定辐射防护功能的温室，主要用于种植水果和蔬菜，应该能很好地满足我们的需求。

8.3 我们所需的能源和热量

漫步于纽约曼哈顿的大部分地区，你不会看到烟囱，也不会看到油罐车在运油。取而代之的是蒸汽——它是这座美国最大城市中数千栋建筑的主要供暖和制冷来源。蒸汽集中生产，并通过错综复杂的地下管道网络进行输送。该系统是世界上最大的系统，是城市规划者和工程师为确保人类社区获得可靠的热量和能源而构思布局的隐形基础设施的一部分。

在纽约曼哈顿,该系统备受推崇,许多人认为其高效且清洁[31]。鉴于纽约曼哈顿的人口密度极高,平均每平方英里有27000人[32],而美国大城市的平均人口密度为每平方英里283人[33],因此这种集中且计划性强的系统是合理的。在其他地区,供暖和制冷高度分散。成捆的木材被运送到壁炉,卡车运来取暖用油并灌入地下油罐,或者天然气被输送到各个建筑物的火炉①。有关取暖问题的驱动因素包括人口密度,以及取暖资源和燃料的获取。地球上的偏远地区在建筑供暖和制冷方面差异巨大,许多赤道地区(尤其是全球南方国家)几乎不进行建筑供暖或制冷。

地球上更普遍的需求是电力。有趣的是,电力来源也因地而异。集中式电网在全球北方国家无处不在,尤其是在电力充足且可靠的城市或郊区(偶尔因暴风雨导致的停电情况除外)。全球南方国家的电力系统也倾向集中式,但在城区的供电并不可靠。而农村地区往往缺乏集中的常规电力服务。在全球范围内,为建筑物提供照明、驱动计算机或厨房设备的电力可以有多种来源:煤炭、天然气、风能、太阳能、水电、核能或垃圾焚烧[34]。

越来越多的城市规划者参与到围绕供暖、制冷、能源和基础设施等问题的战略思考中。服务于大波士顿地区的区域规划机构,在其传统的交通、环境、土地利用、市政合作和数据服务部门之外,新增设了一个清洁能源部门。不仅是清洁能源,规划人员须将所有与能源有关的问题纳入社区总体规划,通过修改区划和其他法规,以支持通过屋顶太阳能和后院风力发电机进行分布式发电[35-36]。在偏远、干旱或其他类似火星的地球环境中,提供高效可靠的电力、供暖和制冷是一项挑战。研究这些问题的科学家已经将他们的思路聚焦在几种可能的能源上:太阳能、风能、甲醇和核能。

和地球一样,太阳能也是火星上的一个合理选择,因为它是一项相对简单且成熟的技术,可为偏远定居点提供可扩展且灵活的电力[12],[37-38]。据估计,火星接收到阳光只有地球的一半,其太阳能潜力为每平方米50~200瓦[39]。火星上使用太阳能发电有一个很大的问题:收集器和相关设备会受到灰尘污染

---

① 尽管蒸汽网络已经普及,但天然气仍是纽约曼哈顿许多新老建筑的热源。

和覆盖。在地球上,灰尘的堆积会严重限制太阳能电池阵列的效率。据科学家估计,由于环境中的一般灰尘和沙尘暴,中东地区的灰尘累积速度每天可达 0.36 克/平方米。地球上干旱地区普遍存在的沙尘暴与经常笼罩火星的沙尘暴非常相似,但规模要小得多(图 8.6)。

图 8.6 莫哈韦沙漠中形成的沙尘暴

NASA 于 2009 年曾就此问题撰文[37],并提出自主防尘技术可以定期清除面板上的积尘。研究人员对这项技术进行了评估,认为此类自主系统可以有效减少灰尘积聚,但仍需进一步的技术改进[40-41]。同样,户外风力发电机也可能面临灰尘带来的环境挑战,尽管目前针对风力发电机除尘或防尘措施的选择有限。但从理论上讲,风力发电颇具吸引力,因为它可以在约 200 平方米的面积上产生高达 30 千瓦的电力[11]。

甲醇是火星上发电的一个有争议但有潜在吸引力的选择[4]。甲醇俗称木醇,广泛用于其他常见化学品的制造过程[42]。与地球上的其他典型燃料不同,甲醇可以在火星温度和大气压下以液态储存。环保主义者提倡在地球上更广泛地使用甲醇,因为其毒性有限,而且与其他更常见的化学品相比,甲醇更安全且易处理[43]。

最后,谈谈备受争议但潜力巨大的核能。核能在地球上被广泛使用,是一种清洁、充足但同时备受污名化的能源。它可以成为火星上的主要电力来源,还能在寒冷的火星夜晚提供热量。爆发核灾难或产生连续辐射暴露的危险性很小,人们对这些风险的认知却大得多[44]。值得注意的是,核燃料循环和废料处理问题仍然存在,这同样也是火星移民的一个挑战。

NASA 称,火星上核反应堆可以埋入地下,并远离定居点,理想情况下应至少相隔 1 千米[37]。核能之所以具有吸引力,是因为核燃料相对较轻,便于运输。几乎每个 NASA 的太空任务都使用了某种形式的核能,为其偏远且危险的任务提供动力,包括使用 40 千韦①核能系统的首批月球着陆器②[37,45]。

自首次登月以来,NASA 一直在开发裂变表面动力系统(fission surface power system,FSPS)③,并对核能和非核能版本进行了实验。为这些系统在火星原位生产核燃料具有挑战性,但对火星地质的进一步探索可能会揭示长期核能是否为一个更好的选择。无论如何,核能都将在未来成为火星城市的能源选择之一。

8.4 垃圾

如今,人类面临着两类垃圾的管理难题:一类来自我们的身体(尿液和粪便),另一类则来自我们对商品、包装和其他物质产品的消费和使用。这两类垃圾截然不同,城市规划者在处理它们时面临着独特的挑战。

8.4.1 人类排泄物

本章前两节介绍了人类在火星上生存所面临的一些主要挑战,并指出了我们自身的排泄物作为水和肥料原料的价值。传统上,我们在地球上使用两种系统来处理人类排泄物:卫生下水道或化粪池系统。下水道是通过管道系统将城

---

① 磁通量单位,读作"千韦",kWe 发电机组输出的功率,也称电功率。
② NASA 的许多系统都采用核能电池,而它们在火星上作为主要能源的潜力却基本未知。
③ NASA 的裂变表面动力项目(FSPS)是在该局于 2018 年结束的"千瓦动力"(Kilopower)项目基础上开展的,裂变系统体积相对较小,重量相对较轻,但功能强大,可以在火星上实现稳健的运行。

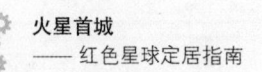

区的厕所排泄物收集起来,汇集到中央废水处理设施,然后排放固体废物(通常制成硬化颗粒,用于特定的生产用途)和液体废物(通常作为工业活动的非饮用水源)。千百年来,规划者一直在完善人类排泄物的管理和处理工作,我们可以预计火星上也会有类似的系统,但会更加强调再利用和回收,特别是将处理过的人类和动物粪便用作植物肥料[4]。

8.4.2 日常生活垃圾

在地球上,人们越来越关注通过回收和再利用更多的资源(不仅是纸张、塑料和金属)来减少浪费和提高人类效率。其中一些项目瞄准食物浪费问题,建立了食物垃圾闭环系统或近乎闭环的系统。人们对气候变化、淡水供应减少及垃圾量不断增加的担忧,催生了一场"零废弃"运动。在波士顿的多切斯特社区,一个由工人所有的合作社——"能源、回收与有机物协作"(cooperative energy, recycling, & organics, CERO),正在通过收集、堆肥和出售食物垃圾来实现这一目标[46]。旧金山等城市在全市范围内开展了路边堆肥收集项目。在全球范围内,还有许多其他地方政府也实施了有限的堆肥计划,以收集食物和园林垃圾,如孟加拉国达卡的米尔普尔、南非约翰内斯堡和墨西哥萨拉戈萨的阿提扎潘等[47-50]。本章前面所述的工业生态学运动为这种垃圾回收建立了机制。

值得注意的是,纸张、塑料和金属回收在过去几十年中得到了大幅推广,为市政服务减少了来自家庭和企业的垃圾,但前提是回收的材料具有市场价值,而这一点在近几年波动很大[51]。当回收利用具有成本效益时,城市规划者发现可将垃圾从垃圾填埋场或焚化炉中转移出来。在土地供应充足的地区,垃圾填埋场是垃圾处理的理想方式,而焚化炉可以通过焚烧垃圾来发电,如果不考虑由此造成的空气污染,它也是一种吸引人的选择[52]。

即使在人口最密集的城区,垃圾收集也一直是一项劳动密集型活动,通常需要机动车辆(通常是卡车)在城市的所有街道上穿梭,收集路边由家庭和企业放置的垃圾袋和可回收物。在郊区和农村地区,居民可能需要自行将垃圾送到垃圾转运站或垃圾填埋场。

在本书介绍的所有基础设施中,我们在地球上处理垃圾的历史表现最差。从垃圾收集的低效、异味、噪声和污染,到处理垃圾的浪费、污染和不美观,地球似乎并非我们寻找火星垃圾处理经验的合适之地。如果说此处隐藏着火星规划的原则,那就是在设计垃圾收集、处理系统时,应强调再利用和回收,尽可能实现零废弃(如果可能的话),并通过鼓励甚至规定更明确的包装和消费方式防止垃圾的产生,从源头上减少进入垃圾流中的废弃物数量[6]。多年来,这一直是环保主义者的目标,而全球范围内的进展表明,这种框架完全可以作为设计火星首城的基础[53]。

8.5 基础设施规划原则

在空气、水、食物、能源和垃圾处理等方面,地球上的人类聚居地都力求规划合理,以满足人们最基本的需求。正如本章所述,全球各地所提供的服务并不均等。在美国蒙大拿州的波兹曼,空气清新且充足;而有的国家,雾霾使得儿童和老人几乎无法进行户外活动。在瑞士日内瓦,你会发现政府提供的自来水清洁纯净,而墨西哥蒂华纳上游污水处理设施经常故障,导致饮用水极为危险。在所有这些基础设施中,我们已经在地球上学会了正确与错误的市政服务提供方式,尤其是在充满挑战、偏远和干旱的环境中。

以下基础设施原则将为火星首城 Aleph 市提供指导:

(1) 可以从火星大气中收集水,有效储存和重复使用,以减少蒸发蒸腾作用;

(2) 基础设施应具有灵活性和开放性,以便未来进一步扩展,其设计和建设应围绕自然资源的再回收和再利用;

(3) 工商业的供应和回收基础设施应分开,以避免交叉污染;

(4) 食物可主要由培养在地上温室和地下水培设施中的植物和单细胞蛋白提供;

(5) 核能、太阳能和甲醇有可能通过使用冗余和自动的清洁和维修系统来产生热量和电力;

(6) 核反应堆可用于调节城市温度,照射到居住区的阳光可作为补充热源;

(7) 回收再利用设施对管理废物至关重要,可节约有限的资源(材料、食物、水和能源)。

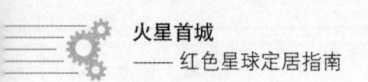

参考文献

[1] Veleva, Vesela, Svetlana Todorova, Peter Lowitt, Neil Angus, and Dona Neely. 2015. "Understanding and Addressing Business Needs and Sustainability Challenges: Lessons from Devens Eco-Industrial Park." Journal of Cleaner Production 87(January):375-84.

[2] Hollander, Justin B. 2001. Implementing sustainability: Industrial ecology and the eco-industrial park. Economic Development Review 17,4:78-86.

[3] Seedhouse, Erik. 2009. Martian Outpost: The Challenges of Establishing a Human Settlement on Mars. New York, NY: Praxis.

[4] Nelson, M, and W F Dempster. 1996. "Living in space: results from biosphere 2's initial closure, an early testbed for closed ecological systems on Mars," 28.

[5] Marin, F. and C. Beluffi. 2020. "Water and air consumption aboard interstellar arks." arXiv: Popular Physics.

[6] Häuplik-Meusburger, Sandra, Olgan Bannova. 2016. "Space Architecture Education for Engineers and Architects: Designing and Planning Beyond Earth." Springer.

[7] Mann, Erica. 1986. "Development of Human Settlements in Arid and Semi-Arid Lands." Ekistics 53(320/321):292-99.

[8] Massachusetts Water Resources Agency. 2019. How the MWRA system works.

[9] City of Phoenix, Water Services Department. 2019. When you think ahead of the curve: PHX water smart.

[10] Petranek, Stephen. 2015. "How We'll Live on Mars." Simon & Schuster.

[11] Meyer, T. R., and C. P. McKay. 1996. "Using the resources of Mars for human settlement." In Strategies for Mars: A Guide to Human Exploration edited by C. Stoker and C. Emmart. AAS Sci. Technol. Vol. 86.

[12] Boston, Penelope J. 1996. Moving in on Mars: The Hitchhikers' guide to Martian life support. In, Stoker, Carol R., and Carter Emmart(Eds.) Strategies.

[13] Impey, Chris. 2019. "Mars and Beyond: The Feasibility of Living in the Solar System." In The Human Factor in a Mission to Mars: An Interdisciplinary Approach, edited by Konrad Szocik, 93-111. Space and Society. Cham: Springer International Publishing. 10.1007/978-3-030-02059-0_5.

[14] McKay, Christopher P. 2007. "Past, present, and future life on Mars." Gravitational and Space Research 11, no. 2.

[15] McKay, Christopher P. 1985. "Antarctica-Lessons for a Mars exploration program." AAS 84-156, In, McKay, C. P. (Ed.) The Case for Mars. San Diego: American Astronautical Society. Science and Technology Series.

[16] Hruby, Adela, and Frank B. Hu. 2015. "The Epidemiology of Obesity: A Big Picture." Pharmaco Economics 33(7): 673-89.

[17] Hossain, Naomi. 2017 "Inequality, Hunger, and Malnutrition: Power Matters." Global Hunger Index-Annual Report Jointly Published by Concern Worldwide and Welthungerhilfe. Accessed May 24, 2019.

[18] Heacock, Erin, and Justin Hollander. 2011. "A Grounded Theory Approach to Development Suitability Analysis." Landscape and Urban Planning 100(1): 109-16.

[19] Agyeman, Julian, Caitlin Matthews, Hannah Sobel. 2017. Food Trucks, Cultural Identity, and Social Justice: From Loncheras to Lobsta Love. Cambridge, MA: MIT Press.

[20] National Geographic. 2019. Antarctica, Resource Library.

[21] Wilhelm, Menaka. 2018. Antarctic Veggies: Practice for Growing Plants on Other Planets. National Public Radio (NPR). April 18.

[22] Robinson, Julie A. and Kirt Costello. 2018. International Space Station Benefits for Humanity. 3rd Edition. International Space Station Program Science Forum. NP-2018-06-013-JSC.

[23] Katayama, Naomi, Masamichi Yamashita, Yoshiro Kishida, Chung-Chu Liu, Iwao Watanabe, Hidenori Wada, and Space Agriculture Task Force. 2008. "Azolla as a component of the space diet during habitation on Mars." Acta Astronautica 63, no. 7-10: 1093-1099.

[24] Wamelink, G. W. Wieger, Joep Y. Frissel, Wilfred H. J. Krijnen, M. Rinie Verwoert, Paul W. Goedhart. 2014. "Can Plants Grow on Mars and the Moon: A Growth Experiment on Mars and Moon Soil Simulants." Plos.

[25] Banin, A., et al. 1988. Laboratory Investigations of Mars-Chemical and Spectroscopic Characteristics of a Suite of Clays as Mars Soil Analogs. Origins of Life and Evolution of the Biosphere, 18(3), 239-265.

[26] Zubrin, Robert. 1996. The Case for Mars: The Plan to Settle the Red Planet and Why We Must. Simon & Schuster.

[27] Zeidler, Conrad, Vincent Vrakking, Matthew Bamsey, Lucie Poulet, Paul Zabel, Daniel Schubert, Christel Paille, Erik Mazzoleni, and Nico Domurath. 2017. "Greenhouse Module for Space System: A Lunar Greenhouse Design." Open Agriculture 2(1):116-32.

[28] Kihlberg, Reinhold. 1972. The microbe as a source of food. Annual Reviews in Microbiology 26,1:427-466.

[29] Goldberg, Israel. 2013. Single cell protein. Springer Science & Business Media.

[30] Kaysen, Ronda. 2018. How Hard Can It Be to Grow a Garden? The New York Times. May 25.

[31] Moyer, Greg. 2017. "Miles of Steam Pipes Snake Beneath New York." The New York Times, December 21, 2017, sec. New York.

[32] "NYC Population Facts." n. d. Accessed May 24,2019.

[33] University of Michigan Center for Center for Sustainable Systems. 2020. U. S. CITIES FACTSHEET.

[34] Ritchie, Hannah, and Max Roser. 2014. "Energy Production & Changing Energy Sources." Our World in Data, March.

[35] "WisconsinSolarToolkitOCT2017. Pdf." n. d. Accessed May 24,2019.

[36] Teschner, Na'ama, and Rachelle Alterman. 2018. Preparing the ground: Regulatory challenges in siting small-scale wind turbines in urban areas. Renewable and Sustainable Energy Reviews 81:1660-1668.

[37] NASA. 2009. "A Deployable 40 kWe Lunar Fission Surface Power Concept."

[38] French, J. R. 1985. "Nuclear powerplants for lunar bases." In W. W. Mendell(Ed.), Lunar Bases and Space Activities of the 21st Century. Houston, TX: Lunar and Planetary Institute.

[39] Haberle, Robert M., Christopher P. McKay, J. B. Pollack, O. E. Gwynne, D. H. Atkinson, J. Appelbaum, G. A. Landis, R. W. Zurek, and D. J. Flood. 1993. "Atmospheric effects on the utility of solar power on Mars." Resources of near-earth space. Tucson: University of Arizona Press.

[40] Mazumder, M. K., R. Sharma, A. S. Biris, M. N. Horenstein, J. Zhang, H. Ishihara, J. W. Stark, S. Blumenthal, and O. Sadder. "Electrostatic removal of particles and its applications to self-cleaning solar panels and solar concentrators." In Developments in Surface Contamination and Cleaning, pp. 149-199. William Andrew Publishing, 2011.

[41] Alshehri, Ali, Brian Parrott, Ali Outa, Ayman Amer, Fadl Abdellatif, Hassane Trigui, Pablo Carrasco, Sahejad Patel, and Ihsan Taie. 2014. "Dust mitigation in the desert: Cleaning mechanisms for solar panels in arid regions." In 2014 Saudi Arabia Smart Grid Conference

(SASG), pp. 1-6. IEEE.

[42] E. Fiedler, G. Grossmann, D. Burkhard Kersebohm, G. Weiss, C. Witte (2005). "Methanol". Ullmann's Encyclopedia of Industrial Chemistry. Ullmann's Encyclopedia of Industrial Chemistry. Weinheim: Wiley-VCH. doi.

[43] Bertau, Martin, Heribert Offermanns, Ludolf Plass, Friedrich Schmidt, and Hans-Jürgen Wernicke, eds. Methanol: the basic chemical and energy feedstock of the future. Heidelberg: Springer, 2014.

[44] Gargaro, David. 2018 "Public opinion on nuclear energy," 18.

[45] Newhall, Marissa. 2015 "The History of Nuclear Power in Space." Energy. Gov. Accessed May 24, 2019.

[46] Loh, Penn, and Boone Shear. "Solidarity economy and community development: emerging cases in three Massachusetts cities." Community Development 46, no. 3(2015): 244-260.

[47] Zurbrügg, Christian, Silke Drescher, Isabelle Rytz, AH Md Maqsood Sinha, and Iftekhar Enayetullah. 2005. Decentralised composting in Bangladesh, a win-win situation for all stakeholders. Resources, Conservation and Recycling 43, 3: 281-292.

[48] Sehlabi, Rethabile. 2012. Commercial Organic Composting: A Case Study of the Panorama Composting Plant, City of Johannesburg, South Africa. PhD diss. University of Johannesburg (South Africa).

[49] Plasencia-Vélez, Vivian, Marco Antonio González-Pérez, and María-Laura Franco-García. 2018. "Composting in Mexico City." In, Franco-García, María-Laura, Jorge Carlos Carpio-Aguilar, and Hans Bressers (eds). Towards Zero Waste: Circular Economy Boost, Waste to Resources. Cham: Springer.

[50] Daigneau, Elizabeth. 2016 "Curbside Composting Added to a Major City: Is It Yours?" October 12. Accessed May 24, 2019.

[51] Sound Resource Management Group. 2019. "Recycling Markets – Sound Resource Management." 2019.

[52] Rabl, Ari, Joseph V. Spadaro, and Assaad Zoughaib. 2008. "Environmental Impacts and Costs of Solid Waste: A Comparison of Landfill and Incineration." Waste Management & Research 26(2): 147-62.

[53] McDonough, William, and Michael Braungart. 2010. Cradle to cradle: Remaking the way we make things. North Point Press.

第 9 章
火星城市设计先例

自古以来，当人类首次凝视夜空时，便对头顶那颗闪烁的红色星球充满了好奇。到 19 世纪末，天文学取得的进展使我们能够获得火星表面的清晰图像，并揭示出火星上交错纵横的神秘运河地貌。当时很少有人能想象前往如此遥远而神秘的星球。但太空时代的到来改变了这一切。随着人类登陆月球（1969）①和"海盗"计划（1975—1983）②将多个探测器和着陆器送上火星表面，人类在外太空长期生存突然间变得似乎可行。

Ray Bradbury[1]于 1950 年出版的《火星编年史》（*Martian Chronicles*）早于太空时代，但紧随着第二次世界大战结束和日本遭受两次原子弹轰炸之后。Bradbury 对火星的想象并未得益于"海盗"号探索的发现，而更多地反映了 19 世纪天文学家和科幻作家的推测。他对火星城市的诗意描绘为之后的流行文化和科幻小说奠定了基础。

在本章中，我将从《火星编年史》出发，全面介绍虚构作品及其他非虚构作

---

① 1969 年 7 月 20 日，"阿波罗"11 号登陆月球。宇航员尼尔·阿姆斯特朗成为第一位踏上月球的人类。

② "海盗"项目由 NASA 领导，包括两个独立的火星探测器。即 1975 年 8 月 20 日发射的"海盗"1 号（Viking 1，又称 Viking-B）和 1975 年 9 月 9 日发射的"海盗"2 号。

品(包括原著作者自己的作品)是如何描绘火星城市的。这些作品有的出自知名太空建筑师之手,有的出自知名设计师之手,还有的出自小说家之手。本章的目标是总结各种规划,并对每一项进行分析,最终得出结论,即这些规划中的哪些元素在前几章介绍的科学、工程和城市设计中具有最坚实的基础。在得出这些结论之后,第10章将进行类似的探讨,主要是回顾火星以外,如月球、近地轨道等地外空间的太空城市化先例。

9.1　Bradbury 眼中的火星城市

许多早期天文学家相信火星上有大量的水。19 世纪末,Giovanni Virginio Schiaparelli 宣称,火星表面覆盖着与地球相似的海洋[2]。Schiaparelli 使用望远镜(今天看来分辨率相当低)绘制了火星表面的线条地图,这些线条看似运河,意大利语称为 canali。在将 canali 误译为英语"canel"(中文"运河")之后,天文学家几十年来一直在观测并确认这一复杂"人造"水利工程的存在[3]。

一位 19~20 世纪的天文学家 Percival Lowell① 就是其中一位,他走得更远,用自己的注释和结论再现了 Schiaparelli 的"运河"地图。他大力宣扬火星上人造运河系统的概念,称"火星上令人惊叹的蓝色网络暗示我们,除地球外,还有一个星球正在被居住着"[2,4]。二十年来,Lowell 不断收集观测数据来支持这一观点,并在科学期刊和大众媒体上广泛发表,宣传先进外星文明的概念。

值得注意的是,Lowell 成功地激发了人们对火星上存在外星生物建造运河的兴趣,而这一时期恰恰是地球上运河建设的黄金时期:苏伊士运河于 1869 年建成,巴拿马运河于 1881 年开工。然而,随着"水手"4 号于 1964 年飞越火星,所有关于运河文明的希望都破灭了。Schiaparelli 最初所描绘的运河只是一些点状特征(如大型岩层或凹陷),从远处看相互连接并形成了线条[3]。

---

①　Percival Lawrence Lowell(1855—1916),美国天文学家、商人、作家与数学家。Lowell 曾经将火星上的线条描述成运河,并且在美国亚利桑那州的弗拉格斯塔夫建立了罗威尔天文台,间接促使冥王星在他去世 14 年后被人们发现。

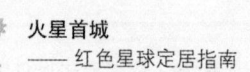

像 Ray Bradbury 这样的作家受到上述结论的影响是可以理解的。Bradbury 于 1920 年出生于美国伊利诺伊州,后来成为著名作家,其主要创作精力都放在科幻小说上。1946 年,当《火星编年史》开始以连载形式出版时,正值世界大战期间,火星成了无数读者的心灵避风港。这些短篇小说后来被汇编成单行本,并于 1950 年出版,当时广岛和长崎的记忆仍历历在目,人类破坏地球的能力显得尤为真实。

在《火星编年史》中,Ray Bradbury 并不认为火星能成为人类的避难所,反而认为一旦地球上再次爆发战争,人类会急于逃回家园。但他对火星城市丰富而生动的描述,在此值得探讨。Schiaparelli 的运河是他故事中的重要地理特征。他笔下的火星城市在很大程度上看起来像未来地球城市,有着高耸闪亮的建筑、充足的空地和公园绿地,以及温馨舒适的住宅。除了在一个短篇故事中,火星人设计了一个谋杀人类宇航员的计划,他们(通过心灵感应、物理或两者结合的方式)复制了俄亥俄州一个小镇的模型,那里有迷人的平房、白色篱笆和狭窄的小巷,他笔下火星上的大多数建筑和城市规划都是奇幻且超现实的。

在《火星编年史》中,尽管人类对火星殖民的尝试接连失败,但最终还是在火星上定居了下来。不过 Bradbury 对人类(地球人)为火星建筑环境所做贡献的描述很少。他们似乎主要接管了火星人遗弃的城市,这是对欧洲人在美洲殖民遗产的讽刺回应。这些未来的殖民者对塑造火星建筑环境所作的新贡献平淡无奇,并不足以让 Bradbury 着重描写。

9.2　普雷里维尤农工大学

在众多关于空间探索和殖民的科学报告中,一项由 NASA 委托、普雷里维尤农工大学(Prairie View A&M University,PVAMU)工程与建筑学院师生于 1991 年完成的一份鲜为人知的研究报告格外引人注目。该研究报告的明确目标是为 20 名宇航员设计一个在火星上永久生活的栖息地。为此,作者不仅绘制了两个小型栖息地的草图,还构想了一个可容纳数千人的更大型、更复杂的定居点。

对于火星小型栖息地的第一个方案,PVAMU 团队将其选址在火星赤道附近的"拉瓦波利斯"(Lavapolis),他们认为该选址使从火星近地轨道再入更经济,"简化了轨道交会机动",同时也靠近火星最重要的地质特征——奥林波斯山和水手谷(Valles Marinaris)[5]。具体而言,他们选择了位于北纬24°、西经97°的刻拉尼俄斯山丘(Ceraunius Tholus)底部一个撞击坑形成的2千米宽通道附近(图1.1)。

PVAMU团队选择在熔岩管道中建造他们的栖息地——这些管道是远古时代熔岩流过并排空时形成的,从而在火星的地下留下了一系列稳定的玄武岩隧道。该地下位置可以屏蔽辐射,并有助于调节温度,避免了火星表面昼夜温差极大的问题。开采出的玄武岩可以用来建造大型玻璃,从而有助于扩大定居点并进行景观美化。

他们提出的第二个方案更加引人注目。基于"空间框架结构"形成了"六角星"(Hexamars)建筑结构,该结构以中央核心为起点,向外辐射其他模块——所有模块都部分埋入地下。团队将"六角星"建筑选址在北纬3°、东经99°,位于帕弗尼斯山(Pavonis Mons)①和艾斯克雷尔斯山(Ascraeus Mons)②之间,与拉瓦波利斯一样靠近火星赤道。虽然研究报告的作者对更广泛的定居要求着墨不多,但他们列举了餐饮、娱乐、锻炼、存储、生活区、温室、便于火星车搬运的运输舱、氧气储存设施,以及用于各种科学实验和生命支持功能的实验室等关键要求。图9.1、图9.2和图9.3清晰地描绘了它们的中央核心、辐射模块和附加模块,所有模块都被穹顶覆盖。

"六角星"建筑设计在科幻小说对火星生活的描绘中颇为常见,但PVAMU团队出色地展示了这一概念在效率、功能分离、施工便利性和模块化(使扩展变得简单)等方面的优势,令人信服。通过建造越来越大的节点,可以容纳越来越多的人口,同时不会影响原始设计和早期结构的优雅性。

---

① 帕弗尼斯山(Pavonis Mons)是火星的巨大盾状火山,是塔尔西斯三座火山的中央那座。

② 艾斯克雷尔斯山(Ascraeus Mons)是火星上巨大的盾状火山,是塔尔西斯三座火山的最北座。另外两座为西南端的帕弗尼斯山和阿尔西亚山,奥林波斯山则在西北。

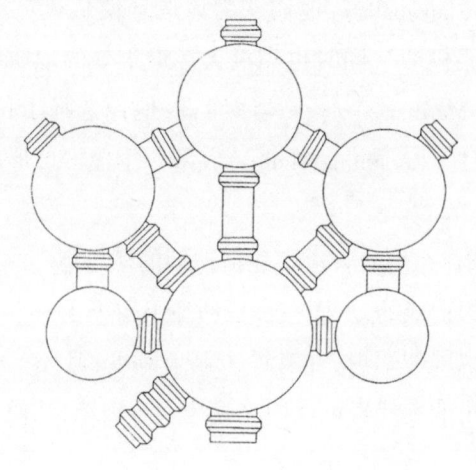

图 9.1　PVAMU 的"六角星"建筑设计的屋顶平面图

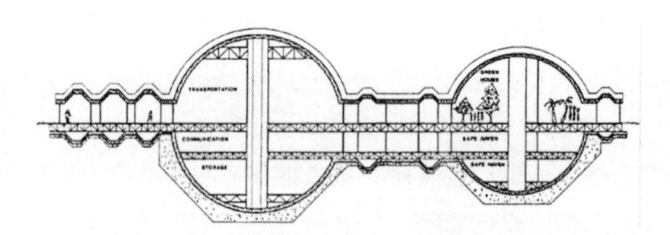

图 9.2　PVAMU 的"六角星"建筑设计剖面图

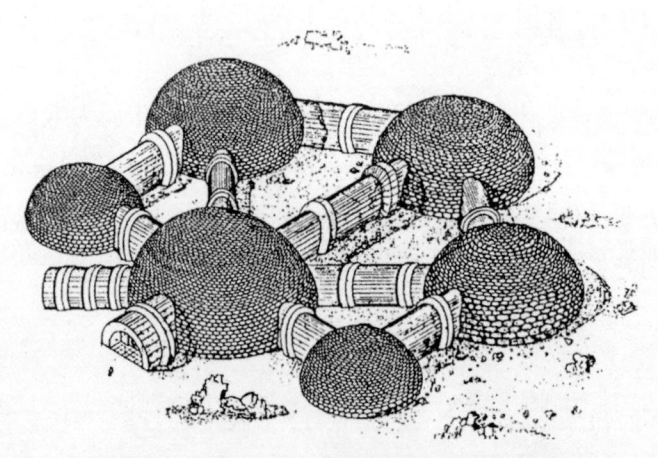

图 9.3　PVAMU 的"六角星"建筑设计的轴测图

9.3 Zubrin 的火星直达计划

在当今的科学界,没有哪位科学家能像 Robert Zubrin 博士那样与火星如此紧密相连。Zubrin 曾是 Lockheed Martin 公司的高级工程师、美国国家空间协会的前主席、火星学会的创始人,著有七本关于火星和太空旅行的书籍,在这一领域有着巨大的影响力。从他与 Richard Wagner① 合著的里程碑式著作《火星案例:定居红色星球的计划及原因》(*The Case For Mars*:*The Plan to Settle the Red Planet and Why We Must*) 开始[6],他一直在完善其"火星直达计划"(Mars Direct Plan),旨在将人类定居到红色星球上。PVAMU 团队的"六角星"建筑简明扼要地阐述了火星栖息地设计,而 Zubrin 的工作更为全面且详尽。尽管 Zubrin 的作品中有很多值得剖析的内容,但在此处我将回顾他的火星直达计划中最突出的方面,从选址开始,再到基础设施、城市设计和制造理念。

Zubrin 的观点不同于本章甚至本书中讨论的其他观点,他侧重将人类送往火星所涉及的技术和工程任务。该计划的一个重要组成部分是在火星上建立多个基地,用于分析维持人类生命的土壤、大气和其他条件。经过十年的实践后,Zubrin 建议选择条件最好的基地作为人类首次殖民的地点。该基地将包括某种形式的"地热加热的地下蓄水池",为定居者提供热能和电力,并靠近水源。他特别青睐火星北半球的一个地点,并有证据表明那里最可能找到水,且受沙尘暴的影响较小[6]。

Zubrin 设想人们在火星上主要通过特制的核动力飞行器和火星车(美国海军在 20 世纪 20 年代开发的原型车)出行。这些火星车使用二氧化碳稀释的甲烷/氧气作为燃料源,并为内燃机提供燃料。它们还会排放水,但内置冷凝器可以捕获这些水,并在基地内循环使用。

将一种元素的废料作为另一种元素的原材料(第 8 章讨论的工业生态学模式),也是 Zubrin 计划的主要组织原则。他写道,火星"拥有支持生命乃至发展

---

① Richard Wagner(1813—1883),出生于德国莱比锡,是浪漫主义时期德国作曲家、指挥家。

技术文明所需的所有资源"[6]。因此，他提出了一系列令人印象深刻的制造功能（如生产砖块、塑料、钢、铝、硅和铜的能力），这些功能可以相互利用彼此的废物流，并对这些资源进行回收和再利用，从而为他梦想中的技术文明提供所需的燃料、能源和水。

在建筑方面，Zubrin 的规划以地下罗马式拱顶和中庭为特色，所有建筑均由原位生产的砖块建造而成。此外，他还建议开发一个直径 50～100 米的充气式短程线穹顶，该穹顶可发挥多种功能，包括用作农业温室——但其辐射防护性能尚不清楚。

尽管 Zubrin 在其著作中非常注重细节，但他对城市设计和规划方面的考虑较少。例如，他的《火星案例》一书中只包含了两幅城市空间图，暗示了建筑物的布局、形态或体量，以及地面（或地下）交通网络的形态。第一张描绘的是早期火星基地，展示了着陆后大约前 6 个月的情况；第二张描绘的是 Zubrin 所谓的"成熟基地"，看起来最多可容纳几十名居民①。这两张图的规模都较小，除了密集的穹顶和地下结构群，以及某种无线电塔和沿基本方向延伸的火星地表道路，还不足以有效地传达火星城市形态的详细构想。

9.4　火星基金会的火星家园计划

自 Zubrin 博士于 1997 年创立火星学会以来，该组织主办了众多会议并出版了大量论文，成为地球上最为关注火星殖民化的团体之一。最近，火星学会前执行主任布鲁斯·麦肯齐（Bruce Mackenzie）创建了一个与之竞争的非营利组织——火星基金会（Mars Foundation）。该组织的"火星家园计划"产生了相当大的影响。与本章前几节一样，我将简要介绍该计划及其场地规划与设计要素。

---

① 与大多数火星爱好者一样，尤其是像 Zubrin 这样的科学家和工程师，他们面临的巨大挑战只是到达火星，并希望能在火星上生存几年。这种观点与本书的核心前提大相径庭，在本书中，作者将时间跨度放得更长，想象火星上数百甚至数千人的城市会是什么样子。因此，Zubrin 和他的同僚们只是想先让我们到达火星，所以无法期望他们充分考虑我在这里提到的城市设计因素。

第9章 火星城市设计先例

与 Zubrin 博士的工作不同,Mackenzie 及其团队并未打算等着登陆火星并定居十年后再选择建造地点。相反,他们在地球上就开始对火星栖息地进行选址。这就好比从悉尼搬到纽约时,搬进一个未曾见过的公寓。他们选择了位于西经 69.9°、南纬 6.36°、海拔 -4.4 千米的水手谷内的坎多尔裂谷(Candor Chasma)[7](图 9.4 和图 1.1)。他们的场地布局涉及在山坡上建造一组两层楼高的定居点。

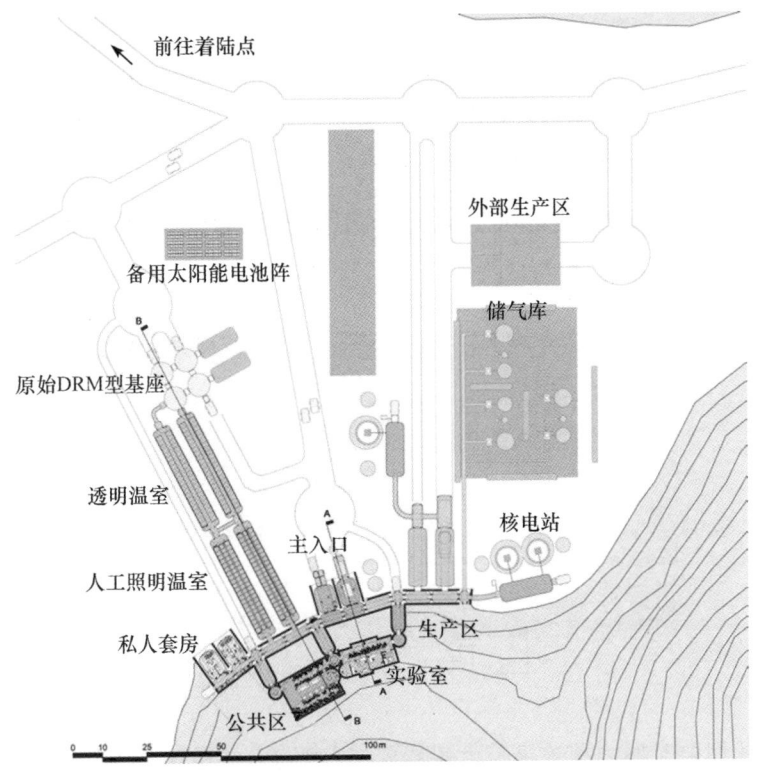

图 9.4 (见彩图)位于水手谷(Valles Marineris)的
坎多尔深谷(Candor Chasma)山坡上的定居点平面图

"火星家园"的设计采用线性布局,其灵感来自 Le Corbusier① 和 Arturo

---

① Le Corbusier(1887—1965),20 世纪著名的建筑大师、城市规划家和作家。是现代建筑运动的激进分子和主将,是现代主义建筑的主要倡导者,机器美学的重要奠基人,被称为"现代建筑的旗手",是功能主义建筑的泰斗,被称为"功能主义之父"。

157

Soriay Mata①,以最大限度地提高"交通、基础设施、安全和可扩展性方面的效率"[8]。虽然这些线性城市在当时及之后的几十年都大受欢迎,但当代从业人员和学者普遍对这种僵化的现代城市规划持批评态度[9-11]。值得注意的是,沙特阿拉伯已经制定了一项线性城市规划"The Line",该城市最终将横跨160多千米的干旱沙漠,将该国西北部山区与红海连接起来,并容纳100万人[12]。鉴于沙特的偏远干燥沙漠与火星地貌的相似性,这一线性城市规划提供了一些宝贵的经验。

"火星家园"的线性规划沿山脚线与平原交接处展开。山脚线是整个社区的脊梁,将住房、工作区和基础设施/公用设施连接起来。公共空间融入山体内部区域,从而为人们提供辐射防护和极端温差调节的功能。总体而言,家园布局相当紧凑,与Zubrin的规划类似,住房、工作空间、制造业、天然气储存和核能发电设施均紧密相连,步行成为城市内部流动的主要方式(图9.5和图9.6)。

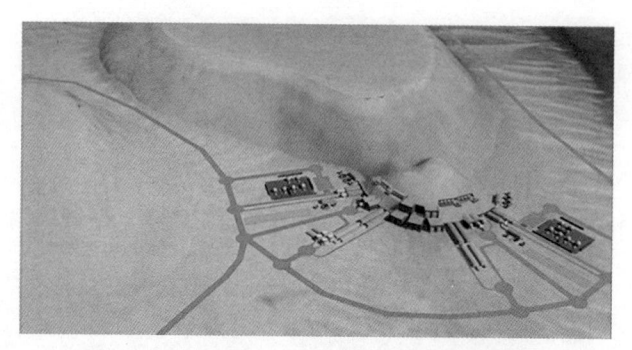

图9.5 (见彩图)"火星家园"设计外部效果图

该计划要对城内植被进行大量投资,以表达人类根深蒂固的愿望和需求。该规划提到,树木将种植在主入口处,并随着定居点的扩张而遍布各处。植被将为人类社交提供保护和封闭,并为工作空间提供绿化景观[8](图9.7、图9.8和图9.9)。

---

① Arturo Soriay Mata 于 1844~1920 年生活在西班牙,比瑞士人 Le Corbusier 早 40 年。Soria 的"线性城市"体现了 Le Corbusier 对城市形态合理化和直线性的痴迷,即他所说的正交性。

图 9.6 （见彩图）"火星家园"设计外部效果图，说明了
建筑之间的紧密联系及城市内步行的可能

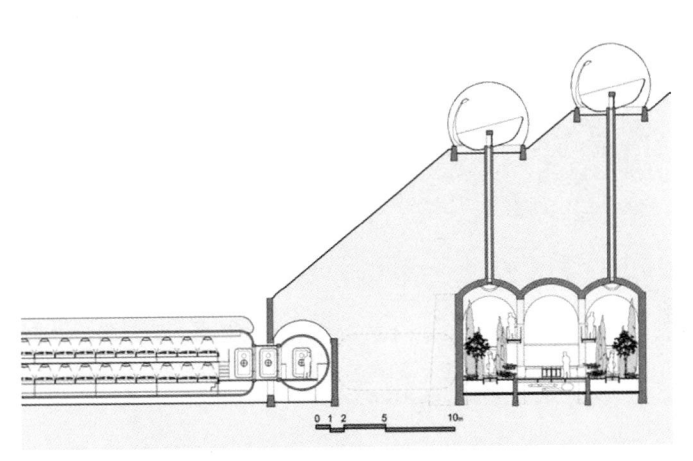

图 9.7 （见彩图）山坡结构剖面图，山坡内部区域包含公共空间

在建筑施工方面，火星基金会团队采用砖石工艺，并计划压缩和烧结火星风化层和原地石材[8]。对于山坡建筑，除了一系列拱门、穹顶和"坡砌砖拱顶"外，还将有更多穹顶、充气建筑和山坡外覆盖火星土壤的拱形建筑。该计划中引入的砖砌结构是 Zubrin 在其"火星直达计划"中大量采用的结构，也是 Kim Stanley Robinson《红色火星》系列小说中描述的建筑基础，我将在下文进行介绍。

图9.8 （见彩图）"火星家园"设计渲染图

图9.9 （见彩图）虽然在"火星家园"的日落渲染图中看不到树木，但树木最好位于主入口和周围的社交空间

9.5 红色火星

如果说Bradbury是以未来火星文明为背景进行尖锐的社会批判，那么Kim Stanley Robinson在其1992年出版的《红色火星》中则更加放纵自我，他通过这部小说来幻想火星文明可能的面貌及其运作方式，但也包含社会批判。Bradbury运用诗人的智慧和想象力描绘了火星城市化的图景，Robinson则运用科学家和工程师的工具，展现了一个引人入胜的火星定居愿景。从乘坐"阿瑞斯"号飞船自地球出发的艰辛旅程开始，Robinson向读者展示了两种截然不同的定居计划：①安德希尔（Underhill），首批殖民者早期的初步定居点；②尼科西亚

(Nicosia),火星广泛城市化的成熟模型。在《红色火星》及其后续两部小说《绿色火星》(*Green Mars*)和《蓝色火星》(*Blue Mars*)中,Robinson描述了众多其他定居点和城市,但并不如最初两个定居计划描绘得详尽。该系列的第一部《红色火星》涵盖了火星殖民的前半个世纪,这一足够长的时间跨度与本书的时间范围相契合。

在仔细研究这两项定居计划之前,值得注意的是,这两项计划中的内部运输方式是相同的。Robinson在书中提到了两种主要的地面运输系统:小型和大型漫游车。小型漫游车最多可容纳两人,设计用于短途运输;大型漫游车则可以行驶更长的距离、搭载更多的乘客,甚至还包含休息区。这些漫游车的运输网络可设想为未铺设的道路,每辆漫游车的前部都配备有雪犁或小型起重机,用于清除岩石或其他碎石[13]。

在Robinson笔下的火星世界中,飞艇提供了地面之上的交通方式。这些飞行器填充氢气以保持飞行,由太阳能电池和蓄电池提供动力,可以在定居点之间进行长途旅行和科学探索[13]。值得注意的是,Robinson在《红色火星》中从未描写过任何大到无法徒步穿越的定居点或火星城市,漫游车和飞艇仅用于定居点之外的探索。在其设计的一座城市Senzeni Na中,Robinson明确描述了供行人通行的地下管道[14]。

安德希尔(Underhill)位于火星北半球、赤道上方的克律塞平原(Chryse Planitia)。在充满想象力的选址规划者看来,这是一个很有吸引力的定居地点,尤其是考虑到"海盗2号"和"探路者号"探测器曾在此着陆(图1.1)。对于更先进的尼科西亚(Nicosia)来说,靠近太空着陆点并非那么重要,因此选择了位于诺克提斯迷宫(Noctis Labyrinthus)以西、靠近赤道并能看到帕弗尼斯山的塔尔西斯区(Tharsis)作为着陆点(图1.1)。

考虑到在火星表面生活所面临的气候和辐射挑战,Robinson选择了火星基金会和Zubrin提出的砖砌拱形山坡建筑。这些栖息地被贴切地称为"Underhill"(意为山坡之下),因为这里没有自然光,对居民而言就像生活在地下一样——在可能建造更精致的地面住房之前,这只是一个必要的临时住所。

在安德希尔,拱顶呈正方形排列,并通过地下通道连接。广场中央有一个

"面积达10000平方米的中央花园中庭"[13]。穹顶由厚实的、经过处理的双层玻璃制成,点缀了安德希尔的景观。整个定居点沿着基本正交的道路布局,道路向东延伸至一个水制造工厂,向北延伸至太空港。在定居点外围的某个地方,有一个类似拖车公园的综合工厂区。

尼科西亚与安德希尔的生活方式大相径庭。尼克西亚小镇沿山脊而建,形状如同三角形,最高点是一座公园。从这个顶点出发,"七条小径从公园中辐射而出,延伸成宽阔、绿草如茵的林荫大道"[13]。在这些林荫大道之间,梯形建筑整齐地坐落在火星表面,"每一面都用不同颜色的抛光石头砌成"。顶部是"巨大的透明帐篷,由几乎看不见的框架支撑着",从而使火星地表的生活成为可能。Robinson 以惊人的科学精确度描述了构成火星第二代城市形态所需的组件、材料和工程。就像 Pirsig① 在《禅与摩托车维修艺术》(*Zen and the Art of Motorcycle Maintenance*)一书中所描述的那样[15],Robinson 详细介绍了那些增压、加热并保护居民免受火星致命大气影响的封闭空间,并沉浸于其中的细节。他接着将火星城市与地球上最美丽的城市相提并论,"建筑物的规模和建筑风格给人一种淡淡的巴黎风情,就像一个醉醺醺的野兽派画家在春天看到的巴黎,路边咖啡馆林立……"。Bradbury 用类似漫画的文学手法来描绘火星城市形态,Robinson 则采用了第3章所述的认知建筑学理念。通过借鉴传统巴黎街道的明确建筑边界、双侧对称、层次结构、建筑立面和引人入胜的叙事(图9.10),Robinson 创造了一个满足远离地球人类需求的定居点。

Robinson 所描述的尼科西亚、安德希尔和其他定居点,都拥有我之前写过的许多最先进的食品生产(温室,所有东西都是循环利用的)、能源生产(核能、太阳能、风能)和水资源开采(机器人钻孔取水,然后自动将其运送到定居点)。《红色火星》呈现了本书第5、第6、第7和第8章介绍的大部分内容的虚构版本,并借鉴了一些最优秀的科学和工程资料来展示其可能性——尽管作者没有引用这些资料,而是采用了小说家的自由创作方式。

---

① Robert M. Pirsig(1928—2017),美国作家、哲学家。

图9.10 （见彩图）法国巴黎皮埃尔塞马尔街

Robinson 在接受采访时谈到了城市设计和他的《红色火星》三部曲,他说道：

> 我尤其记得在《红色火星》三部曲中有机会设计一个又一个城市,我非常享受这个过程。我经常思考古希腊人将城市建在俯瞰之地或其他风景优美之处的做法。20世纪80年代中期,当我参观这些地方的遗迹时,经常觉得古希腊城市的选址除了在战略防御方面,还同样符合美学。他们拥有美好的景色。当我研究由"海盗"号轨道飞行器生成的火星新地形图时,我发现火星上有很多机会在类似的梦幻地点建造城市,即便仅仅是为了在那里欣赏四周的美景[16]。

除了 Robinson 设计的火星定居点所包含的无数功能和实用元素,他对创造具有美观性、能形成壮观景色并给居民带来愉悦感的建筑的热情同样令人瞩目。这种在城市设计中的敏感性,与第 4 章介绍的科学和心理学研究相一致,并强调了美感的重要性,美与建筑和设计的联系越来越紧密[17-19]。Robinson 的观点很有说服力：创造城市是不够的——我们应该建造能够给人们带来快乐的美丽城市。

9.6　Joanna Kozicka 及其论文

2008 年,Joanna Kozicka 通过格但斯克理工大学建筑系出版了她的博士论文,题为《火星基地设计作为极端条件下栖息地的建筑问题:设计火星基地的实用建筑指南》(Architectural Problem of a Martian Base Design as a habitat in exereme Conditions:Practical architectural guidelines to design a Martian Base)。该论文基于她和丈夫——波兰工程师及学者 Janek Kozicka 在过去十年间积累的长期研究成果。Joanna 不是一个普通的博士研究生:她对火星的研究具有深远影响。

通过搜索 Proquest 学位论文数据库,我查找了所有在其摘要中包含"火星"和"建筑"(或"城市规划")术语的已发表博士论文,但一无所获。在 Joanna Kozicka 和她丈夫发表的一篇学术期刊论文中发现关于他们设计的一个火星基地[20]。大多数学者都把注意力集中在更直接、更紧迫的研究问题上,但 Joanna 和"我"①并非如此。对我们来说,长期目标更令人振奋,并且需要当前的投资和政策制定。她将热情倾注于这 332 页的论文中,该论文对火星建筑的影响就像我在本书中对火星的城市规划一样。Joanna 从一系列考虑中精练科学和工程学科的内容(其中一些与我研究的相同,如生命支持和建筑),但她还花了很多时间考虑"我"未曾关注的特定建筑主题,如室内设计、内部交通和空气处理②。

Joanna Kozicka 回顾了许多可以容纳 4~5 人居住的单个建筑概念。她在论文中还提及了 1990 年制订的某个小镇计划,该计划将为 150 人提供永久住所,并可同时容纳 150 名游客。该计划来自日本[21] Obayashi 公司,名为"2057 年火星居住计划"[22],计划选址于三面环山的山谷中,并在山坡上开凿栖息地(图 9.11 和图 9.12)。2057 年火星居住计划的设计采用了覆有保护性地面层的环形穹顶系统。

Joanna Kozicka 的研究从施工地点开始,她没有确定理想的位置,而是考虑了火星不同地貌上的诸多建筑方案,包括在平原、悬崖、山脚、山内、陨石坑、山谷或者在"混合地形"上施工。对于每一种环境,她都发现可以找到独特的设计

---

① 本页中"我"指代本书原著作者。
② 她在每一节后都会总结"给建筑师的建议",其中包括本书中所熟悉的原则。她关注的是建筑尺度而不是城市尺度,因此她的结论与"我"的截然不同,却贯穿"我"的思想。

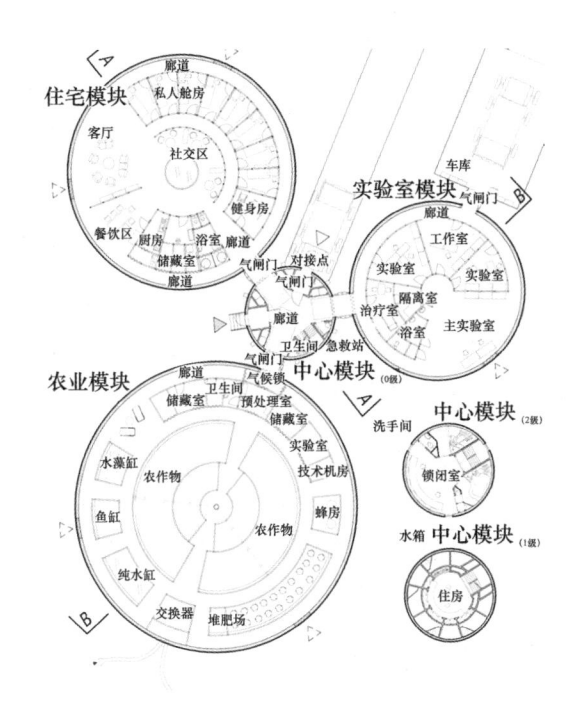

图 9.11　2057 年火星居住计划的平面图

图 9.12　（见彩图）2057 年火星居住计划的外部渲染图

方案进行建筑施工,但最后得出结论:"最安全的栖息地应建在平原上,因为运输航天器容易抵达。"她还规定,任何建筑物都需要窗户(或潜望镜窗户)和自然光,覆盖火星土壤,并应包括多层建筑。

考虑到火星复杂的地形,Joanna Kozicka 提出了诸多论证充分的设计概念,

火星首城
——红色星球定居指南

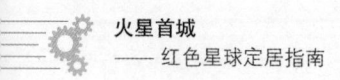

下述内容展示了布局设计和规划四种不同的概念:

(1) 混乱型,建筑和地下通道的布局直接契合火星不规则的丘陵和山谷地貌。

(2) 网格型,在火星岩壁切割出斜坡并覆盖相互连接的穹顶网格。

(3) 梯田型,在山坡挖掘岩洞并将所有建筑都嵌入火星岩石中。

(4) 混合型,中央穹顶和地下通道(带有天窗透光)相结合。

第四个概念让我印象深刻。它选址于一个现有的陨石坑内,有穹顶覆盖着种植植物的中央庭院,穹顶还用防护网进一步加固(图 9.13 和图 9.14)。除农业外,所有人类活动和生活区都位于陨石坑挖掘出的墙壁内或地下受保护的环境中。该设计的诱人之处在于,它有效地解决了维持生命支持系统、保护人们免受辐射及为部分生活空间提供光照等许多工程难题。该设计还考虑了扩建,甚至设想通过地下隧道连接两个陨石坑。这一概念具有很高的可扩展性,因为可以在火星地貌中对更多陨石坑进行施工改造,并通过隧道相互连接。

图 9.13 (见彩图)概念 4 的效果图,穹顶位于陨石坑中,覆盖有防护网

Joanna 的论文(尤其是第二个概念)缺少对内部和外部交通的考虑。这是合理的,因为她关注的是建筑层面的设计。而本书的重点是更广泛的城市规模,因此除了火星漫游车之外,还需要更多的交通选择。第二个概念可以很容

图9.14 （见彩图）概念4的效果图，展示了中央庭院中生长的植物

易地扩展，以纳入更大的占地面积，以及改进的内外部交通选择。

9.7 Austin Raymond 及其论文

在众多研究如何在火星上规划城市的论文之中，Austin Raymond 的硕士论文脱颖而出。该论文发表于2016年，是建筑和规划历史与知识在火星城市规划问题上的令人信服而严谨的应用。

Raymond 开发了一套复杂的评分系统，以评估十几个可能的定居点选址。他考虑了27项适宜性标准，包括日照情况、水源可能性、农业空间、视野可达性和原位建筑材料的可用性，并最终选择了莫萨峡谷(位于古塞夫陨石坑)作为其提议的定居点位置，特别是北陨石坑(图9.15 和图1.1)。

Raymond 制订了一个容纳60人的计划，包括最初12人的研究团队以及随后到来的48人定居团队，预计10年内将增加到大约100人[23]。由于定居点规模相对较小，定居点内部的交通问题并未受到太多关注，因为可以步行轻松穿越。在 Raymond 的计划中，定居点外部的交通问题也没有得到太多强调。

在基础设施方面，该计划考虑了各种潜在的热源和能源，包括在定居点边缘建造大型太阳能发电场。但总体而言，它主要侧重于建筑的布局和设计。这也是该规划的最大优势所在。Raymond 首先采用了古塞夫陨石坑地区连绵起

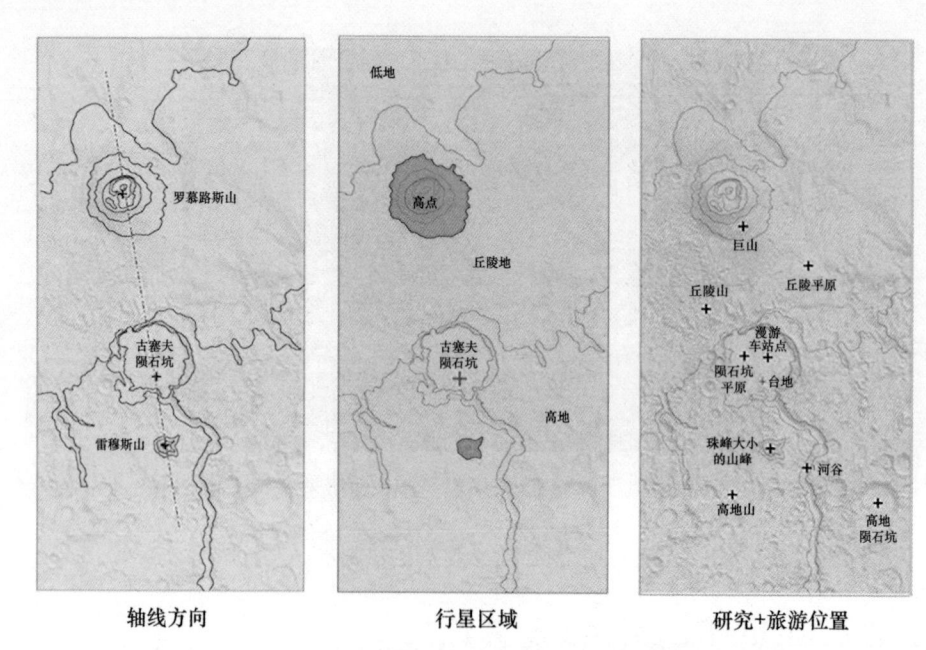

图9.15 （见彩图）Raymond 设计的定居点区域

伏丘陵的视觉语言，同时参考了美国西部的丘陵地形和19世纪西部运动的浪漫理念。他解释说："当认识到他们的住所从视觉尺寸上与周围的景观相匹配，定居者将会感到十分舒适。"（图9.16）

图9.16 （见彩图）通过增强现实面罩显示的拟建定居点地表视图

Raymond 设计的定居点初步方案从第6章讨论的崖居中汲取了灵感，这些建筑可以利用悬崖或陨石坑边缘的保暖和防辐射特性（图6.4和图6.5）。他在草图中展示的基本方案是一个中央穹顶建筑，以及朝基本方向（相互呈90°）扩展的四个延伸部分。定居点的每个延伸部分都有各种独立用途：住宅、公共空间、植被和走廊（供行人通行），并被分隔成独特的区域，屋顶由拱门支撑。

第9章 火星城市设计先例——

该规划的布局基于《印第安法》(第3章已讨论)提出的一些建议,涉及定居点的总体方案和各区域的用途分配(图9.17、图9.18和图9.19)。Raymond解释说:

> 建筑南翼包括一系列研究实验室、车辆停放处和制造车间,所有这些都可以作为不同学科的工作和教育空间。西北侧的延伸部分由一系列垂直下沉的庭院公寓组成,作为定居点内主要的生活和食品生产空间。

Raymond将生活空间与农业相结合,在中央庭院内设立了专门的种植区,并围绕庭院设置了螺旋上升的坡道(图9.19)。该社区的总体规划如图9.20所示(部分如图9.21所示),其中一系列半下沉的穹顶容纳了定居点的大部分公共空间,更深处则是额外的住房(可防辐射)。Raymond设想的公共空间包括渔场、花园、广场和公园,而南翼和西北延伸部分中的独立工作区可容纳更多的住房。图9.20巧妙地展示了Raymond设计的定居点中不同居民如何生活和工作,以及他们可能在哪里享受生活,为该方案增添了有益的人文色彩。

通过关注人类体验,将农业融入生活空间,以及围绕中央穹顶建筑制定复杂的延伸和翼楼方案,Raymond为火星城市提供了一个可扩展且模块化的设计方案。他生动的插图极大地推动了Sherwood关于太空建筑师和规划师这一新职业的愿景(第1章中所介绍的),即精通科学、工程、设计和规划的专业人士[24]。

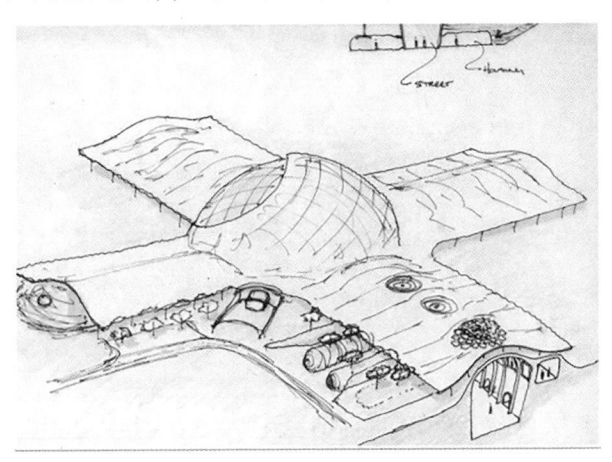

图9.17 Raymond设计的定居点早期概念草图

火星首城
—— 红色星球定居指南

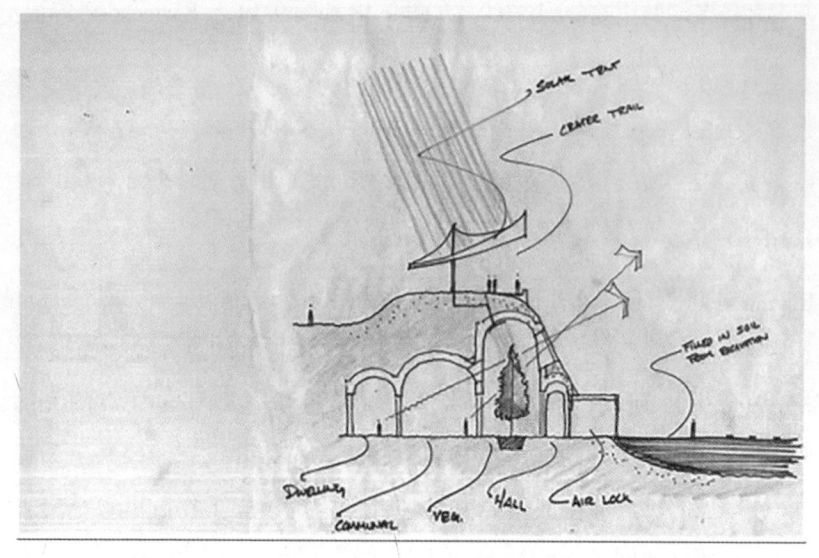

图 9.18 （见彩图）Raymond 设计的定居点早期概念草图

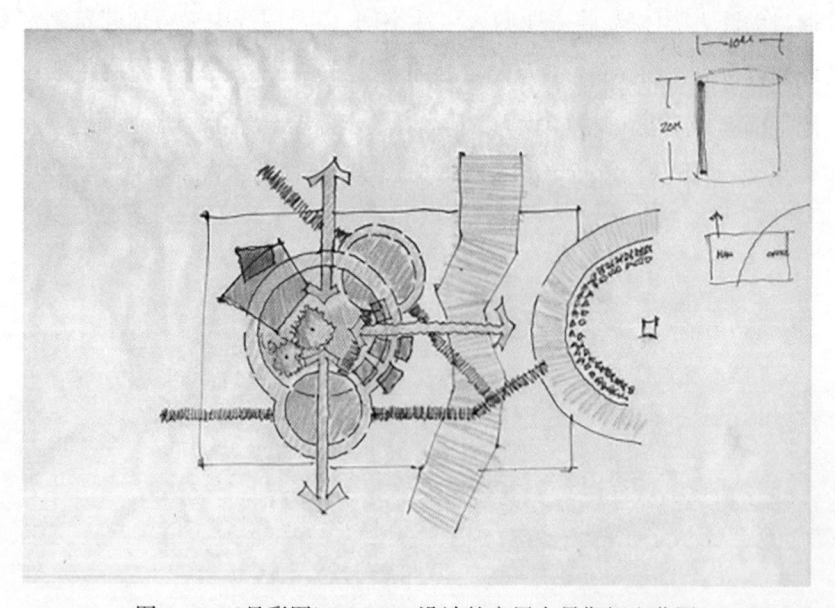

图 9.19 （见彩图）Raymond 设计的定居点早期概念草图

第9章 火星城市设计先例

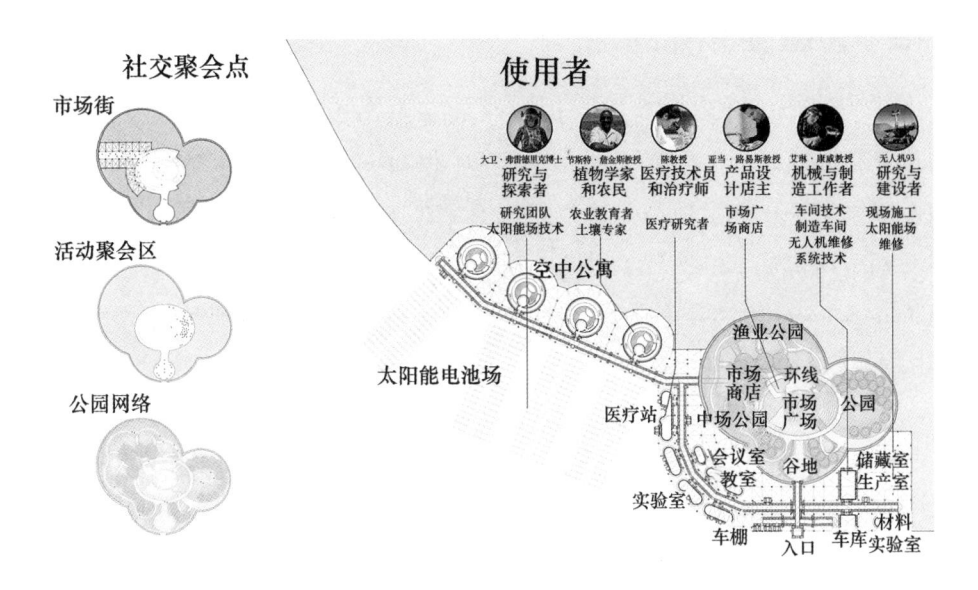

图 9.20 （见彩图）Raymond 设计的定居点社区规划图

图 9.21 （见彩图）Raymond 设计的定居点剖面图

171

9.8 火星世界计划

太空建筑师、作家和企业家 John Spencer 精心设计了一个可容纳数千人的火星城市规划。我有幸与 John 就他的工作和火星计划进行了深入的交谈。他慷慨地与我分享了他尚未出版的著作《真正的火星城市设计》(*The Real Mars City Design*)(2017年12月)。通常,未出版的书籍不宜作为参考先例,但 John Spencer 绝非等闲之辈,他的火星城市规划也绝非普通计划(图 9.22 和图 9.23)。

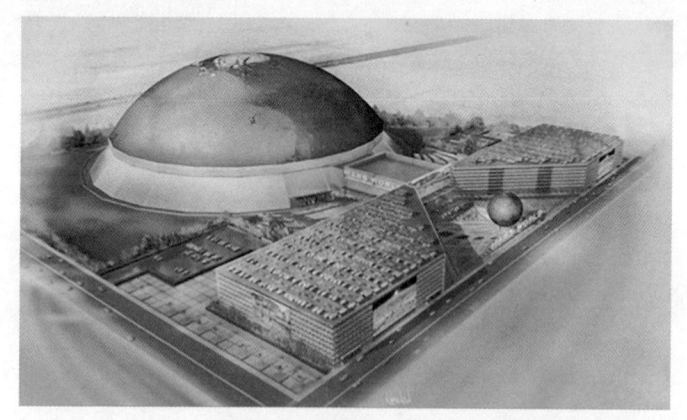

图 9.22　(见彩图)"火星世界计划"的外部渲染图

图 9.23　(见彩图)"火星世界计划"的内部渲染图

作为训练有素的建筑师,Spencer 曾为 NASA 和众多太空行业承包商工作,为太空和星际旅行设计建筑。与本章中我提到的许多其他作家或怀抱梦想的设计师不同,Spencer 实际上是一位真正的太空建筑师。他曾为数十部电影和电视节目设计过太空建筑,在娱乐圈开辟了一片独特的天地。

正因如此,"火星世界计划"对 Spencer 来说,并不是一个令人惊讶的转变。他与众多商业、工程和金融合作伙伴一起,正努力在拉斯维加斯或中国建造一座耗资 20 亿美元的游乐园(Spencer 称为"体验公园")。该计划旨在每年吸引 700 万人前往该地,模拟火星旅行和游览火星城市的体验[25]。

与任何优秀的娱乐场所一样,"火星城"(Mars City)的背景故事和城市规划必须经过深思熟虑,并以坚实的科学和工程为基础。Spencer 并不仅仅想建造一座游乐园:他视"火星城"是火星上真实城市的原型。他尚未出版的《真正的火星城市设计》阐述了该城市的设计和布局。他慷慨地将这本书与我分享,条件是我在此只能提供有限的摘录。

大致来说,他的"火星城"计划是这样的:该城的建造将从紧邻奥林波斯山(太阳系中最大的火山,也是显而易见的旅游景点)的陨石坑开始。计划涉及从陨石坑边缘沿着圆周挖一条隧道,形成生活空间和内部循环系统。该计划分为地表和地下两个部分。在地下区域,人们居住在住宅区,那里还设有基础设施服务,如水和废物的储存和管理、空气生产、农业及一些轻工业和维护。

地表区域则是"娱乐、商业、购物和旅游区"的所在地[26]。在这些区域内,有一条环绕陨石坑的步道(长 2100 英尺,宽 75 英尺,1 英尺 = 0.3 米),就像"地球上的大型购物中心"。除预期的商业和机构用途外,Spencer 还设想了一系列可能的活动,每项活动都被分隔在 24 个大小相等的区域内。整个陨石坑并未被穹顶覆盖,因为考虑到陨石坑的大小,这样的穹顶在实用性和经济上都是不可行的。相反,每个区域都能自给自足,并具有维持自己生命的支持系统,因此一个区域的灾难不一定会影响到其他区域,人们只需转移到安全区域即可。

Spencer 的计划设想使用较小的穹顶来举办活动或特殊娱乐,也可能用于建造直径为 100 英尺(30 米)的垂直农场。他指出,直径达 300 英尺(91 米)的大型穹顶只要覆盖有保护性土壤,可以成为火星殖民的一个特征,但目前这并

173

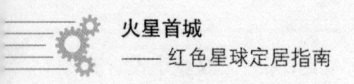

非该计划的一部分。

环绕陨石坑建有环形公路,预计可供火星车通行。飞行器通过陨石坑边缘外的发射台给城市运送货物,城市其余部分的内部交通则依靠步行。

"火星世界计划"除了利用人力的骑行,还考虑了核能和未来可能的核聚变能源。食物将采用水培法种植,"城市的主要食物将是鱼、海带和蜗牛。这些食物可以在大型水箱中种植,水箱还能起到辐射屏蔽的作用"。

Spencer 的"火星城"既是地球上娱乐的模板,也是火星上真实城市设计的模板。如果火星模拟城市在地球上建成,对其设计的分析可以让人们进行充分试验、改造和重新设计,并最终为火星上类似城市的设计提供指导。

9.9 本章小结

本章回顾的先例为设计火星城市提供了一些经验和警示。每个先例都强调在选址时需谨慎行事,Spencer、Zubrin、火星基金会和 Robinson 各自推荐了一个具体的地点,Joanna Kozicka 则提出了一套应当权衡的选址标准。这些先例的多样性使相互比较变得有些困难。一些先例描述了近期定居点和未来几十年的城市规划(如 Zubrin 和 Joanna),其他一些人,如 Bradbury 和 Robinson 则有着更长远的眼光。本书期望聚焦于这两者间的一个平衡点:不是最初几年的早期探索阶段,而是永久定居的前几十年甚至更长时间,但早于 Robinson 笔下尼科西亚所展现的奇幻愿景。

没有自然光线的鼹鼠式建筑并非我们的目标。第 11 章介绍了一种城市规划方案,该方案受益于自然地貌所提供的保护,但并不默然地接受地下生活。该方案以本章和第 10 章中介绍的先例为基础,同时结合本书中回顾的科学和工程最佳实践,以期为我们呈现一个令人信服的火星城市面貌。

参考文献

[1] Bradbury, Ray. 1950. The Martian Chronicles. Simon & Schuster.

[2] Weintraub, David. 2018. Life on Mars: What to Know Before We Go. Princeton University Press.

[3] Johnson, Sarah Stewart. 2020. "The Astronomer Who Believed There Was an Alien Utopia on Mars." OneZero(blog). July 7, 2020.

[4] Hoyt, William Graves. 1976. Lowell and Mars. University of Arizona Press. 57-58.

[5] Ayers, Dale, Timothy Barnes, Woody Bryant, Parveen Chowdhury, Joe Dillard, Vernadette Gardner, George Gregory, Cheryl Harmon, Brock Harrell, and Sherrill Hilton. 1991. Mars habitat. Universities Space Research Association, Houston, Proceedings of the Seventh Annual Summer Conference. NASA. USRA: University Advanced Design Program. January 1.

[6] Zubrin, Robert & Richard Wagner. 1996. The Case for Mars: The Plan to Settle the Red Planet and Why We Must. Simon & Schuster.

[7] Fisher, Gary. 2005. Mars Homestead Project-Overview Presentation. marshome.org/files2/Mars Home Overview-2006-11-16-compressed.ppt>. Accessed 11/3/19.

[8] Petrov, Georgi I., Bruce Mackenzie, Mark Homnick, and Joseph Palaia. 2005. A permanent settlement on Mars: The architecture of the Mars homestead project. Mars Society. No. 2005-01-2853. SAE Technical Paper.

[9] Gehl, Jan. 2010. Cities for People. Island Press.

[10] Jacobs, Jane. 1961. The Death and Life of Great American Cities. Random House.

[11] Bartholomew, Keith & Reid Ewing. 2013. Pedestrian-and Transit-Oriented Design. Washington, DC: Urban Land Institute.

[12] Avery, Dan. 2021. Saudi Arabia Building 100-Mile-Long "Linear" City. Architectural Digest. January 26.

[13] Robinson, Kim Stanley. 1992. Red Mars. New York: Spectra.

[14] Abbott, Carl. 2016. Imagining urban futures: cities in science fiction and what we might learn from them. Middletown, CT: Wesleyan University Press.

[15] Pirsig, Robert M. 1974. Zen and the Art of Motorcycle Maintenance: An Inquiry into Values. New York: Morrow.

[16] Daou, Daniel, and Mariano Gomez-Luque. 2020. "'On Wilderness and Utopia'DOUBLEHYPHEN Interview with Kim Stanley Robinson on Science Fiction, Critical Urban Theory and Design." New Geographies 11: Extraterrestrial by Actar Publishers-Issuu, February 25, 2020.

[17] Ruggles, Donald H. 2017. Beauty, Neuroscience & Architecture: Timeless Patterns and Their Impact on Our Well-being. Norman: Fibonacci/University of Oklahoma Press.

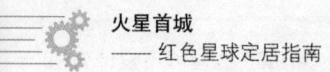

[18] Buras, Nir. 2020. The Art of Classic Planning: Building Beautiful and Enduring Communities. Cambridge: Harvard University Press.

[19] Hollander, Justin B. and Ann Sussman, editors. 2021. Urban experience and design: International perspectives on 21st-century urban design and planning. London / New York: Routledge.

[20] Kozicka, J. & Kozicki, J. 2011. Human Friendly Architectural Design for a small Martian Base. Advances in Space Research. 48: 1997-1994.

[21] Kozicka, J. 2008. Architectural problems of a Martian base design as a habitat in extreme conditions: Practical architectural guidelines to design a Martian base. PhD diss. Gdańsk University of Technology, Faculty of Architecture, Department of Technical Aspects of Architectural Design.

[22] Dubbink, Thomas. 2001. Designing for Har Decher, ideas for Martian bases in the 20th century. Delft University of Technology.

[23] Raimond, Austin. 2016. "Dwelling beyond: Sustainable Design on Mars." M. Arch., United States DOUBLEHYPHEN Maryland: University of Maryland, College Park.

[24] Sherwood, Brent. 2009. Introduction to Space Architecture. In Out of This World: The New Field of Space Architecture. Reston, VA: American Institute of Aeronautics and Astronautics.

[25] Howell, Elizabeth. 2016. Viva 'Mars World': Las Vegas May Get Red Planet Experience. Space. com. Web, 27 November 2019.

[26] Spencer, John. 2017. "The Real Mars City Design". Unpublished report. December.

第 10 章
外星居住规划先例

第 9 章提出的创意想法为火星首城的规划提供了重要的启示。人类离开地球生活的其他计划也同样具有价值。在本章中,我将提供一些特别有说服力的例子,但并不保证其全面性,要完成这样的任务,本身就需要用一整本书来阐述①。相反,本章仅对少数几个计划进行简明概述。本章从三个方面入手:由具有资质的规划和工程专业人员制定并在知名媒体上发表的专业规划;在知名度较低的媒体上发表了稍显不那么正式的规划;最后是小说、电影等大众媒体中描述的规划。与上一章一样,我将介绍每个规划的关键细节,并分析其主要基础设施、住房、建筑和其他方面的特点,最后总结评估这些例子如何为规划火星城市提供参考。在第 3 章中,概述了过去 70 年来的空间探索历程,并回顾了一些外星居住计划,包括国际空间站和"阿尔忒弥斯"计划②。第 3 章中已讨论的计划在此不再赘述。

---

① 最接近的可能是 Carl Abbott 于 2016 年出版的《想象城市未来》(*Imagining Urban Futures*),该书回顾了大量科幻小说、电影和电视节目,可以了解如何描绘城市和对当代城市化的意义。

② "阿尔忒弥斯"计划(Artemis Program)是由美国政府资助的一个载人航天项目,其目标是在 2024 年前将宇航员平安送往月球并返回,并建立常态化驻留机制,为未来的火星载人登陆任务铺就道路。

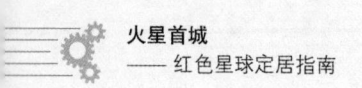

10.1 Dalton 和 Hohmann 的月球殖民地计划

1972年，Dalton 和 Hohmann[1] 受 NASA 委托，制订了一份详细的月球殖民地计划。正如作者所解释的那样，该计划在当时引发了人们对城市规划的广泛关注：

> 一个观察的结果或警示——该观察结果或警示是由美国城市发展的例子获得的，就是过去的许多殖民地和城市都是按照特定规模进行规划或设计的。当确定规模后，就未再进行后续的长期规划。因此，城市发展就成了一个脱离秩序与理性控制的随机过程。在此种情况下，殖民地的发展没有为居民提供足够的支持，服务和基础设施(交通、环境控制系统、电力、污水处理，甚至住房形式)也没有得到妥善分配或整合。

Dalton 和 Hohmann 认为，与其建造一个只能容纳几十人使用的初始月球基地，还不如深思熟虑，预测基地怎样扩展成一个更大的定居点，并最终发展成一座城市，然后将这种思考融入初始基地的设计。他们在为月球制订的计划中就是如此做的，如基地的可扩展系统配置(图 10.1)和建筑物与基础设施布局的可扩展计划(图 10.2)所示。

在选址时，平均温度、温度变化、日照、阴影、矿物资源、天文因素(望远镜，特别是射电望远镜放置在哪里最有效)、地球光和日食(每年发生两次，导致月表温度急剧下降)等因素都在考虑之列。他们最终决定将月球殖民地选址在一个远离月球两极的地方——位于南纬 17.5°、西经 89.5° 的科普夫陨石坑(Kopf Crater)[2]。殖民地的能源来自核能和太阳能，而殖民地内外的交通将由月表飞行器和某种版本的月球车来承担(图 10.3)。

---

[1] Charles Dalton，美国得克萨斯州休斯顿大学系统工程荣誉退休教授；Edward Hohmann，曾任加州州立理工学院工程学院院长。

[2] 科普夫是一个月球陨石坑，位于月球正面东方海撞击盆地的东北侧边缘。

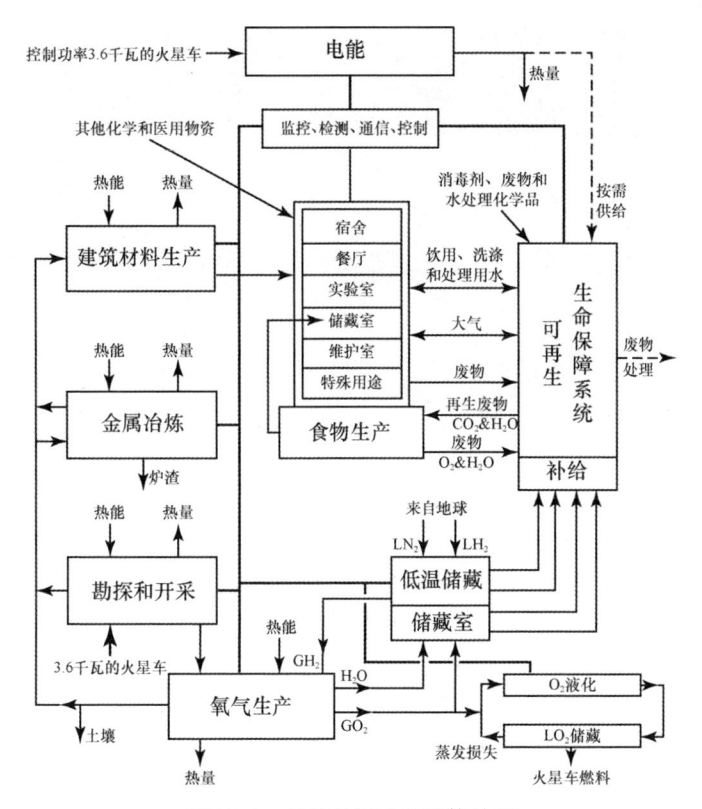

图 10.1 月球殖民地的整体计划

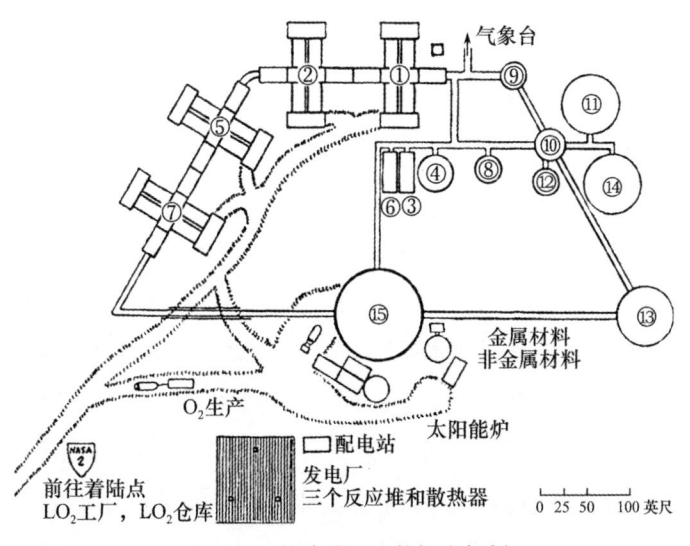

图 10.2 月球殖民地的概念规划

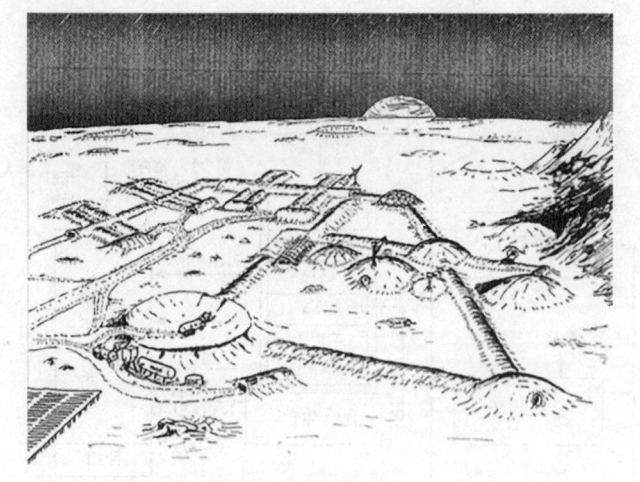

图 10.3 拟建月球殖民地的俯瞰视图

九个罐式单元用于初始登陆机组(图 10.2 中的地图位置 1),然后由额外的罐式单元(地图位置 2、5、7)和农场模块(地图位置 3、4、6、8)进行扩展。之后,该计划设想建造原位材料加工设施、大型工作建筑(地图位置 9、10)、大型农场建筑(地图位置 11)和食物储存建筑(地图位置 12)。最后,该计划要求建造更大的建筑(地图位置 13、14、15),为殖民者提供 Dalton 和 Hohmann[1]所称的"豪华空间"。

月球规划者也考虑过其他布局,但还是选择了这一初始架构,因为他们认为月球殖民者在现场才能更好地适应其独特环境,并对定居点布局和配置的具体细节进行微调:"殖民团队为建造'他们自己的'定居点而付出的额外努力和聪明才智无疑将在月球环境中成为一种财富。"

Dalton 和 Hohmann 的计划是关于人类在月球上定居的首批也是最完善的计划之一。自 1972 年发表以来,该计划已多次被研究相关问题的科学家和工程师引用。行星科学的新发现及地球上技术的进步侵蚀了 Dalton 和 Hohmann 的一些观点。但他们的基本观点——即使在设计月球首次登陆基地时也需要长远思考,对于本书的工作来说非常重要。他们计划中的模块化和可扩展性特征,以及他们坚持认为殖民者将在完善该计划中发挥关键作用的观点,在当今也具有极大的重要性,并与第 11 章中提出的计划相关。

10.2 在月球上点石成金

罗格斯大学工程学教授 Haym Benaroya 于 2010 年撰写了《点石成金：在月球和火星上建设未来》(*Turning Dust Gold：Building a Future on the Moon and Mars*)一书。该书对于火星的规划富有启发性，并为本书前几章提供了大量信息。我之所以未在第 8 章详细介绍这些规划，是因为这样做会与该章中的其他先例重复。不过，Benaroya 关于月球殖民的规划更具特色，值得在此仔细探讨。

Benaroya 首先提出在月球的熔岩管道中建立地下定居点，就像第 9 章中普雷里维尤农工大学提出的火星 Lavapolis 方案中所描述的那样[2]。与火星情况类似，这些洞穴管道据信是月球熔岩流动形成的，在月表以下 40 米处留下了宽达 300 米的稳定玄武岩管道[3-4]。

为了安置月球居民，Benaroya 首先估算了每位居民的生活和工作面积需求，并得出结论，认为每人 120 立方米的空间就足够了。这大致相当于国际空间站每名宇航员分配到的空间量。关于定居点的布局，Benaroya 考虑了三种可能性：放射状（线性舱段从主要的中央空间向外延伸，如第 9 章中介绍的"六角星"设计）、分支状（小的循环路径从主路径延伸）和集群状（没有任何明显循环模式的布局）。Benaroya 选择了放射状布局方案，并进行了大量的工程分析，以确定其相对于其他两种布局的优越性（图 10.4）。在基础设施方面，Benaroya 建议原位利用太阳能和地热能。

图 10.4 三种建筑概念图

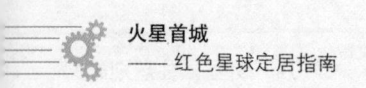

10.3 塞莱尼亚——第三代月球基地

来自波多黎各大学的师生团队构想了一个可能的月球定居点塞莱尼亚,他们称其为第三代月球基地。100名月球居民可以在那里永久居住和工作,基本上实现自给自足。与第9章介绍的普雷里维尤农工大学方案一样,这项工作也得到了NASA的资助。该定居点的基本布局如下:

> 一个直径120英尺的小陨石坑被短程线穹顶覆盖,其中有隧道用于容纳地下个人住所……三个社交节点将位于隧道交汇处,每个节点都设有一个大堂休息厅、健身房、厨房、餐饮-会议-图书馆区、医务室、教堂和一个通往地面的拱形圆顶小屋[5]。

被划分为四层的小陨石坑是定居点的核心。生命支持系统在这里回收废物、产生淡水和空气,同时种植和储存食物。一个精巧的地下隧道系统将各节点连接起来,并可以使用漫游车探索月球表面(图10.5)。

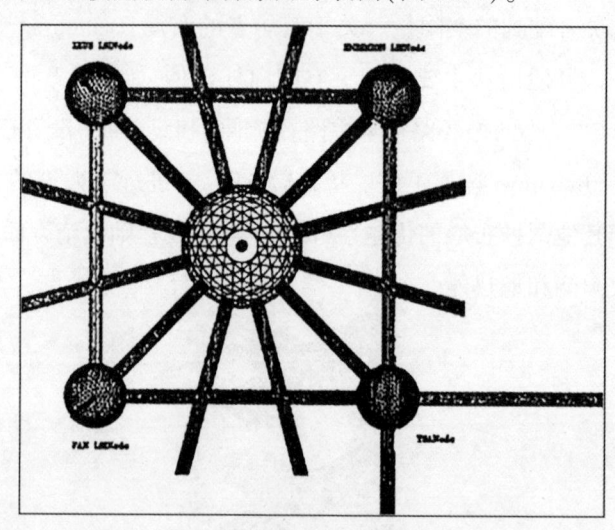

图10.5 塞莱尼亚月球定居点的平面图

塞莱尼亚计划的一个显著特点是它采用了部分地下生活、穹顶特征和通过隧道辐射连接其他节点的中央空间——这些都是本章和前一章中已经见过的熟悉模式。

10.4 太空定居点

在地球或月球周围都有适合建立太空定居点的轨位,这些轨位既与地球和月球保持最佳距离,又不会因为距离过近而频繁遭遇日食。这些平动点或拉格朗日点的编号为 L1 至 L5。1975 年 NASA 的暑期研讨会决定,他们将在 5 号平动点(L5)设计一个轨道定居点(有关拉格朗日点的更多详情以及"人类可访问"太阳系的概念图,请参阅第 3 章)。

NASA 召集了一批当时顶尖的科学家和工程师,试图探索太空定居的各种可能配置,他们共同促成了一份重要的出版物和一系列令人印象深刻的彩色插图[6]。著名的"伯纳尔球体""奥尼尔圆柱""斯坦福圆环"分别代表了不同的地球外定居方式,NASA 的暑期研讨会对每种方式都进行了详细的研究(图 10.6)。

图 10.6 塞莱尼亚月球定居点的效果图

10.4.1 伯纳尔球体

John Desmond Bernal① 于 20 世纪 20 年代首次提出了航天器球体概念,后来该概念以其名字命名。伯纳尔球体是 1975 年 NASA 暑期研讨会的一个重要选择[7]。该设计可容纳 75000 人(图 10.7、图 10.8 和图 10.9)。普林斯顿大学 Gerard O'Neill 教授在其著作《高边疆》(*The High Frontier*)中对该球体进行了扩

---

① John Desmond Bernal,英国物理学家、剑桥大学教授,科学学科奠基人。

展[8]，确定了三种他称为岛1、岛2和岛3的栖息地变体。伯纳尔球体是岛1，圆柱形定居点被称为岛2(后来被称为"奥尼尔圆柱"体)，环形或环形体是岛3。在该书中，伯纳尔球体的直径为500米，但也可以建造至直径达19千米。它充满了"低层联排公寓、购物步道和小公园"。服务和工业设施被置于地下，以便为"草坪和公园"保留大部分土地。该球体有10000名居民，并拥有许多地球上常见的便利设施，如电影院、芭蕾舞和音乐会演出场所等，热门科幻电视秀《巴比伦5号》就是以伯纳尔球体为背景[9]。

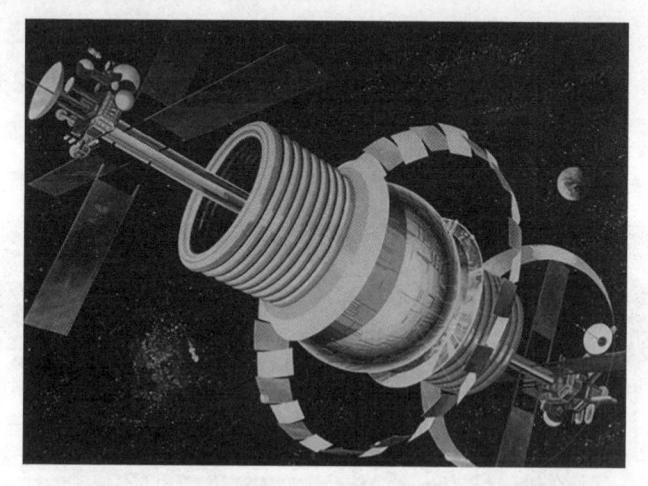

图10.7 （见彩图）伯纳尔球体设计的外部视图

图10.8 （见彩图）伯纳尔球体的内部剖面图

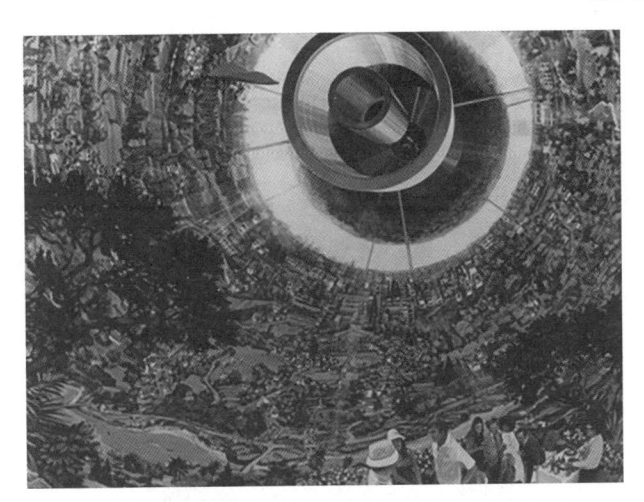

图 10.9 （见彩图）伯纳尔球体的内部视图

10.4.2 奥尼尔圆柱

《高边疆》中介绍的第二个岛——"奥尼尔圆柱"（以作者的名字命名）设计可容纳 82 万人，位于地月系统的 L4 点或 L5 点。在 NASA 的暑期研讨会上，"奥尼尔圆柱"的概念是半径 2 英里（1 英里 = 1.61 千米），长 12 英里，可容纳 1000 万人[9]（图 10.10）。

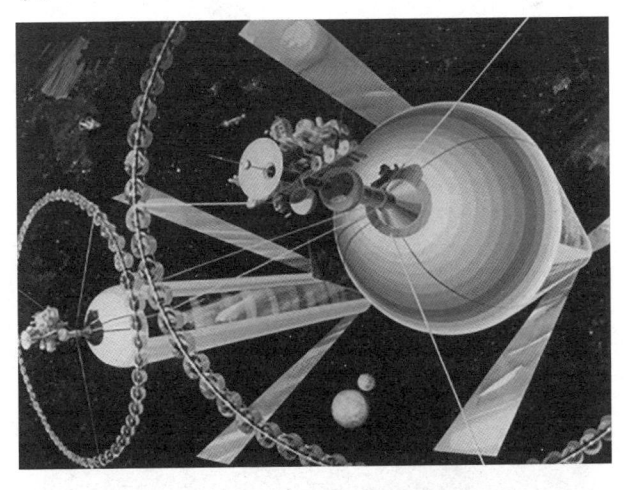

图 10.10 采用"奥尼尔圆柱"设计的双圆柱定居点外观图

根据 Scharmen 的说法，奥尼尔圆柱设计的插画师 Stewart Brand 受命描绘出类似法国乡村的风景（图 10.11 和图 10.12）。插画师成功地传达了这一理念，描绘了连绵起伏的山峦、壮丽的景色和错落有致的绿植。NASA 团队试图在圆柱中创建 6 个相等的部分,分别是三个山谷,两端的中型城市,中间的小村庄和森林。农业和工业设施位于主圆柱外部。"奥尼尔圆柱"是一个经过精心修剪和控制的环境,那里没有害虫。Scharmen 在《太空殖民地》(*Space Settlements*)一书中写道:"部分是伊甸园,部分是方舟,O'Neill 建造的景观是纯粹为了舒适和便利。在这种超柯布西耶主义中,不仅仅是城市,整个世界都是建在人工高地上的乐园。"值得注意的是,Christopher Nolan 的电影《星际穿越》(*Interstellar*)中,库珀站(Cooper Station)也采用了奥尼尔圆柱设计,营造出了同样的乡村气息[9]。

图 10.11　(见彩图)采用"奥尼尔圆柱"设计的长悬索桥内部视图

图 10.12　(见彩图)从圆柱体纵轴窗户俯瞰地球和月球的视图

10.4.3 斯坦福圆环

1975 年的 NASA 暑期研讨会上,斯坦福圆环设计采用了环形结构,每个可容纳 10000 人[9]。圆环本身和轮胎形状相同,事实上,固特异轮胎公司(Goodyear Tire Company)早在 1957 年就深度参与了空间站的概念设计(甚至制作了等比例原理样机)[10](图 10.13)。

图 10.13　固特异轮胎公司的环形空间站模型,非常像一个巨大轮胎

对于 1975 年 NASA 暑期研讨会而言,基于斯坦福圆环设计的空间站采用了高架平台和分层,将生活区与交通、公共设施和其他基础设施分隔开来[9](图 10.14、图 10.15 和图 10.16)。排屋设计中,"一个人的露台……是另一个人的屋顶"。此外,空间高度分隔,"公共设施下方是服务设施,上方是高速交通"。阶梯式住宅增加了地面面积,"为每个人提供了私人花园、光线和空气"[9]。空间站的最低层"无法直接接触光线和空气",用于"存储、加工和废物处理"。

斯坦福圆环式空间站在流形文化中具有相当大的影响力,它是 Neill Blomkamp① 于 2013 年电影《极乐空间》(*Elysium*)中轨道空间站的设计蓝本。

---

①　Neill Blomkamp,1979 年 9 月 17 日出生于南非约翰内斯堡,美国导演、编剧。

图 10.14 （见彩图）斯坦福圆环设计的外部视图

图 10.15 （见彩图）斯坦福圆环设计的内部剖面图

图 10.16　（见彩图）斯坦福圆环设计的内部视图

电影中外部的双环形结构是一个富有的精英社区，"一个专为有财产的富人打造的专属、豪华且安全的封闭太空社区"。电影制作人没有选择类似法国乡村的风景，而是选择了修剪整齐、草坪繁茂的北美郊区社区氛围，配有超大的豪宅和奢华的泳池。影片的社会批判性在于将极乐空间塑造为逃离饱受污染、疾病和不平等加剧的地球生活的理想选择，影片利用斯坦福圆环的空间站设计展示了一个令人向往、设施齐全的居住地[11]。

伯纳尔球体、奥尼尔圆柱和斯坦福圆环这三种太空定居设计方案，为地外生活和火星城市设计提供了重要见解和灵感。

10.5　SOM 的月球村

在撰写本文时，顶尖的建筑规划公司 Skidmore, Owings & Merrill（SOM）正携手欧洲航天局（ESA）和麻省理工学院（MIT），合作设计一座月球村。Georgi Petrov[①] 是一篇有关该研究计划综述论文的主要作者，该论文于 2019 年在波士

---

① Georgi Petrov，执业建筑师和结构工程师。他是 Skidmore, Owings & Merrill 纽约办事处结构组的助理。

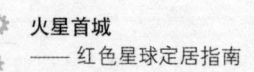

顿举行的第49届国际环境系统会议上发表。月球村的规划者在撰写时力求务实、贴近现实,他们写道:"该项目将使我们能够充分利用太空的知识和技术,进而推动采用更智能的方法开发地球资源,并有望直接影响人类应对地球上挑战的方式。"

这并非Petrov首次探索太空建筑和规划。他于2004年在麻省理工学院攻读建筑学硕士学位时,首次勾勒出了此后体现在月球村概念中的想法。在那些早期草图中,Petrov制订了一个火星城市规划。在火星上建造城市所面临的顾虑和局限同样在月表得到了很好的体现,月球村的概念应运而生。

Petrov等首先提出将永久定居点设在月球南极,理由是那里已探测到水、甲烷、氨、二氧化碳和一氧化碳,使原位资源利用成为可能。在沙克尔顿陨石坑的边缘,SOM团队"最大限度地利用了近乎连续的日光照射,并保持对地球的无遮挡视线"[12]。

SOM团队首先提出了总体规划,阐述了他们对安全、效率和可扩展性的工程要求。接下来,他们引用了19世纪Arturo Soria关于马德里Ciudad Lineal区域规划和Le Corbusier的线性城市概念(正如第9章中介绍的火星家园计划),充分借鉴历史上的陆地城市开发经验。线性城市沿着道路、公路或铁路线延伸,每个模块依次与下一个模块相连。对于月球村,SOM团队创建了四条平行条带,"它们以固定间隔相连,最能实现安全、高效和可扩展性的目标"[12](图10.17)。第一条带用于住宅,靠近陨石坑,第二条带用于基础设施,第三条带用于办公室、集结区或其他工作空间等相关的各种活动,第四条带则专门用于能源生产和运输活动(图10.18)。该计划还包括团队所称的"原始月球公园",该区域禁止进行开发活动,以保证有一个可以无障碍眺望地球的区域(图10.19)。

在最靠近陨石坑边缘的住宅区内,排列着一系列相互连接的垂直居住区(图10.20)。每个垂直居住区都是多层建筑,拥有中央庭院,周围环绕着三个节点区。节点区容纳了从住宅(乘组人员宿舍)、实验室到运动区和食物准备区等一系列用途(图10.21)。

SOM团队以最先进的科学和工程技术为基础,与世界上顶尖的航天专家共

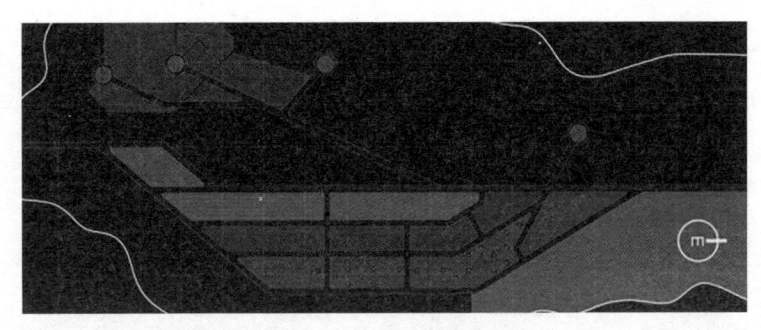

图 10.17　（见彩图）月球村总体规划。绿色区域是原始月球公园,红色区域是住宅区,蓝色区域是基础设施,橙色区域用于商业或科学探索等其他活动。值得注意的是,平面图右下角的箭头图标指示了地球的方向,而不是陆地地图上常见的指北箭头

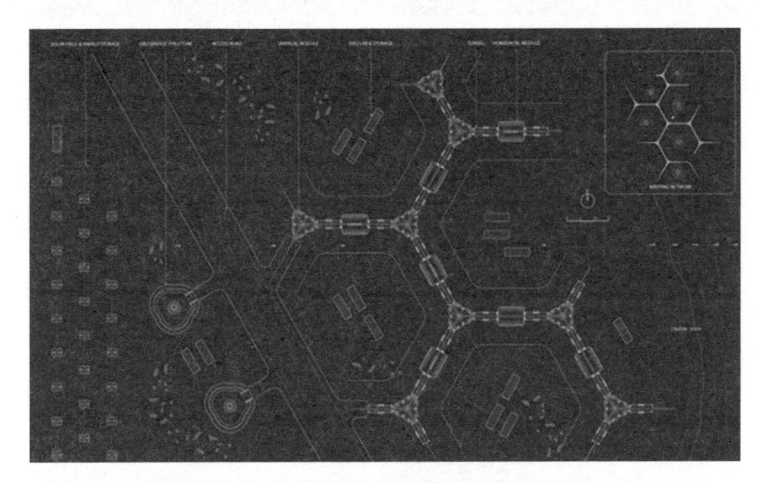

图 10.18　（见彩图）月球村的平面渲染图

图 10.19　（见彩图）月球村的地球景观视图

火星首城
—— 红色星球定居指南

图 10.20 （见彩图）月球村的鸟瞰图

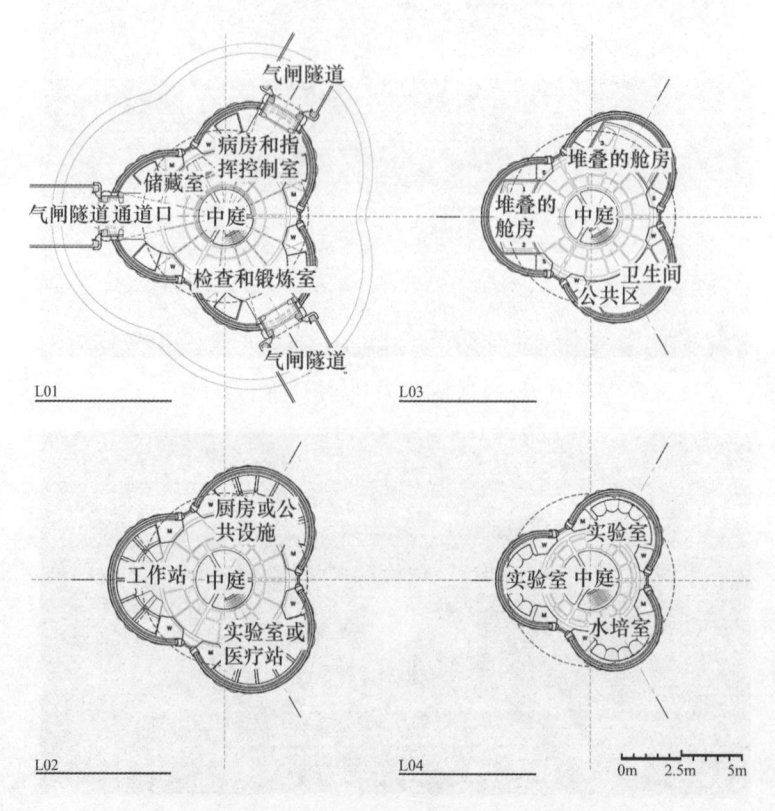

图 10.21 月球村垂直居住区的室内设计图

192

同合作，为永久月球居住点制订了一个视觉上引人注目、条理清晰的宏大计划。虽然月球村是永久性的，但规模相对较小，而且缺乏有意义的交通系统，其可扩展性并没有得到很好的体现。通过增加新的线性元素，月球村可能变得相当庞大（就像沙特阿拉伯人在地球上设想的线性城市一样，见第9章），但随着时间的推移，人员、设备和货物的流通可能会面临挑战。

除此局限性外，月球村的概念对火星城市规划具有相当重要的参考价值。月球村居住区提供了一种清晰且高效的方式来满足各种功能，提供公共集会空间，保持中庭的开放空间，并保留月球景观乃至地球之外的视野。

10.6 本章小结

本章这些先例提供了从月球及以远地方进行城市建设的视角，是对上一章中仅聚焦火星城市设计先例的补充。在规划火星城市时，应综合考虑一系列轴线（包括地面和地下）上建筑物和交通路线的巧妙布局，满足人类与绿色和"自然"相连接的需求，并提供重要的景观视野。在理解这些先例时，需要考虑到它们产生的背景、支持它们的资金来源、每个团队的组成及构思这些先例时的知识水平。考虑到这些局限性，下一章将试图汲取每个先例的精华，提出一个清晰的火星城市愿景。在此过程中，力求有所创新，为更广泛的太空建筑和城市化讨论做出贡献，并为未来的太空探索者提供一个参考模板。

参考文献

[1] Dalton, C. and E. Hohmann. 1972. Conceptual design of a lunar colony. Contractor report to NASA. NASA-CR-129164.

[2] Benaroya, Haym. 2010. Turning Dust to Gold: Building a Future on the Moon and Mars. Springer-Praxis Books in Space Exploration. Berlin; Springer.

[3] Coombs, Cassandra R.; Hawke, B. Ray (September 1992), "A search for intact lava tubes on the Moon: Possible lunar base habitats", In NASA. Johnson Space Center, The Second Conference on Lunar Bases and Space Activities of the 21st Century (SEE N93-17414 05-91), 1, pp. 219-229.

[4] York, Cheryl Lynn; et al (December 1992), "Lunar lava tube sensing", Lunar and Planetary

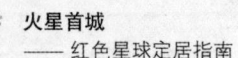

Institute, Joint Workshop on New Technologies for Lunar Resource Assessment, pp. 51-52.

[5] University of Puerto Rico. 1991. Selenia: A habitability study for the development of a third generation lunar base. Universities Space Research Association, Houston, Proceedings of the Seventh Annual Summer Conference. NASA (USRA: University Advanced Design Program. January 1.

[6] NASA. 1975. "Space Settlements: A Design Study."

[7] Alshamsi, Humaid, Roy Balleste, and Michelle LD Hanlon. 2018. Space station Asgardia 2117: From theoretical science to a new nation in outer space. Santa Clara J. Int'l L. 16: 37.

[8] O'Neill, Gerard. 1977. The High Frontier: Human Colonies In Space. New York, NY: Morrow.

[9] Scharmen, Fred. 2019. Space Settlements. New York: Columbia Books on Architecture and the City.

[10] Nesbit, Jeffrey S. 2020. "Inflatable Imaginaries and the Goodyear Space Station" in Paolo Nespoli and Roland Miller, Interior Space. Damiani Editore: Bologna, Italy.

[11] Mirrlees, Tanner, and Isabel Pedersen. "Elysium as a critical dystopia." International Journal of Media & Cultural Politics 12, no. 3 (2016): 305-322.

[12] Petrov, Georgi, Daniel Inocente, Max Haney, Neil Katz, Colin Koop, Advenit Makaya, Marlies Arnhof, Hanna Lakk, Aidan Cowley, Claudie Haignere, Piero Messina, Valentina Sumini, Jeffrey A. Hoffman. 2019. Moon Village Reference Masterplan and Habitat Design. 49th International Conference on Environmental Systems. July 7-11. Boston, USA.

第11章
火星殖民地构想

前面通俗易懂地介绍了火星城市建设的几项关键原则,实际上,本书至此已经可以完结了。然而,正如伟大的城市规划师 Daniel Hudson Burnham ①[1] 所言,只有一系列的原则并不足以激发人们的想象力,需要给出具体的规划,最好是效果图,以便能够清晰地想象在这样一个地方的生活。因此,本章制定了火星首城 Aleph 的城市规划方案。

城市规划充满权衡、得失和妥协,本章也未能并重各项原则,这仅是个人的一个构想,远非完美。"我"自然希望本章能够为研究人员制定火星殖民方案提供借鉴,但个人最在意的是火星城市规划中的共性原则,这些是提出其他方案的基础。

早在公元前三千年,美索不达米亚②最早成文的城市规划就确定了街道走向和主要建筑的位置[2]。这些原始城市规划是人类文明进步的不朽标志。如前几章所述,地球城市规划中有许多(当然不是全部)在火星上也将面临的挑战,这为火星首城——Aleph 的规划提供了参考。

---

① Daniel Hudson Burnham,美国建筑师和城市规划师。其认为:"渺小目标难以让人热血沸腾,往往黯然离场。要制定宏伟蓝图式的规划并满怀希望地为之奋斗。崇高、合理的构想一旦来到这个世上,就永远不会消亡。寒来暑往,斗转星移,其仍将生机勃勃,并越发坚韧。"

② 美索不达米亚(Mesopotamia)是古希腊对两河(幼发拉底河与底格里斯河)流域的称谓,意为"两河之间的土地",涵盖了现今的伊拉克、伊朗、土耳其、叙利亚和科威特的部分地区。

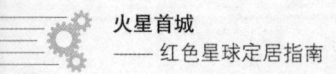

火箭科学家、地质学家、化学家、食品科学家、物理学家、工程师和水文学家一直是计划前往火星并开展殖民的各团队主要成员。然而,他们大多没有专业的城市规划背景。

本章构想的 Aleph 城市基于地球的开拓史(第 2 章)、过去七十年间的空间探索(第 3 章)、人类的心理和生理需求(第 4 章)、城市交通(第 5 章)、住宅、工商业要素(第 6 章)、建筑科学与工程(第 7 章)、基础设施(第 8 章)等方面的良好实践,以及研究人员为火星(第 9 章)和其他地外星球(第 10 章)制定城市规划的经验。众多研究人员[①]帮助提升了这一新城市的规划可行性。

11.1 指导原则

前几章对多个主题进行了调查,形成了制定城市规划的一系列原则,共计 30 项,按章节列写如下:

1. 地球开拓经验

(1) 新城选址:宜选择地势平坦、水源充足、交通便利、靠近自然资源(如矿产和森林)的地点。

(2) 街道设计:街道布局应考虑气候因素(如风),连通性至关重要。

(3) 公共空间:位于中央位置的公共聚集场所至关重要,综合考虑日照和绿化。

(4) 关键公共建筑:应在中央公共聚集场所或其附近为关键公共建筑(如政府、市场)预留位置。

(5) 精神生活:居住区的形式、用途和设计应考虑形而上学的层面。

2. 环境设计和心理学因素

(1) 建筑边界至关重要。

(2) 样式很重要。

(3) 形状举足轻重。

---

① Berk Diker,"我"设计 Aleph 城市的合作伙伴,为本书提供了关键研究协助,绘制了书中所有地图和效果图。

(4) 故事性十分关键。

(5) 需考虑亲生命性的影响。

3. 交通运输层面

(1) 采用多轨道、地下式的一级公共交通系统。

(2) 开发地下二级行人和自行车交通系统。

(3) 在粗糙的星表上建立三级漫游车交通系统。

4. 住宅、工商业层面

(1) 追求高密度、多用途设计。

(2) 最初的商业功能可以包括采矿、旅游、私人研究和支持功能。居住点发展到一定程度后,即可在其边界内进行贸易活动,也可与其他居住点进行贸易活动。

(3) 在极端气候地区,必须从一开始就将便利设施纳入设计,而不是之后才引入。

(4) 极端气候要求建筑结构紧凑密集、面积小而封闭、地面通道狭窄、依太阳位置布局。

(5) 居住点必须封闭,以使居民免受有害大气的影响。

(6) 在设计结构开口和暴露表面时,必须考虑地表的辐射暴露。

5. 建筑科学、设计和工程层面

(1) 一些建筑材料可能需要从地球搬运,如金属、织物和薄膜,火星风化层经简单加工后可生产其余所需材料,如砖、陶瓷、玻璃和混凝土。

(2) Aleph 市将需要多种模块化建筑结构和形式,但圆顶是减少热量损失的理想形状。

(3) 在人类定居之前,通过远程操作或使用机器人完成建造可减少对人类的潜在伤害,因此应尽可能使用 3D 打印等建造方法。

(4) 充足的自然光和建筑内部的景观是必要考虑因素。

6. 基础设施层面

(1) 可以从火星大气中收集水,有效储存和重复使用,以减少蒸发蒸腾作用。

(2) 基础设施应具有灵活性和开放性,以便未来进一步扩展,其设计和建

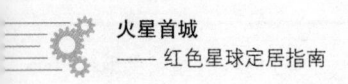

设应围绕宝贵自然资源的再回收和再利用。

（3）工商业的供应和回收基础设施应分开，以避免交叉污染。

（4）食物可主要由培养在地上温室和地下水培设施中的植物和单细胞蛋白质提供。

（5）尽可能使用冗余和自主清洁与维护系统，利用核能、太阳能和甲醇产生热能和电能。

（6）核反应堆可用于调节城市温度，照射到居住区的阳光作为补充热源。

（7）回收再利用设施对管理废物至关重要，可节约有限的资源（材料、食物、水和能源）。

11.2 选址

Aleph 选址的一个关键因素是从地球出发的飞船着陆地点。在地球上，枢纽始终推动着城市化的发展，如葡萄牙里斯本的深港、美国洛杉矶的 LAX 机场。火星枢纽的位置由众多因素决定，其首先需要一个面积约 2.6 平方千米的平坦区域，该区域应以坚硬表面为主，几乎没有陨石坑或巨石[3]。Wamelink①[4]的研究表明，火星各地的土质差异很大，着陆点应重点考虑适合植物生长的区域（图 11.1）。Cohen② 强调，着陆点应较为平坦，1~2 千米内没有特别高耸的地形（以方便飞行）；应靠近风化层（自然资源）；土壤须能承受 60~65 吨的设备和航天器[5]。Fergason③ 指出，着陆点应选择坡度小于 15°的平坦地面[6]。欧洲航天局建议着陆点应平坦并靠近火星赤道[7]，火星赤道与地球赤道一样，是热量和阳光最多的地方，有利于太阳能发电和保暖。NASA[8]公布了一系列火星城市选址的标准，包括：

（1）有证据表明该地区的环境现在或曾经是宜居的。

（2）有地质记录表明该地区包含裸露岩层。

（3）有证据表明该地区现在或过去存在水。

---

① Wieger Wamelink，瓦赫宁根大学生态学家。
② Marc Mitchell Cohen，太空建筑师，曾在 NASA 工作。
③ Robin Fergason，美国地质调查局天体地质科学中心专家。

(4) 平整安全的区域。

NASA 的火星科学实验室("好奇号"漫游车)在考虑上述标准的基础上,最终从 100 个可能的着陆点中筛选出了 4 个:埃伯斯瓦尔德陨石坑(Eberswalde Crater)、霍尔登陨石坑(Holden Crater)、马沃斯峡谷(Mawrth Vallis)和盖尔陨石坑(Gale Crater)(图 11.1、图 11.2、图 11.3 和图 11.4 以及表 11.1)。"好奇"号任务的重点是科学探索,而不是人类的长期定居,因此其落点选择标准不同于定居点的标准。

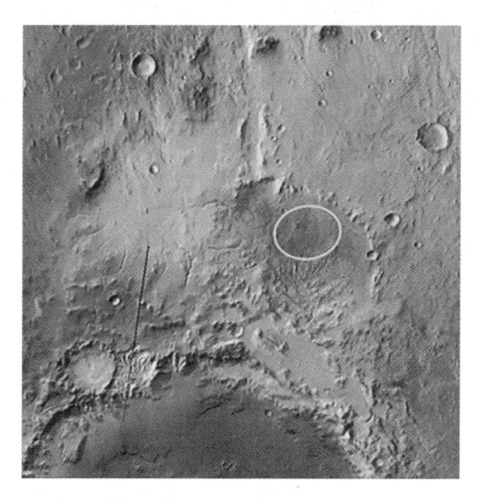

图 11.1 (见彩图)埃伯斯瓦尔德陨石坑(Eberswalde Crater)

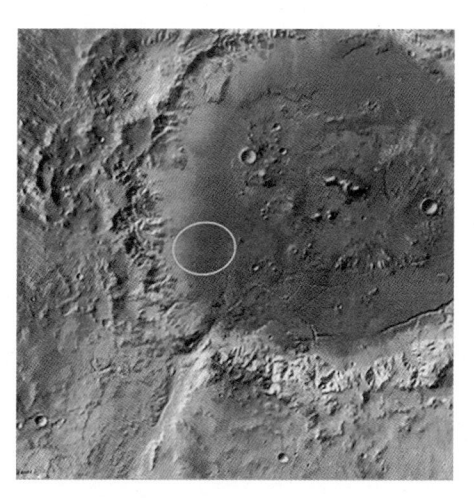

图 11.2 (见彩图)霍尔顿陨石坑(Holden Crater)

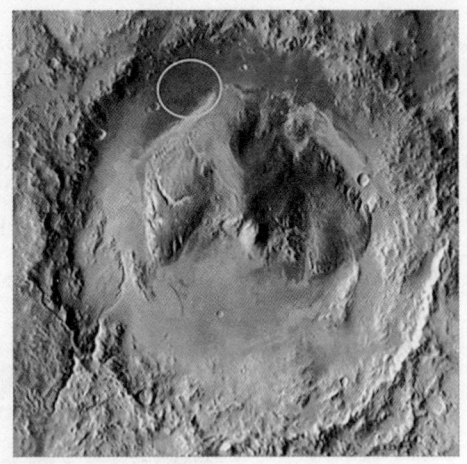

图 11.3 （见彩图）马沃斯峡谷(Mawrth Vallis)　　图 11.4 （见彩图）盖尔陨石坑(Gale Crater)

表 11.1　四个着陆点的对比

候选着陆点		霍尔顿陨石坑	埃伯斯瓦尔德陨石坑	马沃斯峡谷	盖尔陨石坑
科学或经济目标	优势	1. 通过考察30多亿年前沉积物的侵蚀情况，可以探索火星上水的历史； 2. 该地区包含一些最古老的岩石； 3. 有地质学意义的黏土和巨砾岩； 4. 沉积物暴露在一个可能的古代湖泊中； 5. 有适合安全着陆的光滑平坦表面； 6. 热惯性/表面材料一致	1. 通过研究含有黏土的三角洲，可以探索火星上水的历史； 2. 该区域包含火山口湖的演变和沉积沉淀等特征，可能保存了有机物质	1. 可在该区域探索火星早期的宜居性； 2. 该区域可能代表了火星的全球状况； 3. 岩石中含有50%以上的层状硅酸盐（片状硅酸盐）矿物——具有保存生物的潜力	地层有含水矿物，表明历史上可能存在水环境
	劣势	1. 环境历史不明； 2. 环境可能不适合保存生物沉积物	1. 层状硅酸盐（片状硅酸盐）矿物种类有限； 2. 着陆椭圆范围内的科学价值不高	富集、保存有机物的沉积环境、过程尚不清楚	1. 层状硅酸盐（片状硅酸盐）矿物种类有限； 2. 着陆椭圆范围内的科学价值不高

续表

候选着陆点		霍尔顿陨石坑	埃伯斯瓦尔德陨石坑	马沃斯峡谷	盖尔陨石坑
星表建筑	优势	1. 被侵蚀的高原上有一个合适的着陆点或建筑备选工地； 2. 可通过开采和加工层状硅酸盐(片状硅酸盐)生产建筑材料； 3. 相对无尘	1. 着陆区地势相对平坦，海拔低于周围地区，因而辐射照射较少； 2. 地表有黏土矿物，可原位利用； 3. 太阳能利用效率较高，粉尘控制相对容易	1. 古河谷旁有合适的着陆区； 2. 地表有黏土矿物，可原位利用； 3. 由于地处北部,能源需求较低	1. 有可供原位利用的黏土矿物和含氧矿物； 2. 有一个合适的着陆区，且好奇号已经完成了探索； 3. 地表平均温度相对稳定
	劣势	1. 地表平均温度变化明显； 2. 由于地处南纬，冬季漫长而寒冷； 3. 能源需求较高,需要加强热防护	1. 存在陡坡可能不利于勘探； 2. 能源需求较高，需要加强热防护	南北半球间的边界可能不利于地面作业	1. 火山口的高脊可能不利于勘探； 2. 狭窄的平坦区域可能会限制定居点的发展； 3. 粉尘控制可能较为困难

NASA 最终选择了盖尔陨石坑，"好奇号"于 2012 年 8 月 12 日着陆火星（图 11.5 和图 11.6）。在撰写本书时，"好奇号"仍在穿越陨石坑并探索周围环境[8]。盖尔陨石坑之所以成为着陆的有力候选点，部分原因在于其裸露的岩层，有些高达 5000 米，使科学家能够研究每层所表现出来的环境变化。一些人推测盖尔陨石坑可能曾是一个湖，"好奇号"的部分任务就是试图探测该地区存在水的证据[9]，并且也确实发现了疑似古代河床的地质[10]；高浓度的锰元素(表明这里曾有宜居的水生环境)[11]以及玄武岩熔岩(古代火山活动的印记)[12]。

然而，"好奇号"的探索结果在诸多方面否定了 NASA 将盖尔陨石坑作为着陆点的想法，因为该地区可能过去存在甚至仍然存活有微生物[8]。NASA 担心人类在该地区的探索和最终定居可能会扰乱火星上古老的生命记录。因此，在一定程度上，"好奇号"在盖尔陨石坑发现的生命或水的潜在迹象越多，它作为着陆和定居地点的可能性就越小。

欧洲航天局的火星生物探测计划①(ExoMars)正在考虑其他可能有水活动

---

① 火星生物探测计划(ExoMars)是由欧洲航天局和俄罗斯航天国家集团合作开展的无人火星探索计划,该计划的主要目标是寻找火星上过去和现存生命的迹象。

图 11.5　（见彩图）盖尔陨石坑的南向视图，着陆点用黄色椭圆形表示

图 11.6　（见彩图）2020 年 10 月 5 日，位于盖尔陨石坑"玛丽·安宁（Mary Anning）"地点的"好奇"号

迹象或矿藏的着陆点，例如，马沃斯峡谷（Mawrth Vallis）、奥克夏高原（Oxia Planum）和阿拉姆山脊（Aram Dorsum）[13-17]。NASA 最新的火星车"毅力"号（Perseverance）曾考虑在埃伯斯瓦尔德陨石坑和霍尔顿陨石坑着陆，但最终于 2021 年在耶泽罗陨石坑（Jezero Crater）着陆。这三个地点都被认为是有希望发现过去水或微生物存在证据的地点[18]，但如前所述，从 NASA 制定的行星保护考量而言，它们并不是未来理想的着陆和定居地点。

第 9 章提出了选址方面需考虑的一系列因素,如极地地区相对于赤道地区的地理优势。Wamelink 博士和他的学生在火星全球范围内分析了植物生长适应性,最终将乌托邦平原(Utopia Planitia)确定为适应性较高且面积较大的地区之一[19](图 11.7)。第 5 章引用的一份 NASA 承包商报告对火星交通问题进行了研究,该报告认为乌托邦平原(北纬 30°、西经 240°)是一个具有吸引力的永久居住点(图 11.8 和图 11.9)。

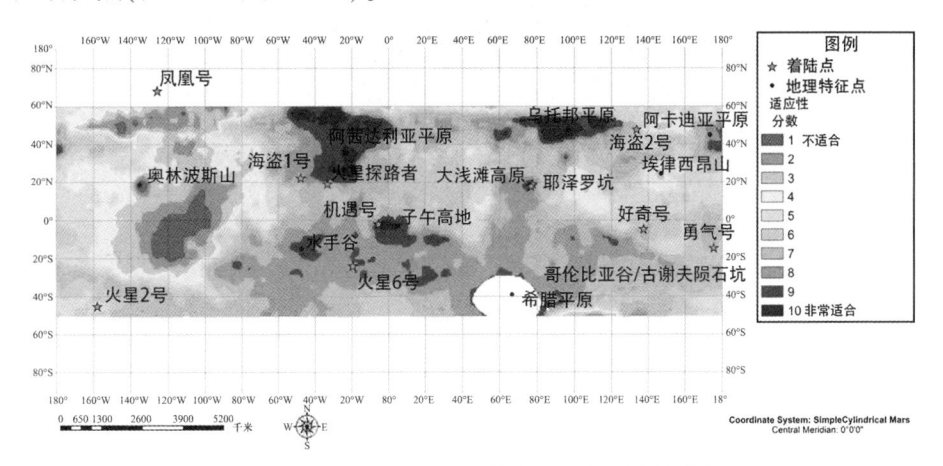

图 11.7 (见彩图)火星上植物生长的适应性分析

图 11.8 (见彩图)1979 年"海盗"2 号着陆的乌托邦平原

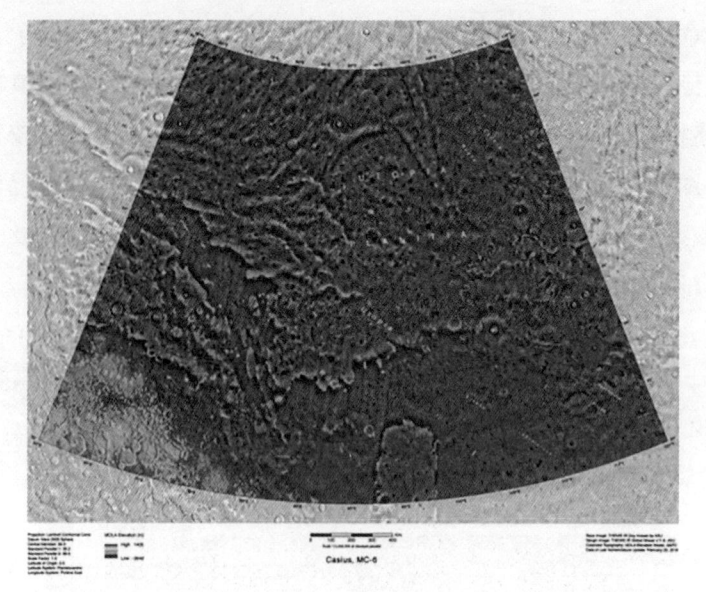

图 11.9 （见彩图）火星卡西乌斯地区（Casius Region）地形图，包括乌托邦平原（Utopia Planitia）

乌托邦平原靠近潜在的采矿点，有利于向基地运输原材料。此外，其纬度也有助于上升/下降飞行器到达轨道倾角为 25° 的运输节点，从而使变轨所需的倾角变化最小。另外，该区域是火星上最大的平坦区域，这使航天器着陆、长途旅行和通信更加容易。最后，火星大气层提供的辐射屏蔽也较强。

本章吸纳上述建议，选择乌托邦平原作为 Aleph 城市的所在地。乌托邦平原的地形极为平坦，靠近北极，适合植物生长，有许多吸引人的要素，适合在此建设第一座火星城市。

11.3 设计概念介绍

11.3.1 总体方案

火星的首座城市 Aleph 主要建在地下。就像 Kim Stanley Robinson 在其火星移民三部曲中所描述的那样，在最初几十年，人类、动植物将位于火星地表以下的"莫霍尔洞"（Moholes），以避免辐射伤害。Robinson 的"莫霍尔洞"以

NASA 的"超深钻井计划"为蓝本,该计划于 20 世纪 60 年代提出,旨在开发巨大的地下隧道,以探索地壳和地幔之间的区域[20]。城市主体部分建设在地下也有助于调节地面上的巨大温度变化。

与 Joanna Kozicka 描述的陨石坑城市(第 9 章)一样,Aleph 也是由穹顶覆盖的地下建筑节点相连组成。Joanna Kozicka、John Spencer 等都曾撰文介绍过在现存陨石坑遗址上筑城的优势。在该计划中,人们需要寻找火星现存的洼地,但如未找到合适的地点,则可通过机械或爆破手段进行挖掘。

定居点的基本构成单元是由三座下沉式生活和工作建筑(节点)组成的建筑群,每个建筑宽约 100 米,由穹顶覆盖(图 11.10)。如第 2 章所述,考虑到人们追求亲密和熟悉的距离感,我们特意选择了该尺寸①。

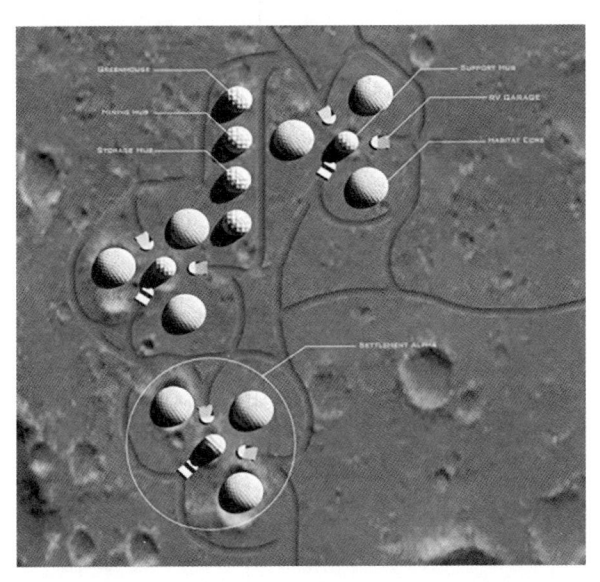

图 11.10　(见彩图)Aleph 的平面图,包括温室、采矿和储存中心(基础设施穹顶)以及三个相连的节点集合,每个节点包括三个定居核心点、漫游车车库和一个位于中心的支持枢纽。地面漫游车路径以灰色表示

单个建筑群呈三角形,位于中央的较小穹顶结构是通信节点和生命支持枢纽。通过地面和地下交通系统,将三个节点以及重要的食物、空气、水和相关基

---

① 该尺寸的穹顶建筑的施工难度低于大型建筑。

础设施系统相连。还可进一步连接到偏远的采矿区、核电站、星际旅行的发射和着陆场及天文台(图 11.10)。额外的道路最终可以连接到其他定居点。

单个建筑群内的三个结构相互依存,共享基础设施和存储设施(图 11.11)。该设计具有高冗余性,创造了人性化的环境和社区,并提供了各种相连设施和便利。若一个建筑出现灾难性的气压问题,人们可以很容易地迁移到附近的建筑,就像厕所堵塞时选择第二个卫生间一样。总体上,该设计将关键生命支持设施集中在居民区附近,将危险作业设施布设在偏远地区。

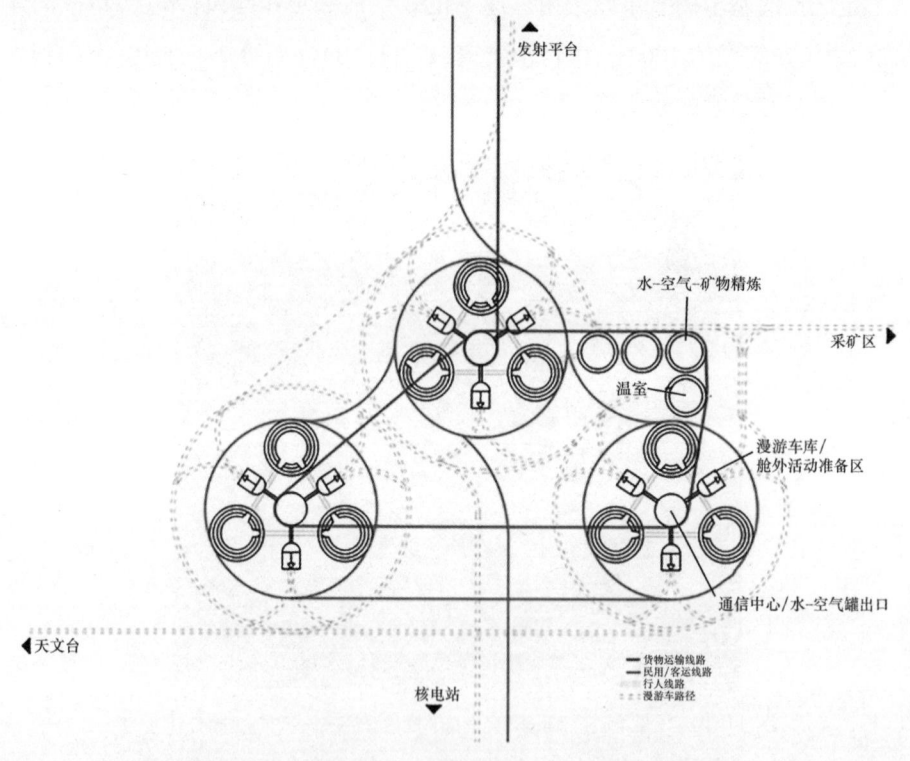

图 11.11　(见彩图)地下货运和客运交通系统的平面图

11.3.2　土地使用

Aleph 城市规划考虑了一系列土地用途,并将其分类为几种综合环境。下沉式结构基本单元是人类生存的主要场所(图 11.12),大多数人都将在其中生活、工作和娱乐。每个建筑均设计为地下三层,最底层是传统的主街,用于零售、餐饮及地铁和自行车/行人通道(图 11.13)。第二层为工作机构,包括政府办公室、学校、医疗保健设施及采矿、旅游等业务的办公室。第三层为住宅区,包括公寓、宿舍和其他生活区(图 11.14 和图 11.15)。每栋建筑的中央庭院都提供了绿化和休闲空间(图 11.16 和图 11.17),不同建筑之间会有一些差异(本章稍后部分将详细介绍)。

图 11.12 (见彩图)Aleph 的外部渲染图,三组连接的节点以穹顶覆盖

图 11.13 (见彩图)节点内部的渲染图

图 11.14 （见彩图）节点中央公园区域渲染图

图 11.15 （见彩图）体现多用途垂直组合规划的彩色渲染图

图 11.16 （见彩图）单个节点截面图，展示了从一楼商业区到二楼的机构单位，再到三楼住宅空间的多用途垂直组合

第11章 火星殖民地构想

图 11.17 （见彩图）节点的内部渲染图

11.3.3 交通运输

Aleph 的交通网络是一个多模式冗余系统，人们可以步行、骑自行车，也可以乘坐固定路线的地铁和灵活的地面漫游车。Aleph 的列车系统分为货运系统（图 11.18 中的红线）和客运系统（图 11.18 中的橙线）。客运线路将三个建筑连接起来，并接驳到其他节点和更远的地方。货运线路将各节点的中央支持枢纽及城市内外的基础设施连接起来。

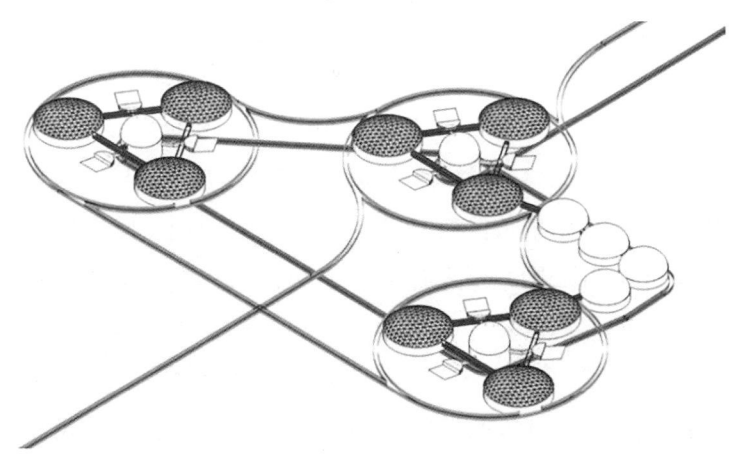

图 11.18 （见彩图）连接 Aleph 三个节点及其他地区的地下货运铁路系统

每个中央支持枢纽设有三个地面漫游车入口,以便与每个节点连通漫游车。漫游车路线如图 11.19 中的绿线所示,延伸至整个居住区,将中心支持枢纽与基础设施和城市内外的所有区域连接起来,以最大限度提升火星探索的灵活性。漫游车道路的建设和维护成本较低,将成为新居住点发展的重要元素,在地下基础设施完全投入使用之前即可将人和货物连接起来。空中运输在连接居住点方面的作用不大,但可用于对火星遥远地区的探索。

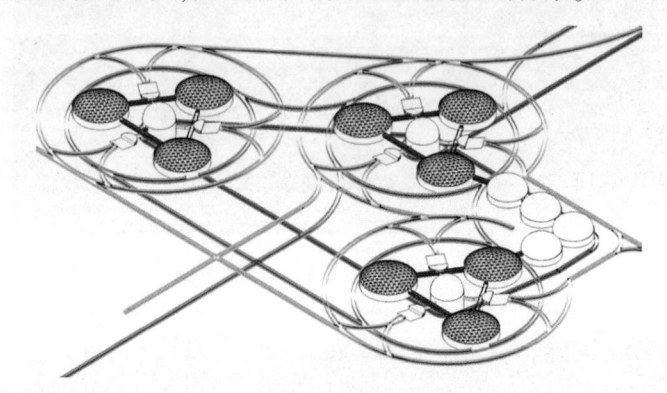

图 11.19 （见彩图）货运(红色)和客运(绿色)铁路系统与三个节点的连接效果图

11.3.4 娱乐和开放空间

Aleph 的设计确保了人们步行和骑行的充足机会,但考虑到在火星上户外活动的困难,预计还会有其他娱乐需求。此外,开放空间和绿植也是有益的(第 4 章的"人类亲生命性的影响")。因此,本书规划中提供了各种开放空间和休闲机会。在每个节点三个结构的中央庭院中,设想了略微不同的主动和被动户外活动安排(图 11.20 和图 11.21)。一些空间主要是草地、长椅和树木,另一些空间则设有篮球场、喷泉或社区花园。这些庭院是 Aleph 居民接受阳光照射的主要场所,由于辐射的危险性,需要对光照加以限制。但这些限制并不意味着居民需要躲避太阳,因为阳光有益于身心健康,在庭院中度过的时间可近似于人在地球上户外度过的时间。在夜晚,这些庭院非常适合社区聚会、浪漫散步或观星(图 11.22)。由于无须担心太阳辐射,天黑后的庭院可作为 Aleph 居民放松和社交的场所,让人联想到地球的自然环境。这当然是我们在思想和身体所追求的(如第 4 章讨论)。

第11章 火星殖民地构想——

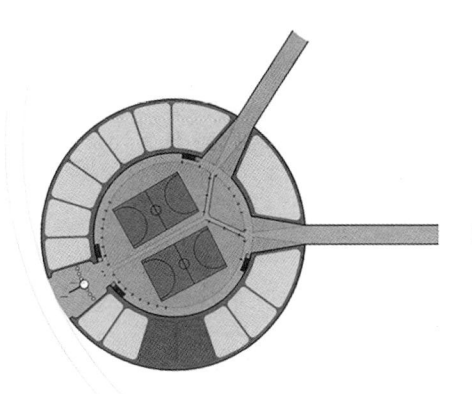

图 11.20 （见彩图）带正规球场的节点平面图，周围是机构、商业和住宅区。通过铁路和步行通道可以连接到其他节点

图 11.21 （见彩图）节点平面图，包括一个中央公园和种植区，周围有一系列商业、机构和住宅区

图 11.22 （见彩图）节点中央公园的夜间渲染图

11.3.5 基础设施

至此，保障人类在火星上生活的基本功能都已纳入 Aleph 的城市规划中。在基础设施方面，首先是空气和水的处理。每个节点的中央支持枢纽均设有空气和水处理的配套设施。其他相关设施则布置在节点之外的一个建筑群（基础设施穹顶）中，可通过地下和地面交通网络到达（图 11.10 和图 11.11）。这些基础设施穹顶还可满足存储、通信和电力需求。

211

Aleph 的主要能源供给预计来自一座偏远的核电站,该核电站的最终退役日期需要提前规划,因为该地将长期禁止人类进入。鉴于能源冗余设计的需要,还需要备用电源。第 8 章提到太阳能和甲醇都特别具有吸引力。基础设施穹顶将容纳支持替代能源的设备、储罐或相关材料。

基础设施穹顶还将容纳食品生产活动,设有温室和畜牧场。食物也可以在此处加工和储存,然后运到生活/工作区。Aleph 城市规划中,食物准备工作是分散的,除了一些公共食堂和其他公共用餐安排,每个住房单元还都有烹饪设备。每个建筑的庭院还可用来种花,甚至饲养鸡、山羊等动物。

虽然在配图中没有明确体现,但垃圾管理必须非常谨慎和小心。对于人类排泄物而言,基础设施穹顶将再次成为理想的收集和处理地点,进而可实现回收利用。地下管道网络将与图 11.11 所示的交通隧道系统整合,为整个城市的卫生下水道系统提供便利。食物和其他生活垃圾将从个人住宅、机构或商业空间进入支持枢纽,然后通过货运列车运往基础设施穹顶内集中回收和处理。未被回收的垃圾则会被转移到采矿区或核电站附近的偏远垃圾填埋场。

在图 11.10 中,采矿区、核电站、天文台和发射/着陆场从市区向北、南、东、西四个方向延伸。请注意,这仅仅是一个方案设计,每个设施的实际选址都需要考虑众多科学和工程因素。该规划仅表明此类设施应远离城市,且相互之间应保持一定距离。

11.3.6　可扩展性和区域规划

本章介绍的 Aleph 城市规划并非单一的城市规划,而是一个更宏伟的火星殖民蓝图。上述基本概念设计非常适合扩展,以形成更大范围的区域规划。此处介绍的地下结构、节点和城市可以不断复制,以创建一个居住点网络,每个居住点都有独特的庭院、机构和商业配置,但都保有维持人类生存的关键基础设施和土地使用需求。从更高的角度鸟瞰 Aleph,可看到火星地貌的大背景,深坑和岩石地形绵延数千米(图 11.23)。与图 11.10 一样,图 11.23 显示了三个节点和毗邻的四个基础设施穹顶的布局。它们都在地下连接,该图主要展示了地面漫游车道路网络。为体现一些选址偏远的设施(如核电站),每条道路向 Aleph 市外延伸了约 2 千米。

第11章 火星殖民地构想——

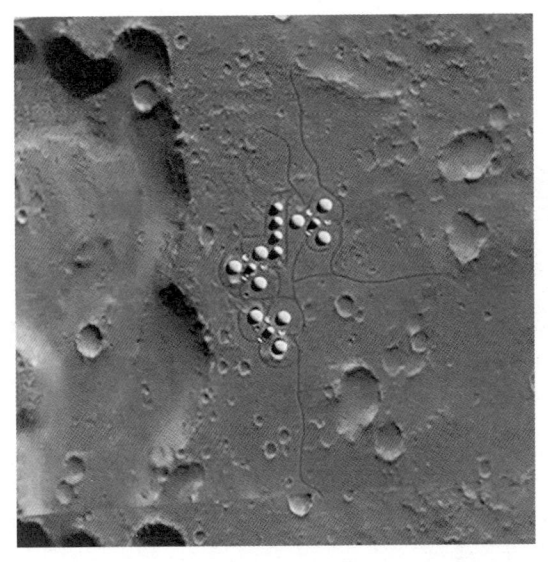

图 11.23 （见彩图）Aleph 城市及其周围的漫游车道路系统

拓展 Aleph 城市的设计，图 11.24 显示了由十几个相邻的类似城市组成的大型城市群。

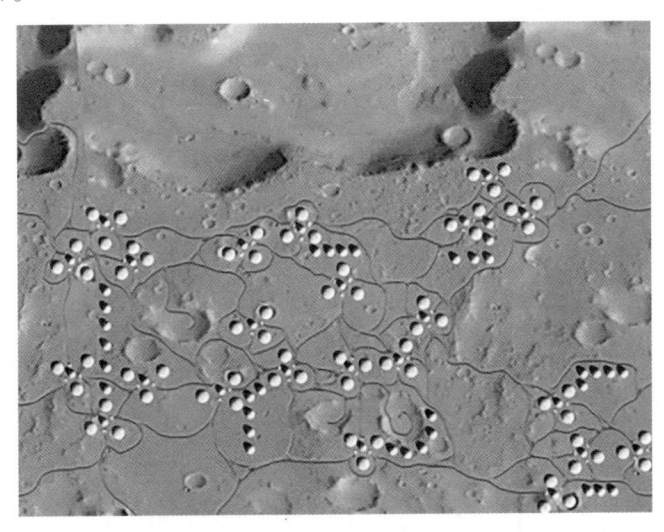

图 11.24 （见彩图）漫游车道路网络的区域视图，远远超出了最初的 Aleph 居住点

为顺应火星的自然地形，每个节点的排列、四个基础设施穹顶的位置及漫游车道路的路线都不再那么精确和笔直。图 11.24 展示了如何在考虑安全和

213

系统性的前提下,基于相同的设计扩展像 Aleph 这样的城市。更广阔的区域城市规划将以 Aleph 为起点,延伸客运和货运地下铁路到其他城市,形成 Aleph 大都会城市群(图 11.25 和图 11.26)。

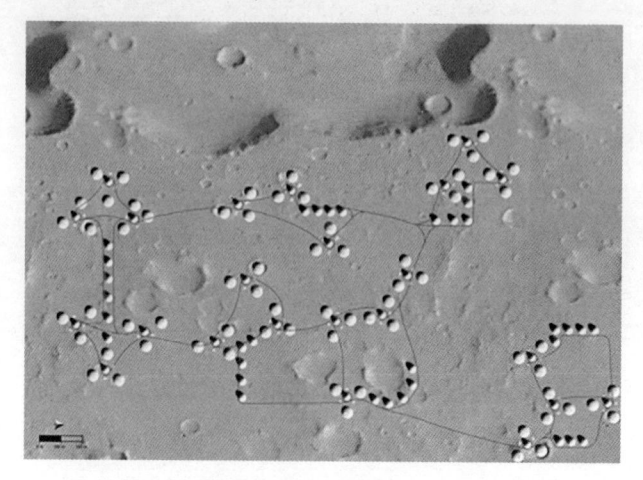

图 11.25 (见彩图)城市群的地下货运铁路线,延伸部分远超 Aleph 居住点

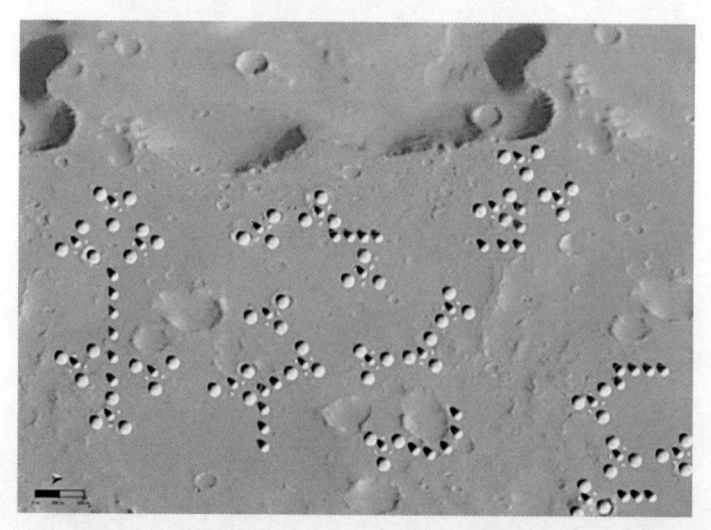

图 11.26 (见彩图)城市群的地下公共交通道路,客运线路延伸至原 Aleph 定居点之外

在图 11.26 中,视角范围未包括采矿区、核电站、天文台和发射/着陆场,由于它们太远而无法显示。漫游车道路则超出了图像边缘,地下铁路也远远超出了该视图,并与采矿区、发电站、天文台和航天基地相连,向北、南、东和西方向延伸。

214

11.4 虚构的 Aleph 生活

Aleph 计划是火星上的第一个城市,它为开拓红色星球提供了一个合理的模板。该计划以第9章和第10章中介绍的诸多先例为基础。解决了地球上的规划师都会面临的住房、交通、废弃物处理等方面的关键问题,同时考虑了气压急剧下降、有毒辐射和有毒空气等挑战。最终,将本书的火星筑城原则融入图文并茂的 Aleph 城市规划。在对本书进行总结之前,让我们畅想一下居住在 Aleph 的感觉——生活在这片遥远的土地上可能意味着什么。

从地球乘坐宇宙飞船长途跋涉后,疲惫不堪的 Jae 瘫坐在座位上,地下列车安静平稳地行驶了半个小时,抵达 Aleph。列车驶入第一站后,数字播报员通知所有乘客,他们已经抵达1号节点。Jae 耐心地等待着列车驶向2号节点,最后在3号节点下车。地下车站客流量很大,但并不忙乱。室内光线充足,空气与他从地球来时呼吸似乎没什么不同,气压变化也不明显。指示牌标识指向他要去报到的下沉结构:隧道网络中行人众多,还有独立的骑行通道。

不到5分钟,他未乘坐电梯,用不到5分钟爬一层楼梯来到第一层。这里有各种商业场所,包括车站办公室、咖啡馆、商店和书店。肚子咕咕叫的他走进一家便利店,买了根香蕉——他没想到这是在火星上种植的。

从商店出来,Jae 被庭院的美景吸引住了。此处是一片广阔的绿地,绿树成荫,绿草如茵,广场上孩子们骑着自行车,家长们在一旁围坐。抬头仰望,他看到了火星白天的天空、遥远的太阳,以及红褐色陨石坑闪烁的光芒。Jae 沿着一层的环形小路漫步,然后走楼梯来到二层。指示牌显示这一层有牙医、理疗师、核电公司的办公室,以及他的目的地——聘用他的建筑公司。

回望庭院内外,景色更令人深刻。站在高处,他能看到更多红褐色的地形,俯视庭院,他能更好地欣赏眼前地球般的景象。离家这么长时间还这么远,看到草地、灌木丛和树木,Jae 感到深深的温暖。

与新主管会面并向一些同事介绍自己后,Jae 准备去新公寓补觉——他第二天就要开始工作了。

再上一层楼梯,Jae 又一次没坐电梯,来到了结构 B 的居住层。现在,虽然他距离火星地面只有几米远,但终于可以俯瞰火星的风景,非常壮观。红褐色的岩石土地在他面前绵延数千米,布满了数十个陨石坑,偶尔还能看到几座小山。乌托邦平原的平坦让他震惊,让他可以眺望远方——好像可以看见百万千米之外的广袤而空旷的土地。

住宅楼层不像下面两层那样有鲜艳的标识。这里的住宅标识更加隐蔽。按照导航,Jae 找到了分配给他的公寓,并用雇主给他的钥匙卡打开了门。走进公寓,500 平方英尺(1 平方英尺 = 0.09m^2)的居住空间展现在他面前,家具一应俱全,包括床、梳妆台、沙发、书桌和厨房用具。透过天窗他可以看到穹顶和火星的天空。有人提醒他白天尽量不要打开公寓天窗,Jae 看了最后一眼,然后关上天窗,打开电灯。

旅途劳累,Jae 躺在新的床铺上。新的床、新的家、新的城市、新的星球。走进 Aleph 将是他一生难得的冒险之旅!

参考文献

[1] Charles Moore (1921) Daniel H. Burnham, Architect, Planner of Cities. Volume 2. p. 147.

[2] Frankfort, Henri. "Town planning in ancient Mesopotamia." Town planning review 21, no. 2 (1950): 99.

[3] Gallegos, Z E, and H E Newsom. 2015. "A Human Exploration Zone in the Protonilus Mensae Region of Mars.," 2.

[4] Wamelink, G. W. Wieger, Joep Y. Frissel, Wilfred H. J. Krijnen, M. Rinie Verwoert, and Paul W. Goedhart. 2014. Can Plants Grow on Mars and the Moon: A Growth Experiment on Mars and Moon Soil Simulants. PLoS ONE 9(8).

[5] Cohen, Marc M. 1996. First Mars outpost habitation strategy. In, Stoker, Carol R., and Carter Emmart (Eds.) Strategies for Mars: A Guide to Human Exploration. American Astronautical Society (86).

[6] Fergason, R. L., R. L. Kirk, G. Cushing, D. M. Galuszka, M. P. Golombek, T. M. Hare, E. Howington-Kraus, D. M. Kipp, and B. L. Redding. 2017. "Analysis of Local Slopes at the InSight Landing Site on Mars." Space Science Reviews 211 (1): 109–33. doi.

[7] European Space Agency. 2021. "Europe's Spaceport: An Ideal Launch Site." 2021.

[8] NASA. 2021. Mars Curiosity Rover.

[9] Wray, James J. 2013. "Gale Crater: The Mars Science Laboratory/Curiosity Rover Landing Site." International Journal of Astrobiology 12 (1): 25-38. doi.

[10] Administrator, NASA Content. 2015. "NASA Rover Finds Conditions Once Suited for Ancient Life on Mars." NASA. Brian Dunbar. November 19, 2015.

[11] Lanza, Nina L., Woodward W. Fischer, Roger C. Wiens, John Grotzinger, Ann M. Ollila, Agnes Cousin, Ryan B. Anderson, et al. 2014. "High Manganese Concentrations in Rocks at Gale Crater, Mars." Geophysical Research Letters 41(16):5755-63. doi.

[12] Gasparri, Daniele, Giovanni Leone, Vincenzo Cataldo, Venkat Punjabi, and Sangeetha Nandakumar. 2020. "Lava Filling of Gale Crater from Tyrrhenus Mons on Mars." Journal of Volcanology and Geothermal Research 389 (January): 106743. doi.

[13] "ESA-Robotic Exploration of Mars-Aram Dorsum." n.d. Accessed January 19, 2021.

[14] "ESA-Robotic Exploration of Mars-Mawrth Vallis." n.d. Accessed January 19, 2021.

[15] "ESA-Robotic Exploration of Mars-Oxia Planum." n.d. Accessed January 19, 2021.

[16] "ESA-Robotic Exploration of Mars-The Hazards of Landing on Mars." n.d. Accessed January 19, 2021.

[17] Ivanov, M. A., E. N. Slyuta, E. A. Grishakina, and A. A. Dmitrovskii. 2020. "Geomorphological Analysis of ExoMars Candidate Landing Site Oxia Planum." Solar System Research 54 (1): 1-14. doi.

[18] Smith, Yvette. 2020. "Jezero Crater, Landing Site for the Mars Perseverance Rover." Text. NASA. July 28, 2020.

[19] Glowatz, Elana. 2018. Mars Map Shows Where Astronauts Should Build Space Colony. Newsweek. April 5.

[20] The National Academy of Sciences. "Project Mohole, 1958-1966".

第 12 章
总　结

考虑到登陆火星所需的天文数字般的成本、巨大的工程技术挑战、火星环境中的辐射、大气压力、有毒空气和缺水等因素,人类登陆火星似乎是不可能的。无数的挑战剥夺了人类在这颗红色星球上长期、大规模定居的可行性。但无论如何,我们还是一直在准备,并做好了相关计划。

最近一个夏日傍晚,我和家人们坐在后门的走廊上,十多岁的女儿跳起来喊道:"爸爸,火星在那儿!"

千百年来,人类一直能够看到夜空中那个小小的红点。在火星上为人类建造新家园的梦想,无论多么不切实际,都不会轻易破灭。只要梦想家有钱,有一些技术专长,他们就会继续探索红色星球。在他们这样做的同时,让我们未雨绸缪,深思熟虑,为可能使我们成为多行星物种的事情做好准备。

12.1　局限性和对未来研究建议

与任何学术著作一样,本书也存在一些疏漏和不足,值得在此进行回顾。与历史研究一样,我们必须决定从哪里开始和结束,以及要深入到什么程度。"我"对地球上人类殖民开拓经历的论述简明扼要,忽略了对广阔领土和殖民时代的描写。在第 2 章中仅介绍了人类经历的一些例证。同样,我对西方殖民恐怖行为的记录相当有限。后续的研究人员应更直接地参与这一记录,并尝试以该种方式将火星殖民项目概念化,即火星定居不会通过行星退化或其他途径重演这段历史。

在第3章中,我对火星和其他地方的空间探索及建筑和规划经验进行了回顾,这比一些读者期望的更为简洁。为了给本书其余部分提供足够的背景信息,我不得不对关键事件和趋势进行总结。

第4章中从心理学和神经科学中提炼的关键概念为火星城市规划提供了重要原则,但这些只是通过文献综述可能找到的一部分原则。这是一个不断发展且复杂的研究领域,网络和报刊上经常刊登新的科学发现,这意味着我们对人类心智和身体的理解在不断变化。如今,这些材料是准确的,但在人类踏上火星并进行实地试验以验证本书提出的原则之前,仍有许多未知。同样,第5、第6、第7和第8章所依赖的科学数据、实验和经验也会不断更新。全书提出的所有原则均本着最诚挚的精神,但必须始终将其视为高度主观、可质疑、可修改的内容来阅读,并且随着新证据的出现,需要重新考虑。

第9章和第10章中回顾的先例涵盖了一系列实例,但它们绝不是在地外建造城市的所有想法的百科全书式集合。第11章中 Aleph 市的规划只是土地、建筑和基础设施数百万种可能配置中的一种。在和"我"的设计伙伴 Berk DIker 通力合作下,提出了这个我们认为是最好的配置方案,但这仅仅是我们的观点。

其他人可能会以完全不同的方式进行规划。例如,林肯土地政策研究所和其他学者一直在研究"情景规划",将其作为预测一系列未来可能并进行充分规划的工具[1]。通过计算机模拟土地利用和开发情景,规划师可以与社区合作,就他们可能想要采用的规划方案做出明智的决策。对于 Aleph 市而言,情景规划提供了一个框架,以考虑如何将一系列气候、交通或资源问题整合到最终的发展规划中。

与其试图将本书中提及的原则转化为计划,另一个令人兴奋的选择是借鉴工程领域的运筹学,将这些原则转化为数学方程,以此来决定 Aleph 市的尺寸和特性[2]。我曾在自己的研究中尝试过这种方法,并认识到将纯粹主观的原则转化为客观结果变量的价值,从而无论是在地球上还是在遥远星球上,都可以为

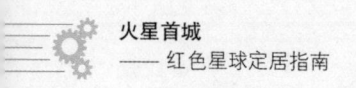

我们的规划选择提供启示[3]。

多年来,谷歌一直拥有一家名为 Sidewalk Labs 的城市规划公司,该公司于 2020 年推出了一款支持房地产开发和规划的工具——Delve。谷歌称 Delve 为一款三维生成式设计工具。它利用大量数据集并基于机器学习模型,提出一系列土地开发配置方案,类似以前整合了地图、文本和表格的软件工具[3]。未来的研究可以采用 Delve 或类似的工具,将 Aleph 市的规划扩展为 1000 多个规划方案,每个方案都可以在实施前进行测试和研究。此种基于 Delve 的方法甚至可以与情景规划或运筹学方法结合使用。为了在具有挑战性的环境约束下实现关键目标,先进的数据科学和工程学可以对设计过程进行优化改进,并为火星上的城市规划提供更广泛、可测试的解决方案。

12.2 主要发现

本书中,我试图对火星定居问题进行广泛探讨,首先回顾了人类在地球上殖民开拓的历史(第 2 章),回顾了太空建筑和规划(第 3 章),阐述了一些应该考虑的心理因素(第 4 章),然后对火星城市设计中相关的住宅、商业、工业和基础设施开发的科学和工程等方面进行分类(第 5、第 6、第 7 和第 8 章)。以这些知识为基础,我对地球以外的规划先例进行了回顾(第 9 章和第 10 章),并生成了制定火星新城规划所需的实例(第 11 章)。

所有这一切构成了城市规划师可能为地球上任意地理区域所做的工作:总结历史、分析条件、收集先例,并通过详细的书面和渲染规划来阐明愿景。

值得注意的是,我不是一个乌托邦主义者。人们普遍认为,新星球是一个可以重新开始的地方,应该建立一个比地球更完美的世界[4-7]。Bradbury 的《火星编年史》让我对这种可能性持较为悲观的态度,该书以一条黑暗的信息作为对人类的结语:人类注定要重复你们在地球上创造的社会缺陷。然而,探索、建设和扩张是人类历史上一直坚持的特质,认为人类不会尝试移民火星是愚蠢的。因此,我真诚地希望,当移民火星发生时,本书能为那些无畏的先驱者提供帮助,为他们提供殖民事业的历史背景、科学和工程技术知识,以及如何在火星开展工作的精细蓝图。

正如所讨论的那样,本书一经出版,其中所报道的科学和工程技术就会过时。本书的未来版本可能会进行更新,但科技进展之快意味着其他人需要对结论进行审查,以确保从每一章中得出的关键原则仍然有效且合理。

持反对意见的人可能会得出这样的结论:前几章中介绍的科学和工程挑战是无法克服的,我们不得不暂时搁置这些怀疑,以看到更为广阔的前景。那么,如果我们永远无法到达火星,甚至无法维持一个基本的科学观测站,又该怎么办呢?在这种情况下,本书的信息在两个方面仍具有现实意义。

一方面,即使无法殖民火星,也可能有其他天体可以殖民,本书所提出的研究可适用于那些环境和气候。第3章中谈到的木星卫星、小行星,甚至月球,都有可能成为人类未来的家园。第10章生动地描绘了定居在这些地方的设想,激发了人们的联想:即使火星定居永远无法实现,在木卫二或灶神星上建造一座城市也是有可能的。

另一方面,本书中有很多内容可以帮助我们更好地在地球生活。火星寒冷且令人畏惧的环境与地球南北两极的大部分地区十分相似。即使在离极地数千英里之外,如加拿大巴芬岛的冰封荒漠或南极洲广袤的野外工作站,如今也基本上无人居住。但是,随着地球面临的气候变化和动荡,这些曾经不受欢迎的地方可能会散发新的魅力。本书的研究成果为我们提供了如何在这些艰苦地貌上定居的真知灼见,而非草率地对待这些暂时荒凉的土地。

12.3 对设计实践的启示

虽然太空建筑已经存在了几代人的时间,熟练的设计师也早已为月球和火星上的建筑绘制了蓝图,并赋予了国际空间站以具体形态,但太空城市化仍处于起步阶段。这是一个跨学科的理念,它融合了科学、工程学、心理学、政治学、社会学、经济学等多个领域的知识。本书的目录清晰地勾勒出了该理念的轮廓。太空城市化植根人类定居史,特别是人类殖民史的研究之中;它将满足人类的心理和健康需求作为规划的首要原则;关注住宅、商业、工业和基础设施等实质性领域,以及这些领域在地球上和地球外的运作方式;它需要对其他星球的科学、气候、地形、特征和历史有深入的理解;同时,它还需要将所有这些领域

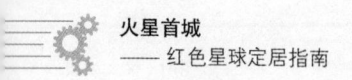

知识进行融合,以指导大规模人类定居点的设计规划过程。与任何新领域一样,太空城市化需要建立完整的课程体系、正规的培训计划和专业的基础设施。目前这一切都有待时间去发展,而本书可以作为这些活动的初步尝试。来自各学科的专业人士都可以加入这个新领域,为规划地外城市提供多样化的视角。

12.4 结语

2020年,Netflix推出了一部以火星探索为主题的新电视剧《远漂》(Away),由奥斯卡影后Hillary Swank领衔主演。与典型的火星探险故事不同,该剧以Swank饰演的角色为中心,她是第一艘载人飞往火星的宇宙飞船指挥官。他们的任务纯粹是科学性的,仅需在火星上停留数月的短暂时间,但这被认为是未来在火星上广泛定居的第一步。在Swank所饰演角色的家人眼中,认为这次旅行充满危险,该剧同时也探讨了个人抱负与家庭之间的权衡取舍。

对于《远漂》这部剧而言,前往火星所涉及的工程技术创新只是次要的情节线索。该剧的核心在于展现"人类对探索的无尽渴望"。与本书一样,该剧也以人为本,探讨了我们在火星上的体验如何、它将如何影响我们,以及我们如何能让Aleph市成为一个舒适和温馨的地方——着重将人类的情感和人性置于故事情节的核心。

1969年[8],美国宇航员首次登上月球,当时的技术同样令人印象深刻,但并非那次壮举的焦点。在登月的现场直播中,英国广播公司(BBC)的一位主播说:"这有力地提醒了我们作为一个地球物种所具备的伟大能力。这不仅仅是工程技术上的胜利,更是人类雄心壮志的胜利,也是人类渴望触及星辰的胜利。"正是这种"人类雄心壮志的胜利"终将引领人类踏上火星,同样也将使人类在火星上长期定居、繁衍发展。

参考文献

[1] Holway, Jim, C. J. Gabbe, Frank Hebbert, Jason Lally, Robert Matthews, and Ray Quay. 2012. Opening access to scenario planning tools. Cambridge, MA: Lincoln Institute of Land Policy. Policy Focus Report.

［2］Chakraborty, Arnab, Nikhil Kaza, Gerrit-Jan Knaap, and Brian Deal. 2011. Robust plans and contingent plans: Scenario planning for an uncertain world. Journal of the American Planning Association 77, no. 3: 251-266.

［3］Johnson, M. P. (Ed.) 2011. Community-Based Operations Research: Decision Modeling for Local Impact and Diverse Populations. New York: Springer.

［4］Johnson, Michael P., Justin B. Hollander, Eliza Whiteman, and George R. Chichirau. 2021. Supporting shrinkage: Better planning & decision-making for legacy cities. Albany, NY: SUNY Press.

［5］Krieger, Alex. 2019. City on a Hill: Urban Idealism in America from the Puritans to the Present. Cambridge, MA: Belknap Press.

［6］Friedmann, J. (2000). The Good City: In Defense of Utopian Thinking. International Journal of Urban and Regional Research, 24(2), 460-472.

［7］Fishman, R. 1977. Urban Utopias in the Twentieth Century: Ebenezer Howard, Frank Lloyd Wright, and Le Corbusier. New York: Basic Books.

［8］Solinís, G. (2006). Utopia, the Origins and Invention of Western Urban Design Diogenes, 53(1), 79-87.

［9］British Broadcasting Company (BBC). 1969. Live broadcast. July 20.

术语表

英文名称	中文名称	说明
additive manufacturing	增材制造	被广泛认为是 3D 打印的代名词。使用 3D 计算机辅助设计(CAD)模型形式的数字方向,通过将材料相互层叠来指导机器制造物体,从而生成三维形状
aerial tram	空中缆车	一种使用缆车和绳索系统的运输升降机
American Planning Association	美国规划协会	美国城市和区域规划者的会员组织
Antarctic Treaty Of 1959	1959 年的《南极条约》	一个制定行为体系的条约,并强调南极洲作为一个不为任何一个国家所有、中立、合作的土地的地位
Artemis Program	"阿尔忒弥斯"计划	NASA 当前重返月球并定居火星的计划
bernal sphere	伯纳尔球体	设计用于容纳大量人员的宇宙飞船,为未来设计提供了灵感
bilateral symmetry	双边对称性	可分为两个相同的镜像的两半物体的性质
biophilia	亲生命性	人类对自然和生命固有的爱
biophilic design	亲生命设计	将对自然光、绿地以及自然形状和形式的内在需求融入建筑和城市设计
built environment	建筑环境	为人类定居和辅助用途开发的所有区域,包括道路、建筑和公用设施。被认为是自然环境的反义词

续表

英文名称	中文名称	说明
centering	拱鹰架	在拱形或拱顶能够支撑之前,为其提供形式的支撑系统的建筑物
cliff dwellings	悬崖住宅	一种通常建在悬崖上的洞穴结构建筑形式
closed loop system	闭环系统	一种不增加或减少材料,而是完全回收系统中材料的系统
cognitive architecture	认知建筑学	一种基于进化生物学和心理学的建筑环境规划和设计方法,关注人们如何无意识地体验建筑和场所
dead load	恒载	一种相对恒定的重量,如结构元件和地板,由建筑物承重,并需要坚实的基础来支撑
Delve	—	谷歌旗下的一种设计工具,用于开发各种土地配置的3D模型
ductility	延展性	材料在拉伸应变下变形而不塌陷的能力
electrolysis	电解	利用电将水分解为氧气和氢气的过程
elevational plan	立面设计	一种建在斜坡两侧的地下居住点的形式
evapotranspiration	蒸发蒸腾作用	水分从行星表面蒸发到大气层中
first principle	第一原则	在建筑环境设计中满足人类基本需求的要求
façade(法语)	立面	建筑的正面(或侧面),直接面向公共街道或广场
forum	城市广场	古罗马名称,人们聚集在这里进行公共和社交活动
galactic cosmic rays	银河宇宙射线	一种难以屏蔽的恒定低剂量辐射
geodesic dome	短程线穹顶	一种使用测地线多面体的三角形单元来承受载荷的网壳结构
golden rectangle	黄金矩形	一种特定比例的矩形,对人有自然的吸引,比例约为1:1.618,被认为是最受欢迎的形状
grand modell	宏模式	由英国人设计的城市规划模板,使用了方形网格、标准化尺寸和特定的城市特征
great places	最佳规划之地	是美国规划协会的一个项目,旨在确定典型的公共场所
gird pattern	网格模式	通常沿南北和东西轴线的街道和道路布局,其中所有交叉口以90°相交

续表

英文名称	中文名称	说明
hexmars design	"六角星"建筑方案	由美国普雷里维尤农工大学设计的一个定居点概念,用于容纳更多的宇航员
hierarchy	层次结构	划分成明确标识的顶部、中间和底部的特性
homestead layout	"火星家园"设计	火星基金会提出的火星定居点概念,采用线性布局
horizontal mixed-use	水平混合用途	不同的用途位于同一普通区域的不同建筑中
hydroponics	水培	在矿物溶液中而不是传统土壤中种植植物
HAVC(heating, ventilation, and air conditioning system)	暖通空调系统	供暖、通风和空调系统
Imageability	形象性	衡量一个空间如何通过模式和比例唤起情感并创造持久的心理形象
international space station（ISS）	国际空间站	一个大型模块化空间站,目前为宇航员提供支持,科学家们使用它进行太空研究
land use	土地用途	人们在一块特定的土地上从事的活动。城市化地区最常见的类别包括住宅、商业、工业、机构、交通和其他基础设施
law of the indies	印第安法	16世纪由西班牙人编写的一套广泛使用的城市规划标准规则
low-earth orbit	近地轨道	通常位于地球表面以上不到2000千米区域的轨道
magic square	幻方	源自中国文化的一种特定的正方形图案,影响了亚洲城市的早期布局
mars direct plan	火星直达计划	Robert Zubrin制定的火星移民的综合计划
Mars Exploration Program Analysis Group（MEPAG）	火星探测计划分析小组	一组科学家队伍,目的是制定一个指导火星任务的计划
master plan	总体规划	对一个地理区域(通常是一个城市或小镇)的空间、社会、经济、环境、交通和其他特征的全面考察,目的是制定中期到长期的目标和实现这些目标的手段
Micro-Ecological Life Support System Alternative（MELiSSA）	微生态生命支持系统替代方案	一个旨在为火星永久定居点设计温室和农业发展的项目

续表

英文名称	中文名称	说明
mixed-use development	混合用途开发	建筑具有多种用途，例如底层的商业企业和上层的公寓
O'Neill cylinder	奥尼尔圆柱	一种宇宙飞船的概念，改编自伯纳尔球体
open space	开放空间	未发展的土地，专用作各种主动或被动康乐或自然保育用途；包括公园、自然保护区、花园和运动场
penal colony	流放地	设计用来关押从社会其他地方流放的囚犯的移民地
public realm	公共领域	建筑和街道之间的户外空间，人们可以自由地聚集、社交和娱乐——著名的例子包括公园、广场、人行道和小径
regolith	风化层	在月球和火星表面发现的松散的岩石和土壤
rolling resistence	滚动阻力	车辆的车轮在穿越月球表面时所面临的阻力。用系数来衡量，其中 0.01 表示拉动 1 磅重量需要 0.01 磅重量的拉力
sintering	烧结	把固体材料加热成液体的过程；用于制造一种新材料，包括建筑砖或砌块
site plan	选址规划	选址的详细平面图，描绘现有和拟建的道路、路径、交通、开放空间和建筑物的位置
smectite	蒙脱石	在火星上发现的一种黏土，可以维持植物的生命
stanford torus	斯坦福环形空间站	一种使用甜甜圈或环形设计的空间站
streetscape	街景	道路、人行道、街道家具、植被、广场和建筑物的组合元素，当行人穿过街道时可以看到这些元素
sunken courtyard	下沉庭院	一种地下建筑形式，在地下边缘形成一个暴露的中心和受保护的生活区
thigmotaxis	趋触性	认为有特定的规则会无意识地影响动物和人在空间中的定向，包括倾向于保持与墙壁和边缘的触觉连接。也被称为抱墙
topography	地形地貌	土地的形态和特征，特别是关于海拔的
urban design	城市设计	建筑和城市规划交叉的一项活动，专注于城市或社区规模的建筑环境设计，最接近公共领域

续表

英文名称	中文名称	说明
urban planning	城市规划	一种以地方为基础、面向未来的活动,旨在引导社区变革,包括通过一定程度的公众参与制定目标和实现这些目标的手段
vertical mixed-use	垂直混合用途	不同用途位于同一栋建筑的不同楼层
Vitruvis	维特鲁威	罗马哲学家和作家,是第一本阐述良好建筑设计理论的书的作者
watershed planning	流域规划	包括一个流域区域范围内的水资源管理,雨水在该流域排入公共水体
zoning	分区	一种地方政府的政策工具,允许将城市划分为各种不同的用途,如住宅区、商业区和工业区

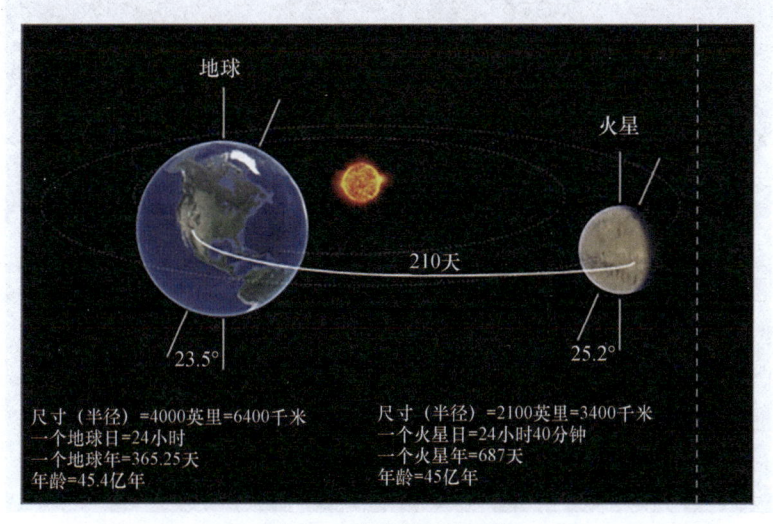

图1.2 地球和火星比较

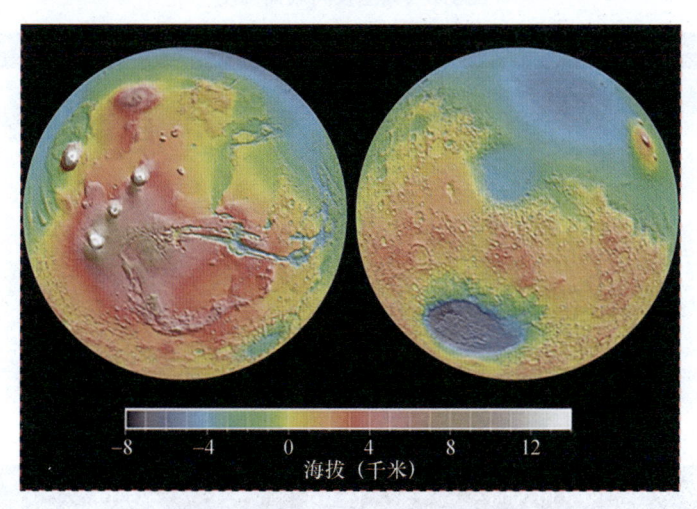

图1.3 火星地形

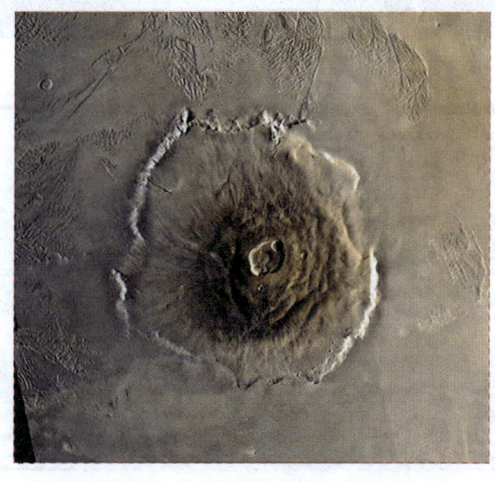

图1.4 奥林波斯山,火星和整个太阳系中最高的山/火山

彩1

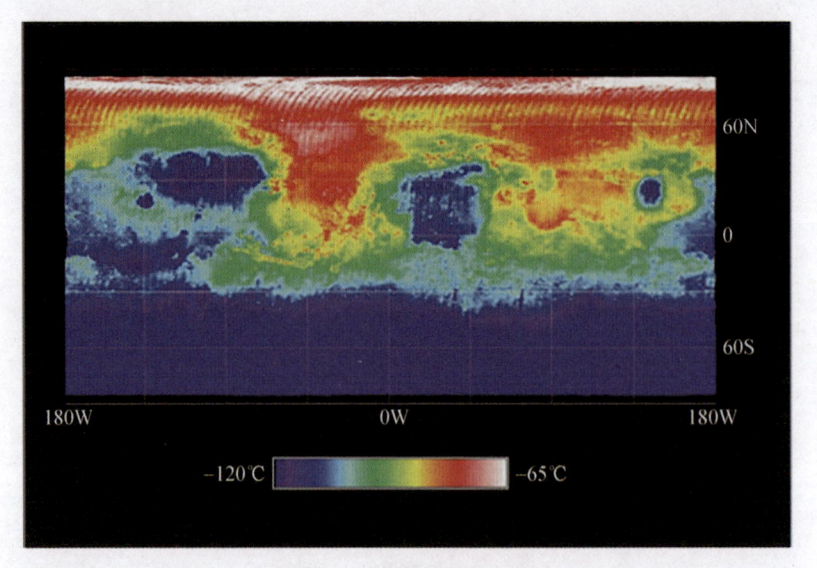

图 1.6 火星夜间表面温度

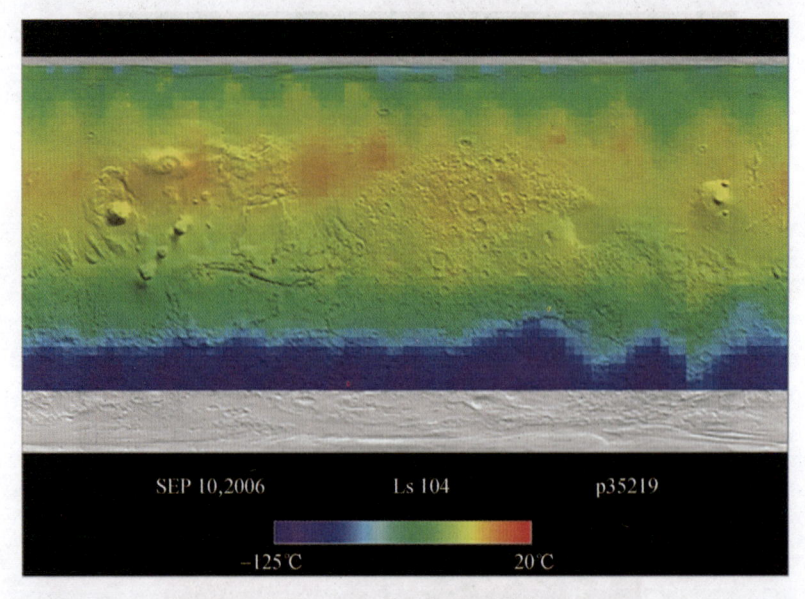

图 1.7 火星日间表面温度

彩 2

图 1.8 从格林豪格山麓(Greenheugh Pediment)观察到的火星景观

图 1.9　夏普山的火星景观

图 2.5　阿德莱德和北阿德莱德的街道地图

图 3.2　登陆火星两天后,"海盗"2 号发回有史以来第一张火星彩色图像

彩 3

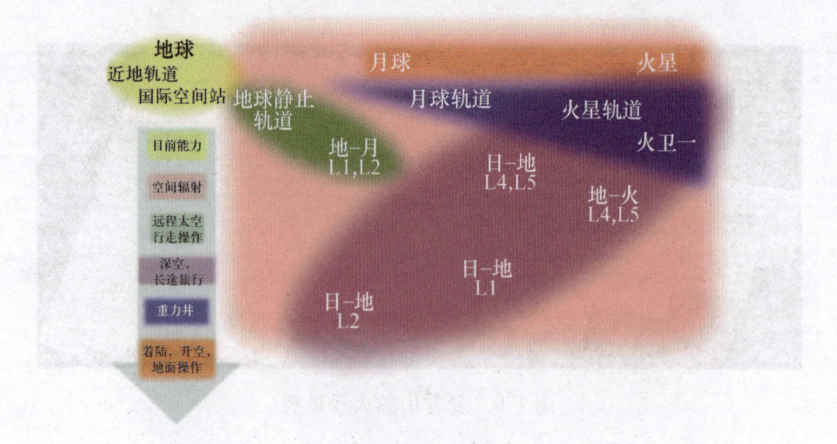

GEO—地球同步轨道（电信和全球定位系统卫星的所处位置）；LEO—近地轨道；
ISS—国际空间站；L1~L5—拉格朗日或平动点。

图 3.3 "人类可抵达"的太阳系地图

图 3.5 国际空间站

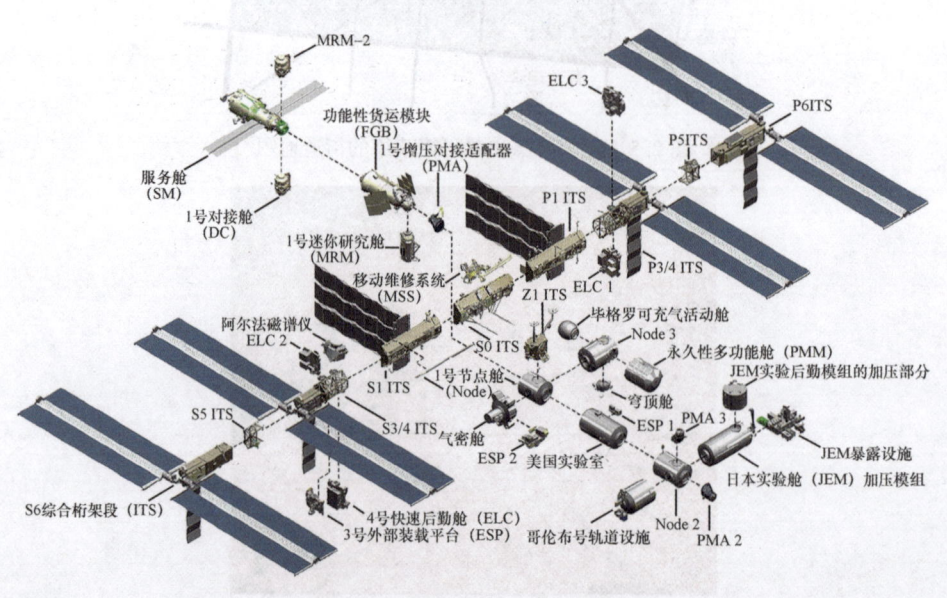

图 3.6 国际空间站的组成部分

彩 4

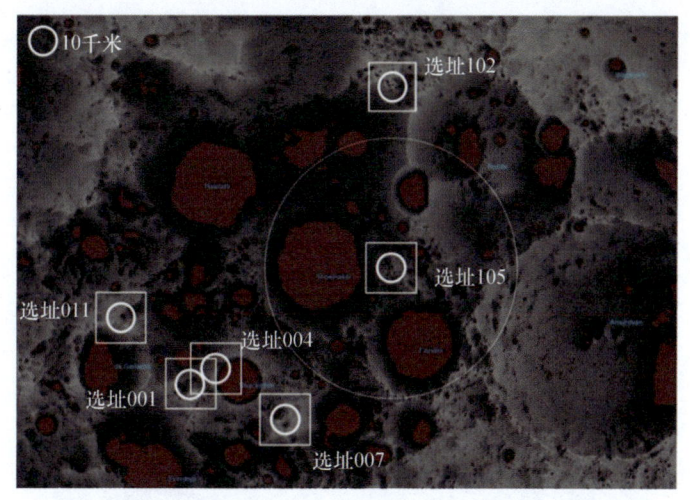

图 3.7　NASA 的"阿尔忒弥斯"月球永久定居计划正在考虑月球南极地区的几个可能地点,特别是位于阴影地区的地点

图 3.8　"阿尔忒弥斯"大本营效果图
注:图中展示了该设施将如何为未来的空间探索提供支持

图 5.7　穿过日本筑波市中心的步行道和自行车道

彩 5

图 5.8 日本筑波市中心步行道和自行车道桥的下部道路视图

图 6.2 美国华盛顿州柯克兰市中心的垂直混合用途示例

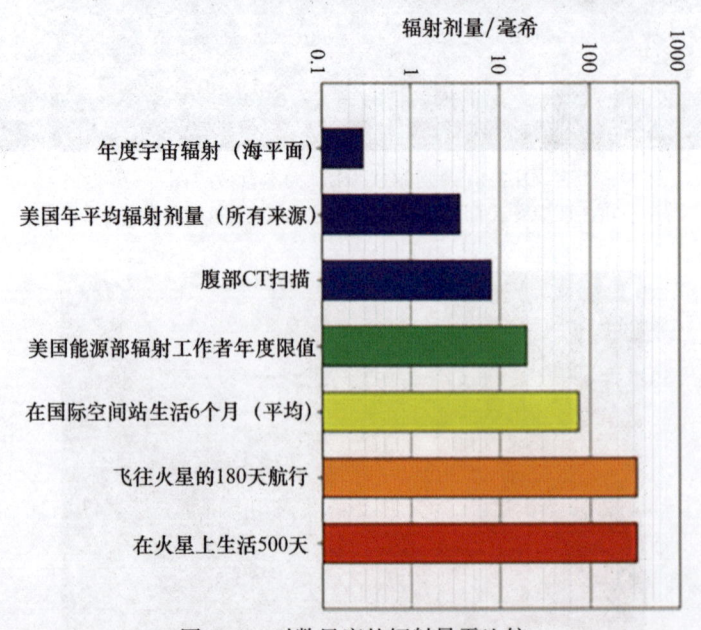

图 6.7 对数尺度的辐射暴露比较

彩 6

图 7.2 位于南极洲的麦克默多站鸟瞰图

图 7.3 美国国家科学基金会的行政总部小木屋，是麦克默多站独一无二的建筑

图 7.4 俄罗斯阿尔泰共和国特林特人的传统织物蒙古包

彩 7

图 7.5　现代哈萨克蒙古包（类似于南极洲极地实验室 2 号所采用的设计方案）

图 7.6　NASA 位于弗吉尼亚州汉普顿兰利研究中心的充气式月球栖息地

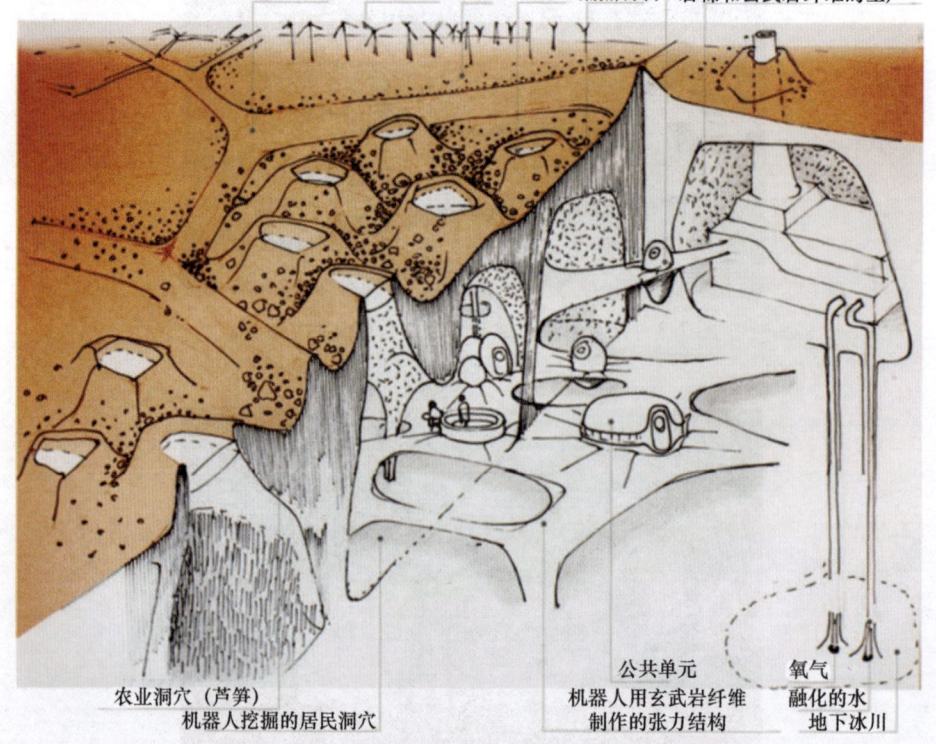

碎石风障　风力涡轮机　土壤　天窗　居民单元隔热材料　能量、水、空气供应、玄武岩棉和玄武岩纤维的生产

农业洞穴（芦笋）
机器人挖掘的居民洞穴

公共单元
机器人用玄武岩纤维制作的张力结构

氧气
融化的水
地下冰川

图 7.11　ZA 建筑师事务所火星定居点的概念草图

彩 8

图 7.12 ZA 建筑事务所使用玄武岩纤维编织地板的渲染图

图 7.13 ZA 建筑师事务所火星定居点的内部效果图

图 7.14 ZA 建筑师事务所火星定居点内部的渲染图

图 7.15 Foster+Partners 建筑事务所的火星建造计划第一步：机器人在火星表面着陆，以进行场地准备和火星挖掘工作

图7.16 Foster+Partners 建筑事务所的火星建造计划第二步：
在早期机器人挖掘的陨石坑里进行栖息地模块着陆

图7.17 Foster+Partners 建筑事务所的火星建造计划第三步：
部署栖息地模块进行充气，并通过气闸相互连接

图7.18 Foster+Partners 建筑事务所的
火星建造计划第四步：
使用3D打印机，建成栖息地

图7.19 Foster+Partners 建筑事务所
设计的穹顶栖息地渲染图

图 7.22　Foster+Partners 建筑事务所设计的栖息地内部实验室效果图

图 7.23　在约翰逊航天中心内,几英尺高的"火星沙丘 Alpha"在这张照片中完整显示——请注意背景中的"火神"Ⅱ号 3D 打印机

图 7.24　约翰逊航天中心内部的渲染图,描绘了"火神"Ⅱ号 3D 打印机(右侧)继续建造"火星沙丘 Alpha"栖息地项目

图 7.25　ICON 的火神Ⅱ号 3D 打印机在"火星沙丘 Alpha"项目中使用分层技术和称为 Lavacrete 的红色硅酸盐水泥混合物

图 7.26　"火星沙丘 Alpha"的外部渲染图
注：图左侧的"火神"Ⅱ号打印机正建造第二个栖息地

图 7.28　Zopherus 团队关于火星栖息地的设计，建造始于一个具有移动 3D 打印功能的着陆器

图 7.29　一系列穹顶硬壳小屋组成 Zopherus 栖息地，建筑前停有一辆 3D 打印移动车

图 7.30　与带窗中心单元相连的 Zopherus 模块化栖息地鸟瞰图

图 7.31　Zopherus 睡眠区的内部效果图（有少量窗户和自然采光）

彩 12

图 7.32 Zopherus 中央公共区下层的室内渲染(自然光线充足)

图 7.33 Zopherus 公共区二楼(夹层)内部渲染图
(该空间种植植物,带有窗户和充足阳光)

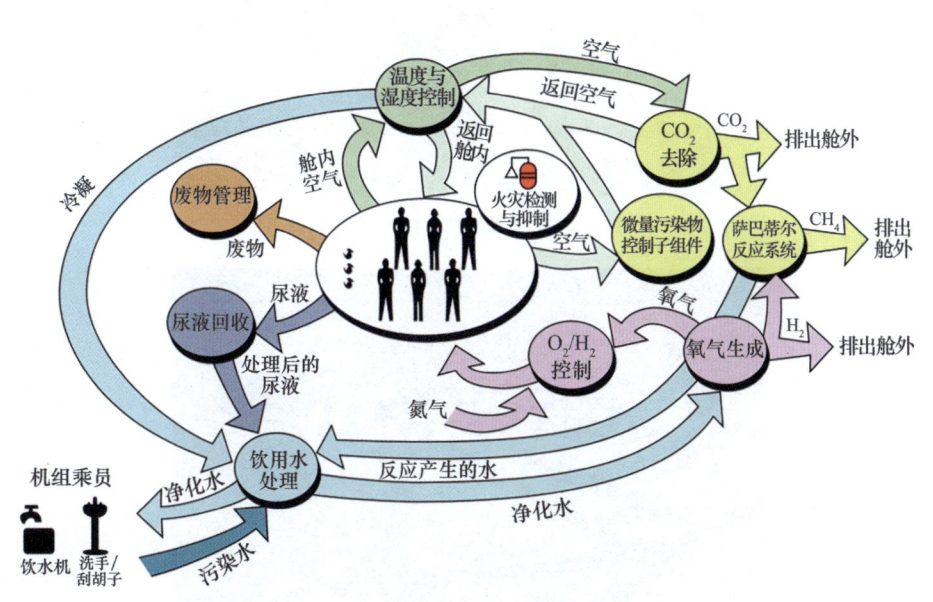

图 8.2 国际空间站的闭环示意

彩 13

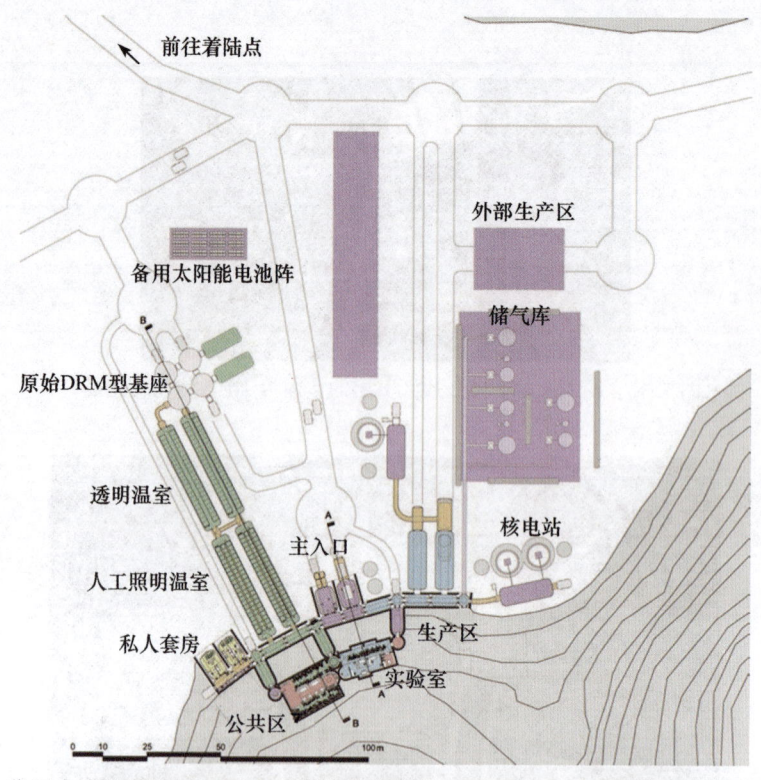

图9.4 位于水手谷(Valles Marineris)的坎多尔深谷(Candor Chasma)山坡上的定居点平面图

图9.5 "火星家园"设计外部效果图

图9.6 "火星家园"设计外部效果图,说明了建筑之间的紧密联系及城市内步行的可能

彩14

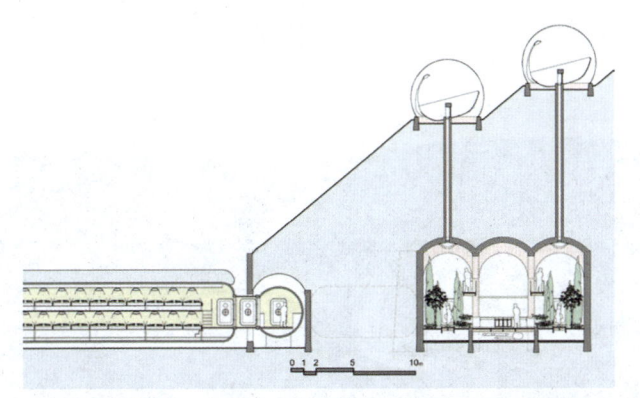

图 9.7　山坡结构剖面图,山坡内部区域包含公共空间

图 9.8　"火星家园"设计渲染图

图 9.9　虽然在"火星家园"的日落渲染图中看不到树木,但树木最好位于主入口和周围的社交空间

图 9.10　法国巴黎皮埃尔塞马尔街

彩 15

图 9.12 2057 年火星居住计划的外部渲染图

图 9.13 概念 4 的效果图,穹顶位于陨石坑中,覆盖有防护网

图 9.14 概念 4 的效果图,展示了中央庭院中生长的植物

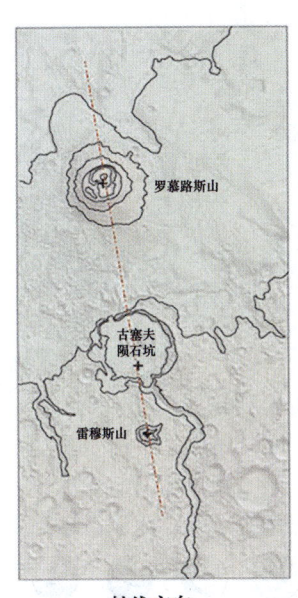

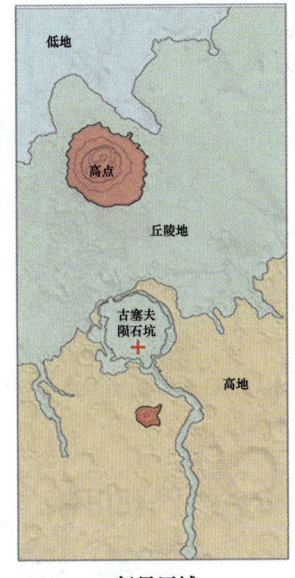

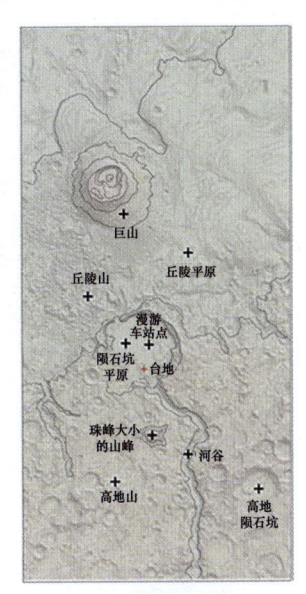

图 9.15 Raymond 设计的定居点区域

图 9.16 通过增强现实面罩显示的拟建定居点地表视图

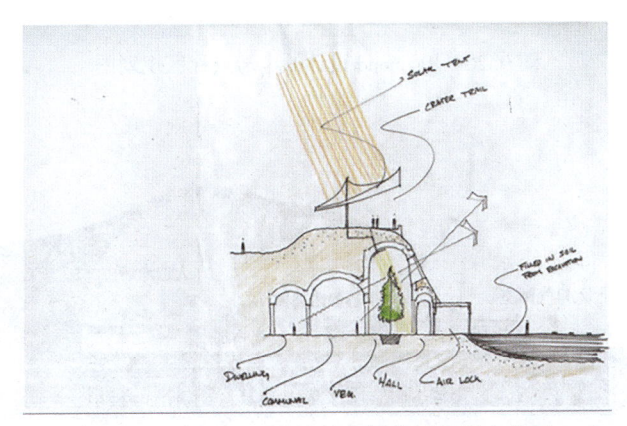

图 9.18 Raymond 设计的定居点早期概念草图

彩 17

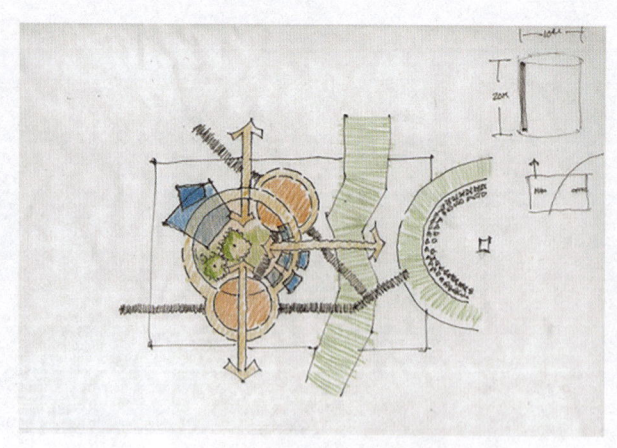

图 9.19 Raymond 设计的定居点早期概念草图

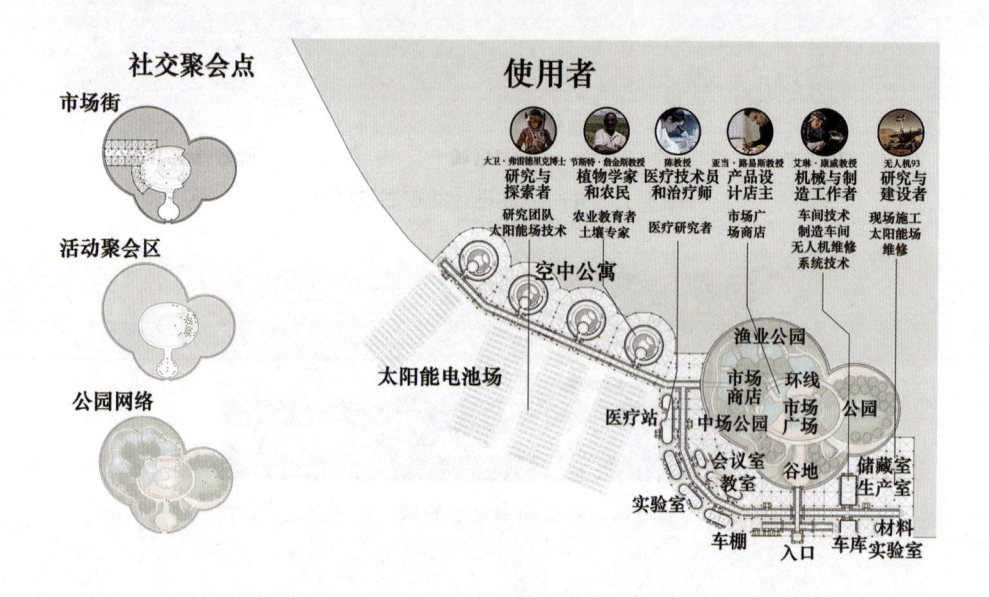

图 9.20 Raymond 设计的定居点社区规划图

图 9.21 Raymond 设计的定居点剖面图

彩 18

图9.22 "火星世界计划"的外部渲染图

图9.23 "火星世界计划"的内部渲染图

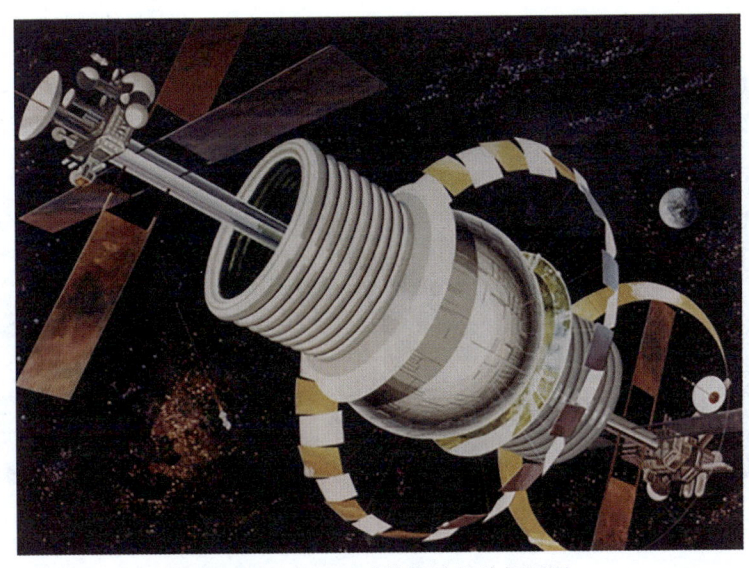

图10.7 伯纳尔球体设计的外部视图

彩 19

图 10.8　伯纳尔球体的内部剖面图

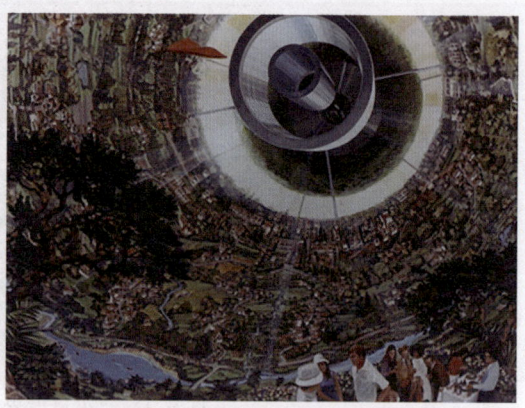

图 10.9　伯纳尔球体的内部视图

图 10.11　采用"奥尼尔圆柱"设计的长悬索桥内部视图

图 10.12　从圆柱体纵轴窗户俯瞰地球和月球的视图

图 10.14　斯坦福圆环设计的外部视图

图 10.15　斯坦福圆环设计的内部剖面图

彩 20

图 10.16　斯坦福圆环设计的内部视图

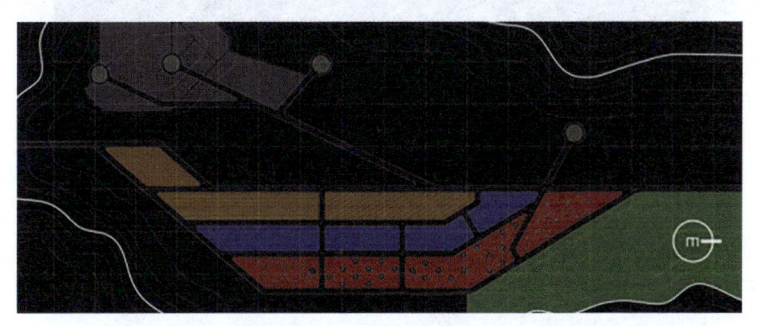

图 10.17　月球村总体规划。绿色区域是原始月球公园,红色区域是住宅区,蓝色区域是基础设施,橙色区域是商业或科学探索的其他活动。值得注意的是,平面图右下角的箭头图标指示了地球的方向,而不是陆地地图上常见的指北箭头

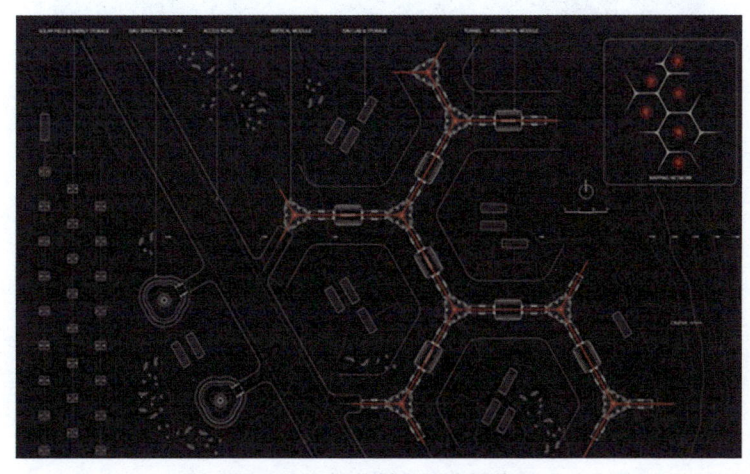

图 10.18　月球村的平面渲染图

彩 21

图 10.19 月球村的地球景观视图

图 10.20 月球村的鸟瞰图

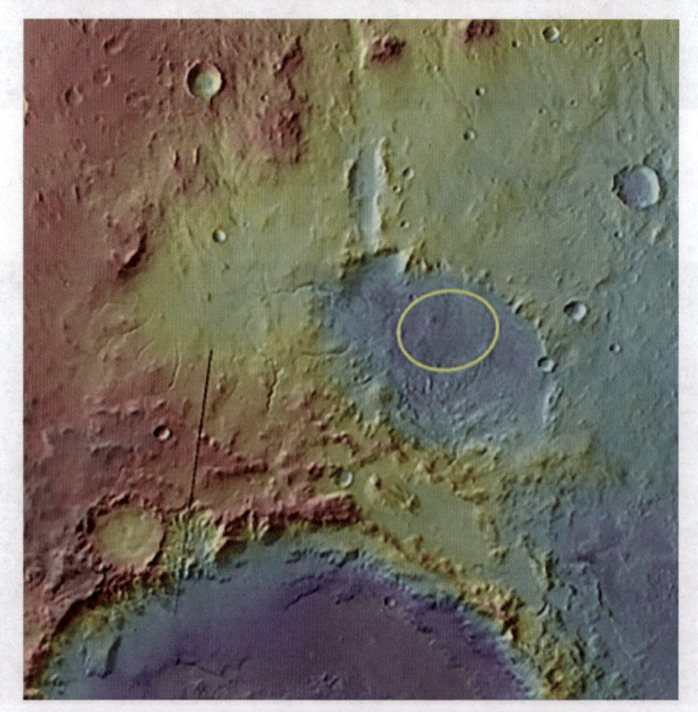

图 11.1 埃伯斯瓦尔德陨石坑(Eberswalde Crater)

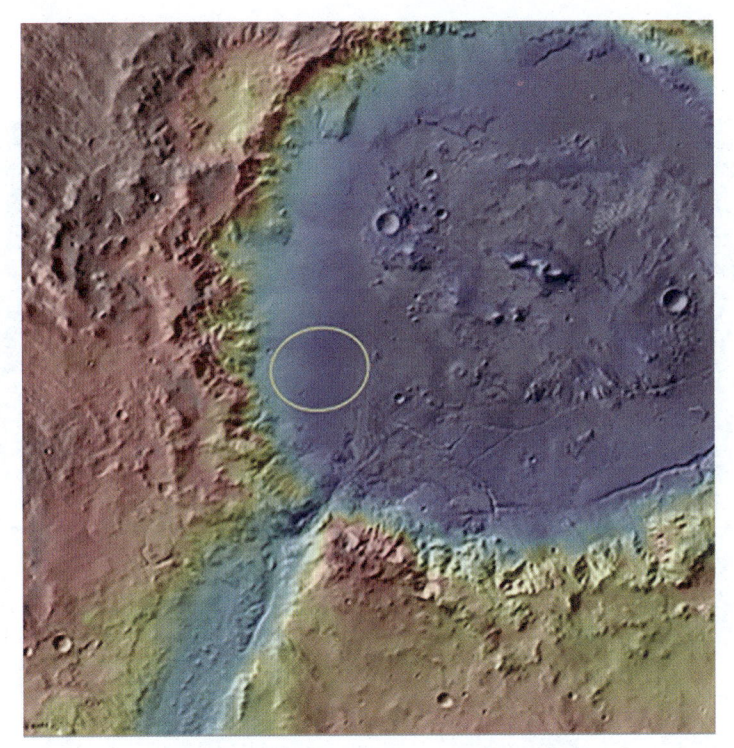

图 11.2 霍尔顿陨石坑(Holden Crater)

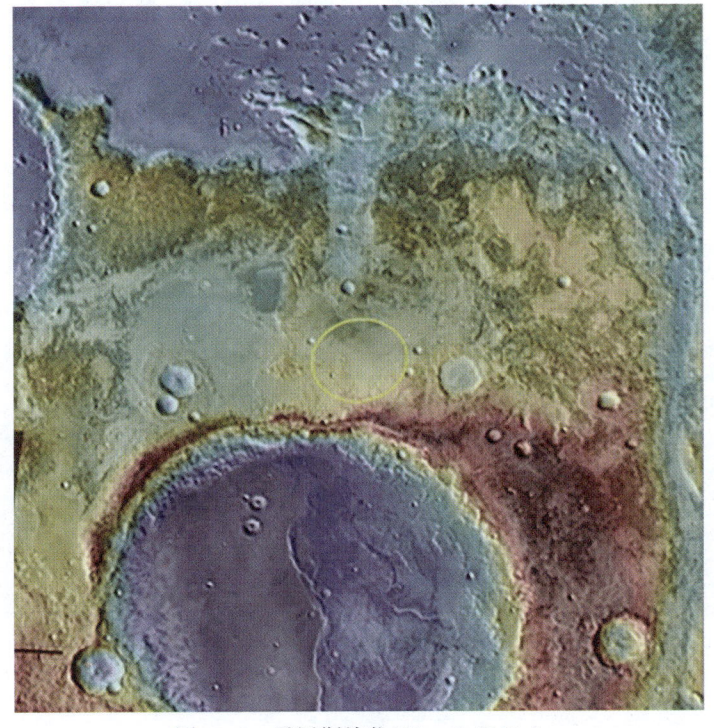

图 11.3 马沃斯峡谷(Mawrth Vallis)

彩 23

图 11.4　盖尔陨石坑(Gale Crater)

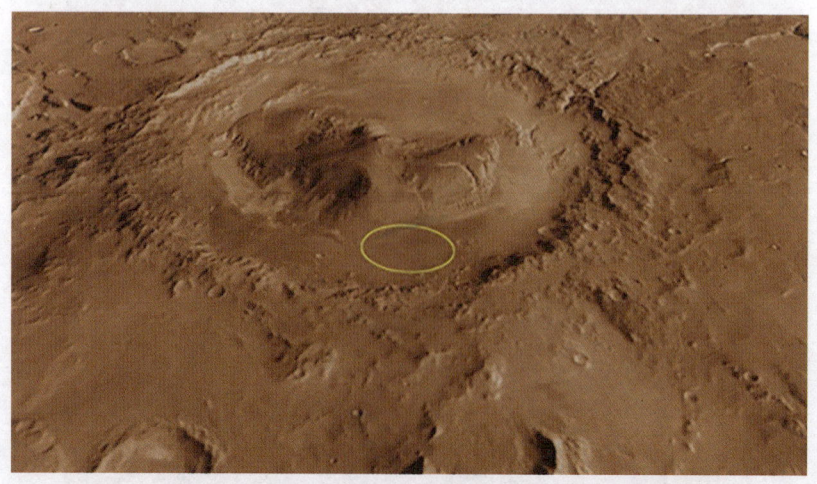

图 11.5　盖尔陨石坑的南向视图,着陆点用黄色椭圆形表示

彩 24

图11.6 2020年10月5日，位于盖尔陨石坑"玛丽·安宁(Mary Anning)"地点的"好奇号"

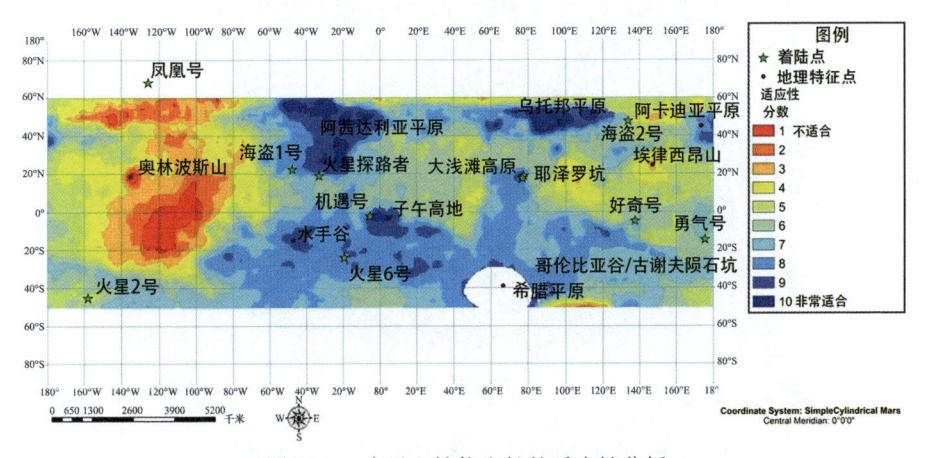

图11.7 火星上植物生长的适应性分析

彩25

图11.8 1979年"海盗"2号着陆的乌托邦平原

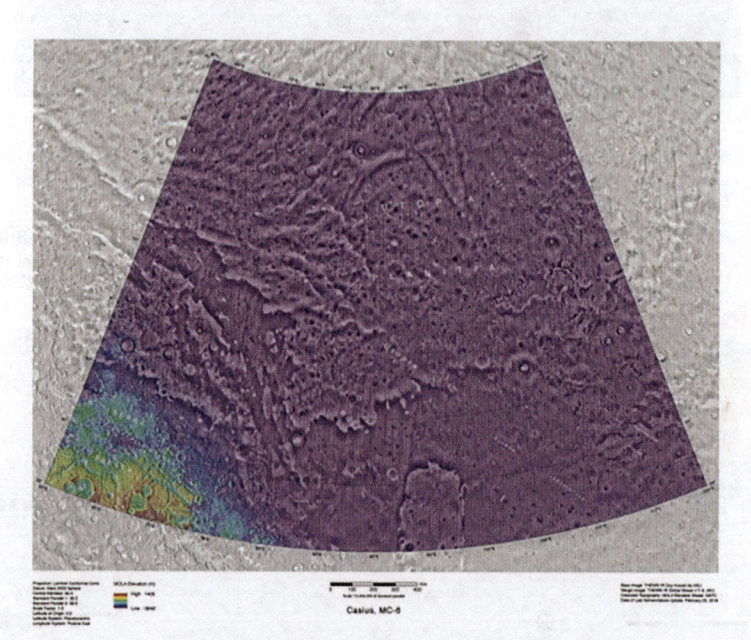

图11.9 火星卡西乌斯地区(Casius Region)地形图，包括乌托邦平原(Utopia Planitia)

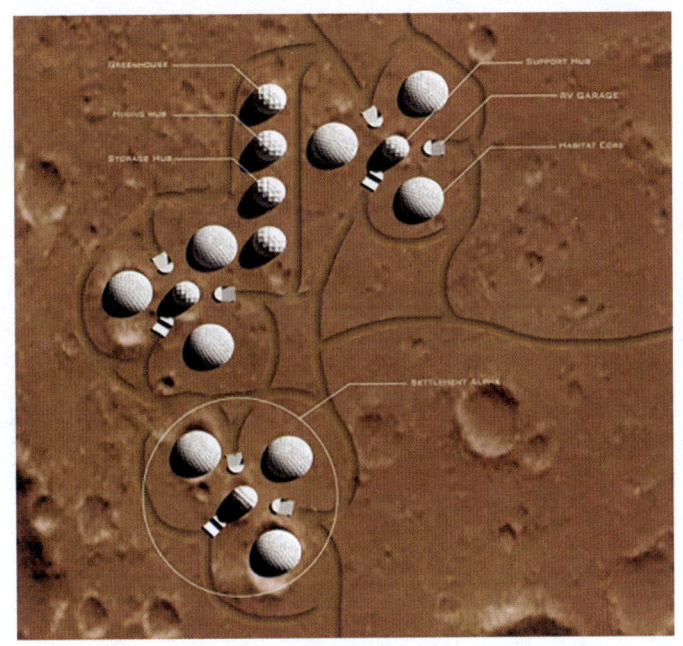

图 11.10　Aleph 的平面图，包括温室、采矿和储存中心（基础设施穹顶）以及三个相连的节点集合，每个节点包括三个定居核心点、漫游车车库和一个位于中心的支持枢纽。地面漫游车路径以灰色表示

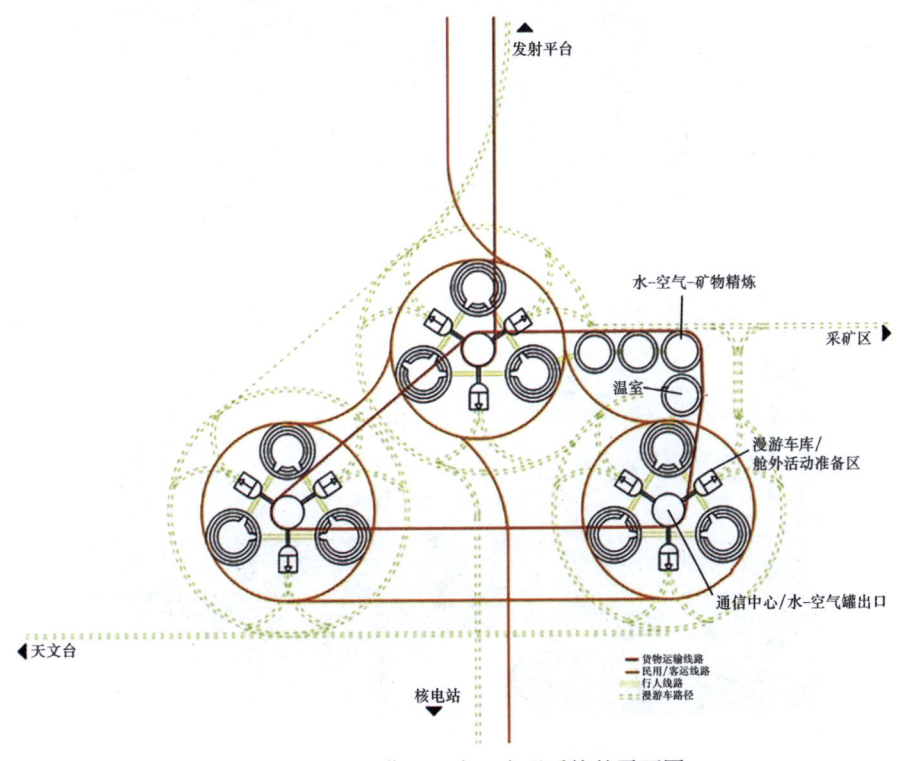

图 11.11　地下货运和客运交通系统的平面图

图 11.12　Aleph 的外部渲染图,三组连接的节点以穹顶覆盖

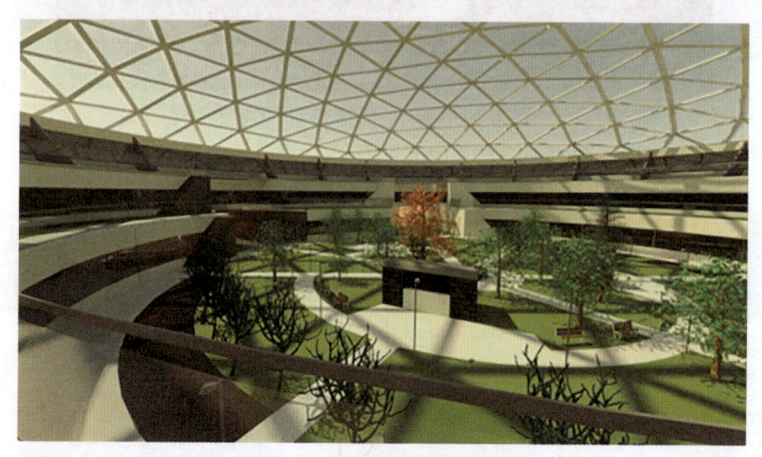

图 11.13　节点内部的渲染图

图 11.14　节点中央公园区域渲染图

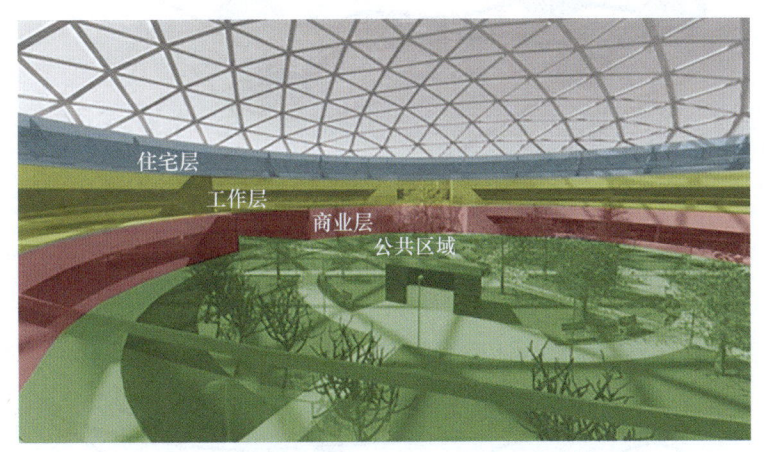

图 11.15 体现多用途垂直组合规划的彩色渲染图

图 11.16 单个节点截面图,展示了从一楼商业区到二楼的机构单位,再到三楼住宅空间的多用途垂直组合

图 11.17 节点的内部渲染图

彩 29

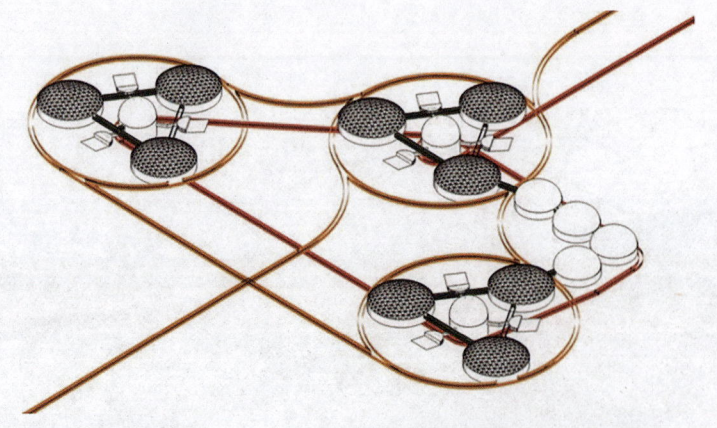

图 11.18 连接 Aleph 三个节点及其他地区的地下货运铁路系统

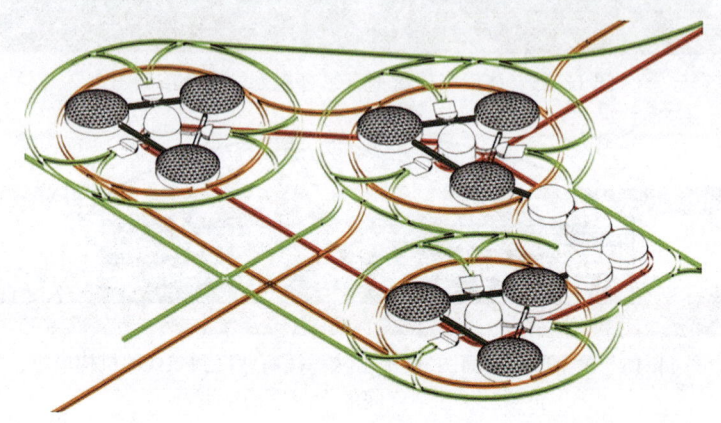

图 11.19 货运(红色)和客运(绿色)铁路系统与三个节点的连接效果图

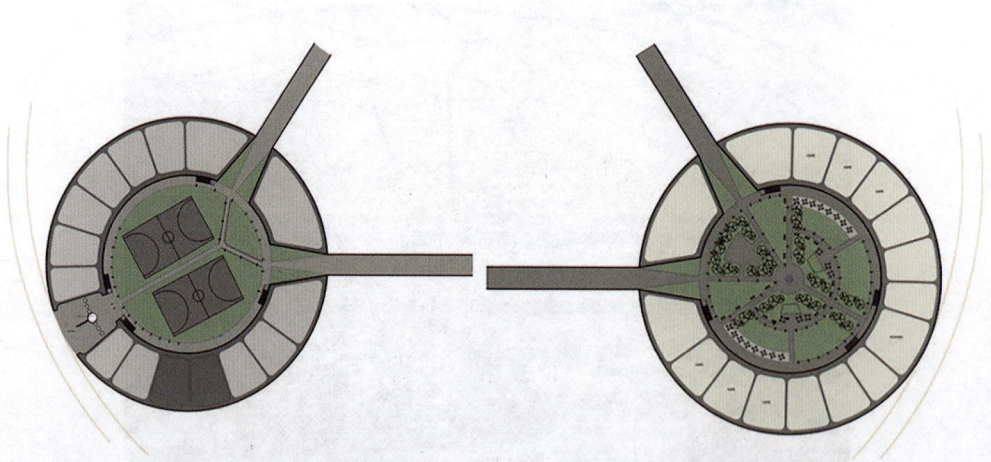

图 11.20 带正规球场的节点平面图，周围是机构、商业和住宅区。通过铁路和步行通道可以连接到其他节点

图 11.21 节点平面图，包括一个中央公园和种植区，周围有一系列商业、机构和住宅区

图 11.22 节点中央公园的夜间渲染图

图 11.23 Aleph 市及其周围的漫游车道路系统

图 11.24 漫游车道路网络的区域视图,远远超出了最初的 Aleph 居住点

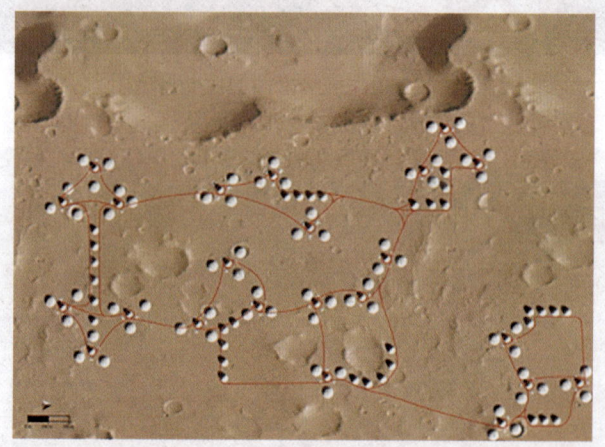

图 11.25 城市群的地下货运铁路线,延伸部分远超 Aleph 居住点

图 11.26 城市群的地下公共交通道路,客运线路延伸至原 Aleph 定居点之外

彩 32